教育部高等学校材料类专业教学指导委员会规划教材
高等学校新能源系列教材

新能源材料与器件实验教程

赵春霞 主编
金 伟 周 静 副主编

TUTORIALS
in NEW ENERGY MATERIALS
and DEVICES EXPERIMENTS

化学工业出版社
·北 京·

内容简介

《新能源材料与器件实验教程》围绕燃料电池、离子电池、太阳能电池、超级电容器、半导体热电器件、CO_2 综合利用、脱硫脱硝等当前新能源产能、储能及相关智能化检测领域的发展热点，涵盖了新能源、新材料、功能性器件及系统等新能源材料科研与生产中的典型实验，包含材料的设计、制备与表征，器件设计与组装，性能测试与分析三大部分，共26个实验项目。

《新能源材料与器件实验教程》可作为新能源材料与器件、材料科学与工程、无机非金属材料工程、材料物理、材料化学等材料类相关专业的本科实验教学用书及新能源科学与工程、储能科学与工程等能源相关专业的本科实验教学、创新创业实训环节的教学用书，对从事新能源材料及功能性器件研究、生产的研究人员和工程技术人员也有一定的参考价值。

图书在版编目（CIP）数据

新能源材料与器件实验教程/赵春霞主编；金伟，周静副主编.—北京：化学工业出版社，2022.9（2025.3重印）
教育部高等学校材料类专业教学指导委员会规划教材
ISBN 978-7-122-41726-8

Ⅰ.①新…　Ⅱ.①赵…　②金…　③周…　Ⅲ.①新能源-材料技术-高等学校-教材　Ⅳ.①TK01

中国版本图书馆CIP数据核字（2022）第104773号

责任编辑：陶艳玲　　文字编辑：段曰超　师明远
责任校对：李雨晴　　装帧设计：史利平

出版发行：化学工业出版社（北京市东城区青年湖南街13号　邮政编码100011）
印　　装：北京科印技术咨询服务有限公司数码印刷分部
787mm×1092mm　1/16　印张16½　字数389千字　　2025年3月北京第1版第3次印刷

购书咨询：010-64518888　　售后服务：010-64518899
网　　址：http://www.cip.com.cn
凡购买本书，如有缺损质量问题，本社销售中心负责调换。

定　　价：59.00元

前言

新能源技术是21世纪世界经济发展中具有决定性影响的五个技术领域之一，新能源材料与器件是实现新能源的转化和利用，是发展新能源技术的关键。新能源材料与器件的发展与技术水平，是高新技术发展水平的体现，在国民经济和科技发展中具有重要的战略地位。

近20年来，我国新能源产业虽然取得了令人瞩目的成绩，但相关专业人才仍非常缺乏。为适应我国新能源、新材料、新能源汽车、节能环保等国家战略性新兴产业发展需求，教育部2010年批准在高等学校设置新能源材料与器件专业。截至2020年，已在华北电力大学、中南大学、电子科技大学、四川大学、东南大学、合肥工业大学、华东理工大学、武汉理工大学、苏州大学、南昌大学、同济大学、河北工业大学等全国26个省（自治区、直辖市）的109所院校开设新能源材料与器件专业。

作为国家战略性新兴产业的代表、低碳经济的发展方向，新能源材料与器件专业学科交叉程度高，专业内容可涉及材料、机械、电子、物理、化学等多个学科。作为新兴的工科专业，该专业的实验教学与相关专业理论教学紧密衔接，是课堂理论教学的拓展和延伸，且应具有基础性、通用性和典型性，对培养新能源材料与器件专业学生的设计思想、动手能力和创新能力及综合素质有着重要作用，被许多高校设为专业核心必修课。

本教材包含材料的设计、制备与表征，器件设计与组装，性能测试与分析三大部分内容。实验项目涵盖了新能源、新材料、功能性器件及系统等新能源材料科研与生产中的典型实验，共26个实验项目。本书在实验项目选择、实验内容设计方面更加注重培养学生的知识应用、实操能力和综合分析能力，每一个实验项目均涉及材料设计、合成与制备、结构表征、器件设计与组装、性能测试等方面的多项内容，并在不同部分有所侧重，注重逻辑思维、创新思维、分工协作和安全意识等的训练，强化大学生解决复杂问题能力的培养。例如，在材料制备方面，既有水热法、溶胶-凝胶法、阳极氧化法、旋涂法等典型制备方法，又包含自蔓延高温合成技术、磁控溅射制备技术等新型制备方法；在性能测试上涉及电学、光学、光电、电化学等多个领域，既有材料和元件的性能测试，也有原型器件和组装系统的性能检测。

本书实验类型丰富，以综合型和设计研究型实验项目为主，并设有虚拟仿真类项目，涵盖材料设计、实验方案制订、原料耗材和设备准备、实验过程实施、数据收集和整理、数据处理和作图、结果分析和讨论等全过程，有助于学生综合能力的培养。每个实验项目配有思考题，帮助学习者巩固学习重点和拓展思维。各高校也可根据设备资源选择或调整设计型、验证性项目，或通过虚拟仿真实验项目进行演示型实验，使学生能够通过不同类型的实验完成不同的学习任务，培养学生观察、思考、设计、动手能力及多方面素质。

本教材由赵春霞主编，金伟、周静副主编，武汉理工大学的库治良、夏冬林、戴英、杨爽、沈杰、木士春、胡军、殷官超、李赏、鄢永高、徐林、余志勇、张枫、刘曰利、甘小燕等参与了本教材实验项目的编写工作，徐庆、顾少轩、陈文、刘韩星、麦立强等对本书的出版给予了大力支持。本教材入选武汉理工大学“十四五”校级规划教材，在此一并表示感谢。

为保证专业性和准确性，本书中所涉及的实验项目均与编者的科研工作相关，并在编写过程中参考了相关著作和文献等资料，但由于编者水平有限，书中难免存在缺点和不足之处，真诚希望使用此书的教师、学生和其他读者批评指正，提出宝贵意见，便于我们及时改进。

编者

2022年5月于武汉

目 录

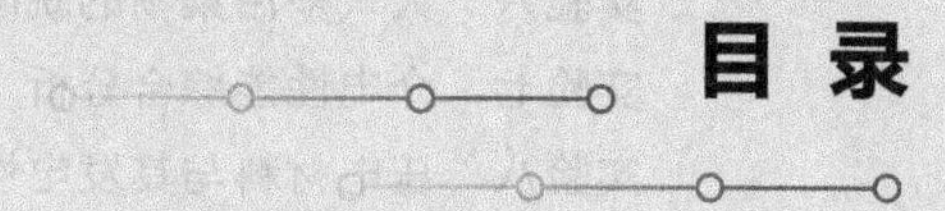

第一章 材料的设计、制备与表征

第二章 器件设计与组装

第三章 性能测试与分析

第一章

材料的设计、制备与表征

实验一

锂离子电池正极材料制备、电池组装及性能分析

一、实验目的

1. 了解可充锂离子电池的工作原理，了解影响锂离子电池性能的因素；

2. 掌握 $LiCoO_2$ 正极材料的合成方法及工艺过程；

3. 熟悉扣式锂离子电池的组成与结构，掌握扣式锂离子电池的装配工艺；

4. 掌握锂离子电池循环性能和倍率性能测试方法。

二、实验原理

1. 锂离子电池组成

锂离子电池是一种绿色可充式二次电池，具有能量密度高、自放电小、循环寿命长等优点。作为一种化学电源，锂离子电池在实现电能与化学能的转换过程中，通常应具备以下两个条件：

① 正负极上的氧化还原过程应分开在两个区域进行；

② 正负极进行氧化还原反应时所需电子由外电路传导。

为满足以上条件，锂离子电池主要由以下几部分组成：

(1) 电极

电极主要由活性物质和导电骨架组成。活性物质是正负极中参加成流反应的物质，是决定化学电源基本特性的关键组成。对活性物质一般要求其组成电池的电动势高、电化学活性高、能量密度高、化学稳定性好，并且资源丰富、价格便宜。

锂离子电池的正负两极都是锂离子嵌入化合物。它主要通过 Li^+ 在正极和负极之间的循环嵌入和脱出工作（也称为“摇椅式机制”）。充电时，Li^+ 从正极脱出，通过电解质的传导穿过隔膜层嵌入负极中。随 Li^+ 的嵌入，负极材料呈锂富积状态，正极处于锂贫乏状态。与此同时，电子补偿电荷从外电路传导到负极，保证了负极中的电荷平衡；放电时则相反。在脱出和嵌入的过程中，Li^+ 在正负两极间存在一定的浓度差别，因此锂离子电池也被称作

“浓差电池”。

(2) 电解质

电解质主要起到传递锂离子电荷的作用，是电池的重要组成部分之一，一般要求其化学稳定强，具有高的锂离子电导率且不具有电子导电性。具体而言：①稳定性强，因为电解质长期保存在电池内部，所以必须具有稳定的化学性质，在储藏期间电解质与活性物质界面的电化学反应速率小，从而使电池的自放电容量损失减小；②比电导高，溶液的欧姆压降小，使电池的放电特性得以改善。对于固体电解质，则要求它只具有离子导电性，而不具有电子导电性。

(3) 隔膜

隔膜也称为隔离物，放在电池正负极之间以避免它们直接接触，防止电池内部短路。通常要求其具有良好的化学稳定性和一定的机械强度，对锂离子迁移阻力小，并具有良好的电子绝缘性。具体而言：①隔膜在电解液中应具有良好的化学稳定性和一定的机械强度，并能承受电极活性物质的氧化还原作用；②离子通过隔膜的能力要大，也就是说隔膜对电解质离子运动的阻力要小；③隔膜是电子的良好绝缘体，并能阻挡从电极上脱落的活性物质微粒和枝晶的生长。此外，还要求隔膜材料来源丰富、价格低廉。

除正负极活性物质、隔膜和电解质外，集流体在锂离子电池中也起着很重要的作用。

锂离子电池主要术语与参数：

① 正极：放电时电子流入电位较高的电极。

② 负极：放电时电子流出电位较低的电极。

③ 充/放电容量：电池充/放电时储存/释放的电量，常用单位为安培·时（A·h）或毫安·时（mA·h）。

④ 充/放电倍率：表征充放电快慢的参数。如 1h 放完电为 1*C* 放电，5h 放完电则为 0.2*C* 放电。

⑤ 循环性能：电池在一定条件下进行充电与放电，当容量等电化学性能达到某规定指标以下时的充放电次数。

⑥ 开路电压：锂离子电池没有负荷时正负极之间的电压。

⑦ 工作电压：电池有负荷时正负极间的电压，也称为闭路电压。

2. 锂离子电池工作原理

锂离子电池正极活性物质大多为过渡金属氧化物，如钴酸锂（$LiCoO_2$）、镍氧化物（$LiNiO_2$）、锰氧化物（$LiMn_2O_4$）、镍钴锰酸锂（$LiNi_{1-x-y}Co_xMn_yO_2$）和磷酸铁锂（$LiFePO_4$）等，石墨则常被选为负极活性材料。

图 1-1-1 给出了以 $LiCoO_2$/石墨作为正负极材料的锂离子电池工作原理示意图。充电时，锂离子从外电路获得足够的能量，从 $LiCoO_2$ 正极材料中脱出，通过电解液传导嵌入石墨负极中，电能被存储在锂离子电池中。放电时，锂离子在内电场的作用下，从负极石墨中脱出，经过电解液嵌回正极 $LiCoO_2$ 中，同时为保证电中性，补偿电子通过外电路流到正极，从而形成了从正极到负极的电流，使化学能转化成电能。在理想充放电情况下，锂离子在正负极结构中嵌入和脱出，使得层面间距变化但不致破坏晶体结构。

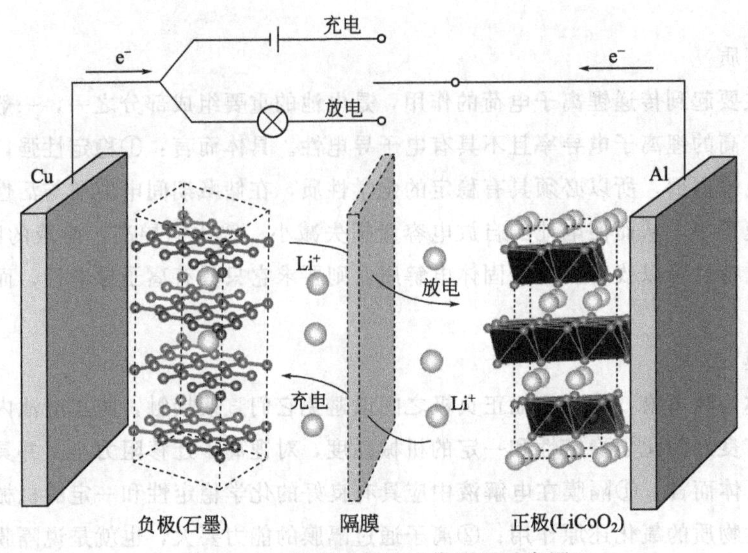

图 1-1-1　锂离子电池工作原理示意图

充电时：

正极：$LiCoO_2 \longrightarrow Li_{1-x}CoO_2 + xLi^+ + xe^-$

负极：$C_6 + xLi^+ + xe^- \longrightarrow Li_xC_6$

放电时：

正极：$Li_{1-x}CoO_2 + xLi^+ + xe^- \longrightarrow LiCoO_2$

负极：$Li_xC_6 \longrightarrow 6C + xLi^+ + xe^-$

3. 锂离子电池主要性能参数

(1) 额定容量　电池额定容量指的是电池在充电到充电截止电压后，在规定放电条件下(主要是设定温度、放电电流、放电终止电压) 所放出的容量（单位：mA·h)。电池的容量受电池放电倍率的影响很大，很多电池的标称容量都会说明是在某个放电电流下的容量。电池的容量也受电池内部活性物质数量的影响，电池理论容量可以根据法拉第定律计算得出。

(2) 电池内阻　锂离子电池内阻为电流通过电池内部所受的阻力。锂离子电池内阻与电池各种特性息息相关，内阻值在锂离子电池分选、自放电率、电池动态一致性分析、电池健康度检测以及电池的荷电状态（SOC）预测准确度的提高上有着重要作用。

(3) 电池开路电压　锂离子电池开路电压（OCV）定义为外电路没有电流流过，电池达到平衡时正负极之间的电位差。

(4) 额定电压　根据电化学理论，电池额定电压就是在保证电池内部活性物质安全工作的情况下，电池外部两端的直流电压。受电池电化学特性的影响，电池额定电压与电池内部活性物质有关。

(5) 充放电速率　电池的充放电速率分为时速率和充放电倍率两种。电池时速率是以电池的充放电时间表示的，表示电池以规定的充放电电流达到规定的充放电截止电压所用的时间。电池充放电倍率实际上就是充放电时速率的倒数。

(6) 寿命　电池寿命包括电池的存储寿命和电池的循环寿命。电池的存储寿命指电池从出厂到电池正式使用时能够存放的最长时间，通常以年作为单位。电池的循环寿命指的是电池在使用过程中达到报废条件时，电池充放电的循环次数。电池的循环寿命比较重要，是体现电池性能的重要参数。

4. 锂离子电池的充放电特性

(1) 锂离子电池的充电特性　锂离子电池对电压精度的要求很高，误差不能超过1%。目前使用比较普遍的是额定电压3.7V的电池，该电池的充电终止电压为4.2V，那么允许的误差范围就是0.042V。

锂离子电池通常都采用恒流转恒压充电模式。充电开始为恒流阶段，电池的电压较低，在此过程中，充电电流稳定不变。随着充电的继续进行，电池电压逐渐上升到4.2V，此时充电器应立即转入恒压充电，充电电压波动应控制在1%以内，充电电流逐渐减小。当电流下降到某一范围，进入涓流充电阶段。涓流充电也称维护充电，在此状态下，充电器以某一充电速率给电池继续补充电荷，最后使电池处于充足状态。

(2) 锂离子电池的放电特性　电流通过电极时，电极偏离平衡电极电势的现象称为极化，极化产生过电势。根据极化产生的原因可以将极化分成欧姆极化、浓差极化和电化学极化。图1-1-2是电池放电过程中各种极化对电压的影响。

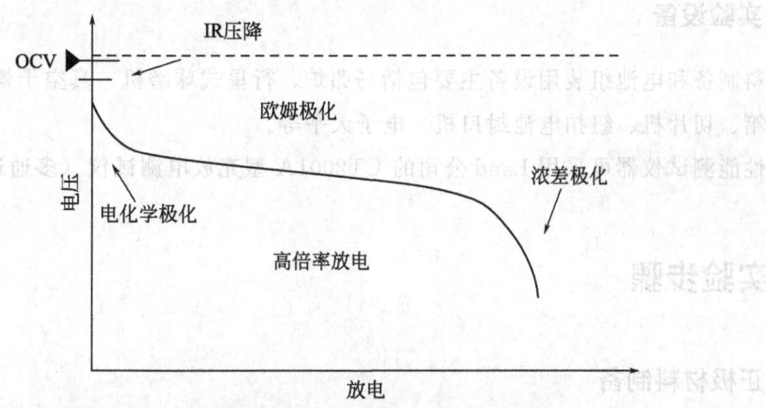

图1-1-2　电池的典型放电曲线及极化示意图

锂电池放电时，放电电流不能过大，电流过大会导致内部发热，有可能会对电池造成永久性的伤害。另外，电池正常放电至截止电压后，若仍然继续放电，将产生过放现象，这也会造成电池永久性损坏。不同的放电率下，电池电压的变化有很大的区别。放电率越大，相应剩余容量下的电池电压就越低。

电池充放电过程中，充放电时的温度、充放电方式和充放电电流的大小，都是电池充放电性能的直接影响因素。恒电流充放电实验是检验电极材料循环性能以及材料实际嵌入和脱出锂离子能力的重要方法。锂离子电池在恒电流充放电循环后，由于锂离子嵌入脱出后引起的材料结构变化、阻抗以及极化等因素，电池性能会变差，主要体现在电池放电容量的衰减。电池循环性能的优劣，一般用电化学容量（mA·h/g）作为指标来衡量。

5. 锂离子电池的特点

锂离子电池的优点：①能量密度高，输出功率大，平均输出电压高；②自放电小，无记忆效应；③循环性能优越，使用寿命长；④可快速充放电，充电效率高；⑤工作温度范围宽；等等。

锂离子电池的缺点：①成本较高，主要是正极材料的价格高；②必须有特殊的保护电路，以防止过充电。

三、实验材料及设备

1. 原材料及耗材

正极材料制备用原材料主要包括钴源（Co_2O_3 或 Co_3O_4）、锂源（Li_2CO_3）；电池组装用耗材主要有隔膜（Celgard 2400）、黏结剂（聚偏氟乙烯，PVDF）、导电剂（乙炔黑）、溶剂（*N*-甲基吡咯烷酮，NMP）、集流体（铝箔或不锈钢基片）。

负极用锂片，电解液可选用含 1mol/L $LiPF_6$ 的碳酸乙烯酯（EC）和二甲基碳酸酯（DMC）（摩尔比 3∶7）的混合液。

2. 实验设备

材料制备和电池组装用设备主要包括马弗炉、行星式球磨机、真空干燥箱、手套箱、恒温试验箱、切片机、纽扣电池封口机、电子天平等。

电性能测试仪器可采用 Land 公司的 CT2001A 型充放电测试仪（多通道恒流/恒压源）。

四、实验步骤

1. 正极材料制备

本实验以钴源和碳酸锂为原料，采用固相法进行合成 $LiCoO_2$ 粉体，作为锂离子电池的正极材料，主要包括配料计算、球磨、煅烧等工艺，具体步骤如下：

首先称取适量的 Co_3O_4 和 Li_2CO_3，加入无水乙醇并球磨混合；球磨获得的浆料抽滤后在 80～90℃真空干燥箱内干燥后取出，研磨后在空气气氛 700～900℃煅烧并保温 8～20h。样品随炉冷却至室温，取出研磨后放入干燥器备用。流程图见图 1-1-3。

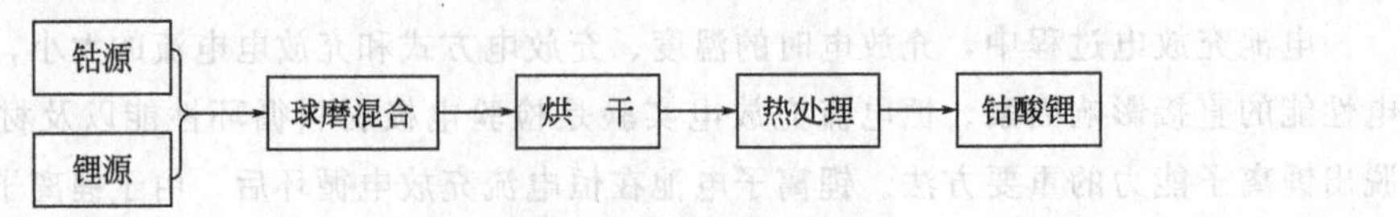

图 1-1-3 钴酸锂合成工艺流程示意图

2. 纽扣电池组装

本实验组装纽扣电池并进行电化学性能测试，纽扣电池型号为 CR2025。该电池主要由电池正负极壳、垫圈、正负极材料以及隔膜等部分组成（见图 1-1-4）。组装电池时，所有操作均在充满高纯氩气的手套箱内进行。手套箱内的水分压以及氧分压均小于 0.1ppm。

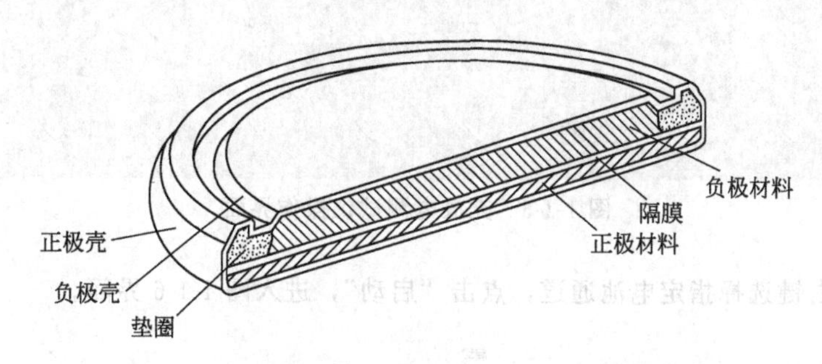

图 1-1-4　锂离子纽扣电池结构示意图

正极片制作：将合成好的正极活性物质 $LiCoO_2$、导电剂乙炔黑和黏结剂 PVDF 按 80∶10∶10 的质量比称量，加入适量 NMP 进行球磨混合；混合均匀的正极浆料涂覆在铝箔（或不锈钢基片）上，于 60℃烘干，再置于真空干燥箱中 120℃真空干燥 12h；烘完后用切片机将其剪切为直径 12mm 的正极片，并称重备用。

负极片处理：负极为金属锂，厚度为 0.30mm，使用前将其剪裁为直径 12mm 的锂片。

隔膜冲裁：隔膜为 Celgard 2400，厚度 0.02mm。使用前冲切成直径 15mm 的圆片备用。每只电池中使用一片。

电解液：可选用含 1mol/L $LiPF_6$ 的碳酸乙烯酯（EC）和二甲基碳酸酯（DMC）（摩尔比 3∶7）的混合液。

垫片、弹簧垫片和电池外壳：在使用前需先将其浸泡在无水乙醇中超声清洗，然后置于烘箱中烘干，待完全干燥后取出备用。

纽扣电池的组装顺序从下往上依次为正极壳、正极片（正极材料）、电解液、隔膜、电解液、负极片（金属锂片）、垫片、弹簧垫片和负极壳，最后使用纽扣电池封装机进行封装，获得 CR2025 型锂离子纽扣电池。

将组装好的电池在手套箱内静置 12h，保证电解液完全浸透正极材料，然后进行相关的电化学性能测试。

3. 纽扣电池性能测试

本实验可采用 Land CT2001A 型充放电测试仪对 CR2025 纽扣电池进行倍率及循环性能的测试。测试时主要通过记录电流和时间获得充放电容量等参数。

操作视频

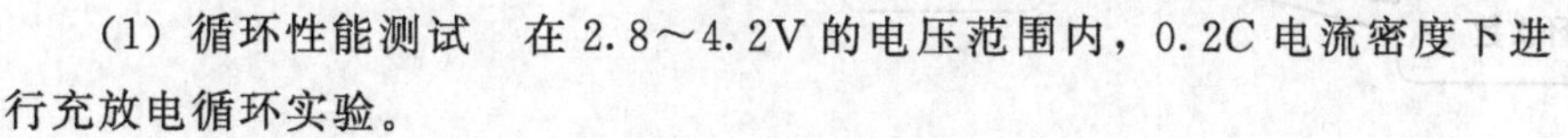

（1）循环性能测试　在 2.8～4.2V 的电压范围内，0.2*C* 电流密度下进行充放电循环实验。

（2）倍率性能测试　测试电压范围设置为 2.8～4.2V，电流密度依次设置为 0.2*C*、0.5*C*、1.0*C*、2.0*C*、5.0*C* 和 0.2*C*，在各电流密度下各循环 5 次。

测试过程可参考下述步骤进行：

(1) 进行测试前先将测试夹具与纽扣电池相连；测试夹的红线与电池正极相连，黑线与电池负极相连。

(2) 打开蓝电软件，进入图 1-1-5 界面。

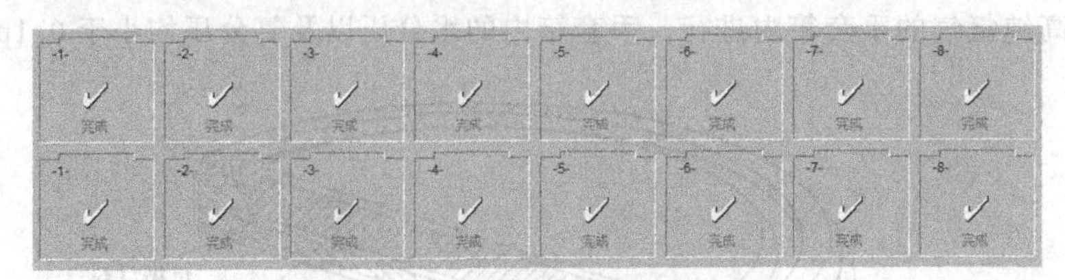

图 1-1-5　充放电测试仪操作界面

(3) 鼠标右键选择指定电池通道，点击“启动”，进入图 1-1-6 界面。

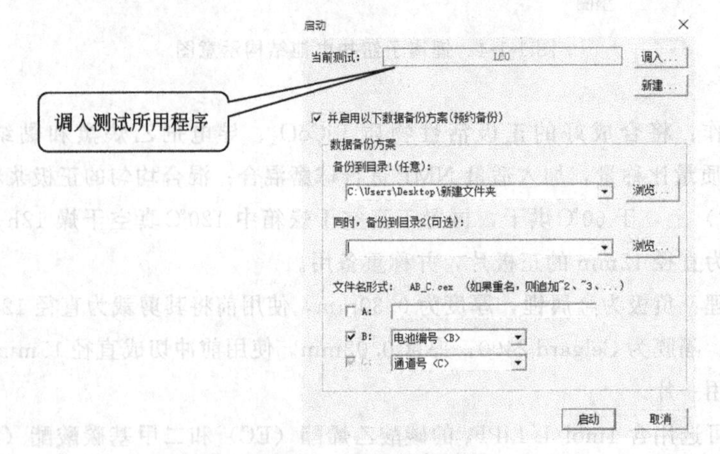

图 1-1-6　调入程序界面

(4) 调入所需的程序，根据实际情况设置测试程序和参数（见图 1-1-7），如充放电电流密度以及循环次数等。

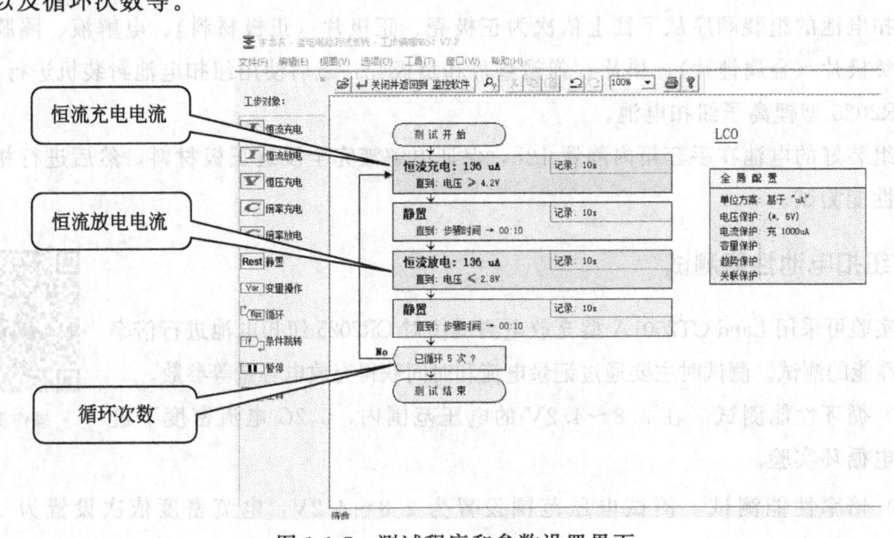

图 1-1-7　测试程序和参数设置界面

（5）程序设置完成后返回图 1-1-8 界面。

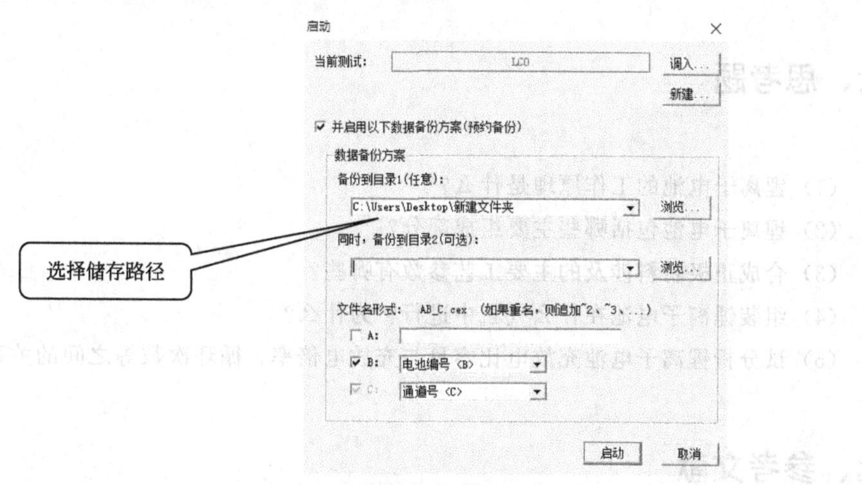

图 1-1-8　程序设置完成界面

（6）选择备份到目录 1，点击“浏览”，选择数据保存路径，再点击“启动”，按设定的程序进行相关的电化学性能测试。

（7）在相应的通道点击右键，弹出界面（图 1-1-9）后输入活性物质的质量，并点击“确定”。

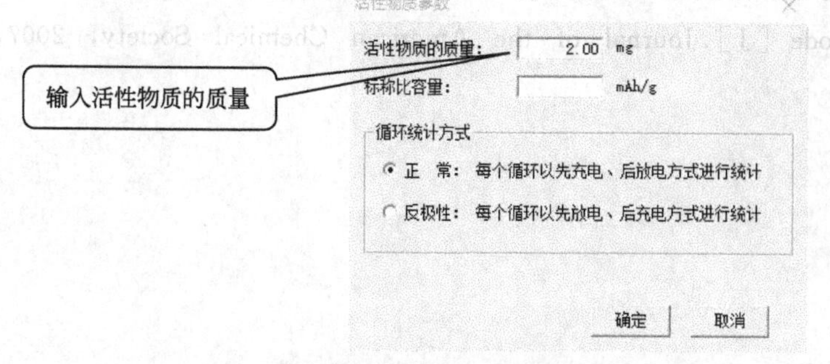

图 1-1-9　活性物质的质量设置界面

（8）测试过程中注意观察电流、电压情况，如果出现异常情况停止测试；测试完成后，根据需要导出数据。

（9）数据处理。利用画图软件绘出锂离子电池在前三次循环的充放电曲线、不同倍率下的循环寿命曲线和恒定电流下的循环寿命曲线，并对其倍率性能和循环性能进行分析。

五、注意事项

（1）严格遵守实验室管理规定，特别要注意实验安全；

（2）对所涉及的仪器，严格遵守操作规范进行操作，特别注意手套箱的规范操作；

（3）测量过程中，应密切注意放电比容量、电流和电压的变化，出现异常应终止测试。

六、思考题

（1）锂离子电池的工作原理是什么？
（2）锂离子电池包括哪些主要组成部分？
（3）合成正极材料涉及的主要工艺参数有哪些？
（4）组装锂离子电池在什么气氛中进行？为什么？
（5）试分析锂离子电池充放电比容量与充放电倍率、循环次数等之间的关系。

七、参考文献

[1] 吴宇平，袁翔云，董超，等. 锂离子电池—应用与实践［M］. 北京：化学工业出版社，2012.

[2] 胡国荣，杜柯，彭忠东. 锂离子电池正极材料：原理、性能与生产工艺［M］. 北京：化学工业出版社，2017.

[3] Okubo M，Hosono E，Kim J，et al. Nanosize effect on high-rate Li-ion intercalation in $LiCoO_2$ electrode［J］. Journal of the American Chemical Society，2007，129（23）：7444-7452.

实验二

三氧化钼纳米带的制备与气敏性能测试

一、实验目的

1. 掌握水热法制备纳米材料的工艺，并制备 MoO_3 纳米带；
2. 了解气敏元件的组装方法，学会使用 MoO_3 纳米带制作旁热式气敏元件；
3. 测试气敏元件在不同工作温度下的气敏性能；
4. 掌握电阻式金属氧化物半导体气敏元件的工作原理及气敏性能的影响因素。

二、实验原理

一维氧化物纳米材料具有巨大的比表面积和高表面活性，对外界环境（如气氛、光、湿度等）非常敏感。外界环境的变化可迅速引起纳米材料表面或界面离子价态、电子输运的变化，通过对其电学输运性能的检测，就可能对其所处的化学环境做出监测，非常适合制作气体传感器。采用一维氧化物纳米材料制作的气体传感器具有灵敏度高、响应速度快、尺寸小等优点。尤其是其工作温度低，有些甚至能在室温下工作。

按工作原理划分，半导体气体传感器可分为电阻式和非电阻式。电阻式是利用其阻值变化来检测气体浓度，而非电阻式主要是利用一些物理效应与器件特性来检测气体，如肖特基二极管的伏-安特性和场效应晶体管门电压变化等特性。近几年，以场效应晶体管、电阻式为代表的半导体传感器件成为纳米结构应用的研究热点。本实验中所制作的气敏元件属于电阻式气敏传感器。

1. 气敏性能的相关定义

对半导体气敏元件进行测试时，主要从响应值、最佳工作温度、检测限、选择特性、响应-恢复时间等方面对材料的气敏性能进行评估。部分概念如下。

(1) 气敏响应值

由于被检测气体浓度的变化会引起气敏元件阻值的改变，所以对阻值变化程度的定量描述可以直观反映材料的气敏性能。本实验中所选用的金属氧化物半导体属于 n 型半导体，对应的气敏响应值（S）定义为：

$$S=R_a/R_g \tag{1-2-1}$$

式中，R_a 为气敏元件在洁净空气中的阻值；R_g 为气敏元件在不同浓度的被检测气体中的阻值。

气敏响应值，有时也被称为灵敏度。

（2）选择特性

在多种气体共存的条件下，气敏传感器区分气体种类的能力即为该气敏材料的选择特性，用气体分辨率（D）来表示，定义为：

$$D=\frac{S_i}{\sum S}\times 100\% \tag{1-2-2}$$

式中，S_i 为其中一种气体的气敏响应值；$\sum S$ 为各种气体的气敏响应值之和。

（3）响应-恢复时间　气敏元件的响应-恢复特性是元件的一个重要特性参数，它表示气敏元件对被检测气体的响应速度。它是指元件接触或脱离气体，元件电阻随之变化直到稳定值的时间。在实际应用中，定义响应时间为元件接触到被测气体后，元件的电阻达到稳定值的 90％所需要的时间；恢复时间是指元件脱离被测气体后，元件电阻恢复到原有电阻的 90％所需的时间。

2. 金属氧化物气敏传感器的敏感机理

金属氧化物半导体气敏材料作用机理比较复杂，简要介绍以下几个较为人们所接受的模型。

（1）表面电导模型　如图 1-2-1 所示，对于多数 n 型金属氧化物半导体材料，晶格中存在氧空位，所以在导带底边缘存在大量的施主能级。

当金属氧化物半导体材料暴露在一定的气氛中时，其表面会吸附气体分子。由于不同分子对电子的接受能力不同，所以会引起电子在二者之间发生迁移，进而导致能带弯曲，材料的电导率发生改变。

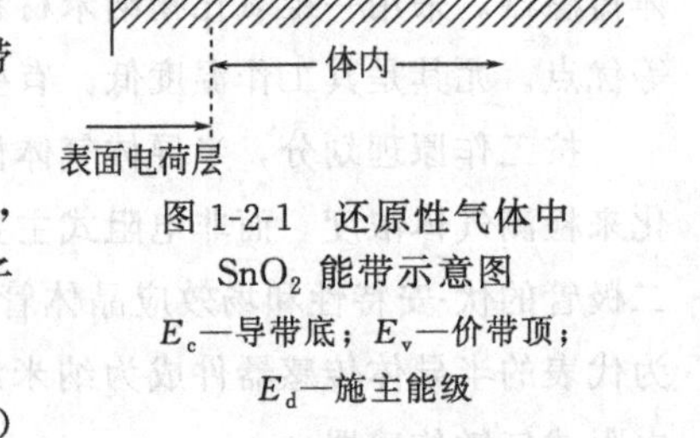

图 1-2-1　还原性气体中 SnO_2 能带示意图
E_c—导带底；E_v—价带顶；E_d—施主能级

当半导体表面吸附氧化性气体，如空气中的 O_2 时，吸附氧分子将从 n 型半导体材料中夺取电子，使表面电子浓度降低，材料的电阻率随之增加。

$$O_2(gas)\longrightarrow O_2(ads) \tag{1-2-3}$$

$$O_2(ads)+e^-\longrightarrow O_2^-(ads) \tag{1-2-4}$$

$$O_2^-(ads)+e^-\longrightarrow 2O^-(ads) \tag{1-2-5}$$

$$O^-(ads)+e^-\longrightarrow O^{2-}(ads) \tag{1-2-6}$$

当 n 型半导体表面吸附还原性气体（如 H_2、CO 或 C_2H_5OH）时，由于气体的分子离解能小于材料的功函数，吸附气体分子将向半导体材料转移电子，使半导体材料表面电子浓度增大，材料的电阻率亦随之降低。

(2) 晶界势垒模型 金属氧化物半导体气敏材料的晶体由许多晶粒组成，在晶粒与晶粒相互接触的界面处存在着势垒，如图 1-2-2 所示。当晶粒间界处吸附空气中的氧气或其他氧化性气体时，电子会从晶粒表面迁移到这些吸附分子中。对于 n 型金属氧化物半导体，其载流子为电子，因而材料中的载流子浓度会降低，表面电子势垒增加，从而使气敏材料的电阻率增大。当环境中存在还原性气体时，还原性气体会与材料表面的吸附氧发生反应，从而使电子重新回到晶粒导带，载流子浓度升高，晶粒界面的势垒高度降低，从而使气敏材料的电阻率降低。

(3) 氧离子陷阱势垒模型 在氧离子陷阱势垒模型中，半导体晶粒连接处的晶粒间界位置存在大量的吸附中心。高温下，氧原子从气敏材料中捕获电子而带负电荷，形成势垒；晶粒表面由于失去电子而带正电荷，相应地在晶粒中出现电子耗尽现象，如图 1-2-3 (a) 所示。图 1-2-3 (b) 为半导体的能带结构图。在晶粒间界处存在一个附加的电子势垒 E_B，阻碍载流子的运动，使电子迁移率减小。图 1-2-3 (c) 表示晶粒间界处耗尽区电荷 Q 的分布，L 为晶粒尺寸，l 为晶粒中心到耗尽层边缘的距离。

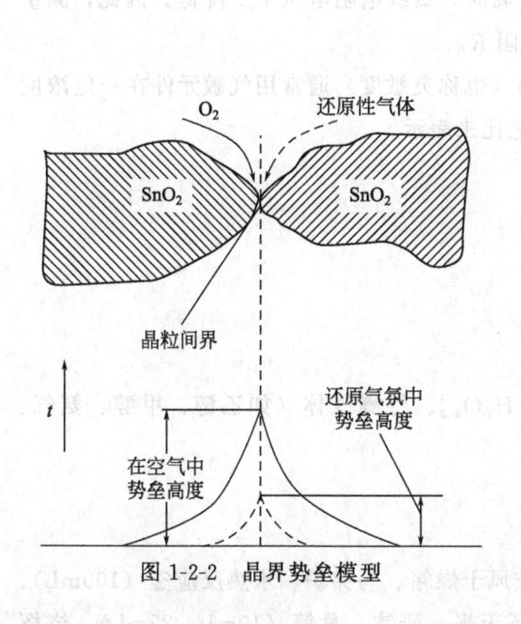

图 1-2-2 晶界势垒模型

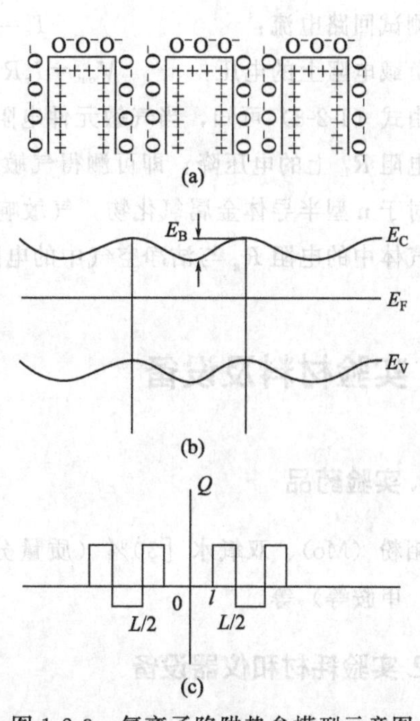

图 1-2-3 氧离子陷阱势垒模型示意图

(a) 模型结构示意图；(b) 能带图；(c) 电荷密度分布图

当还原性气体分子出现时，它们与吸附氧发生反应，其反应生成物以气态方式被挥发，同时将氧所带的负电荷释放回半导体晶粒中，使载流子浓度上升，并减弱了晶粒间界的电子运动势垒，提高了载流子的迁移率，使气敏材料的电导率增加。

3. 气敏元件性能测试系统工作原理

可选用 WS-30A 商业气敏测试系统对材料的气敏性能进行测试。图 1-2-4 为 WS-30A 气敏测试系统及测试原理图。其中，R_L 为负载电阻，R_A 为气敏元件电阻。加热回路由 0～10V 直流稳压电源与加热丝组成，加热电压记为 V_h，其作用是对气敏元件进行加热，改变气敏元件温度，以测试其在不同温度下对指定气体的敏感特性。测试回路由 0～10V 直流稳压电源与气敏元件及负载电阻组成，稳压电源供给的测试回路电压记为 V_c。通过测试与气敏元件串联的负载电阻 R_L 上的电压 V_{out} 可以反映气敏元件的特性。

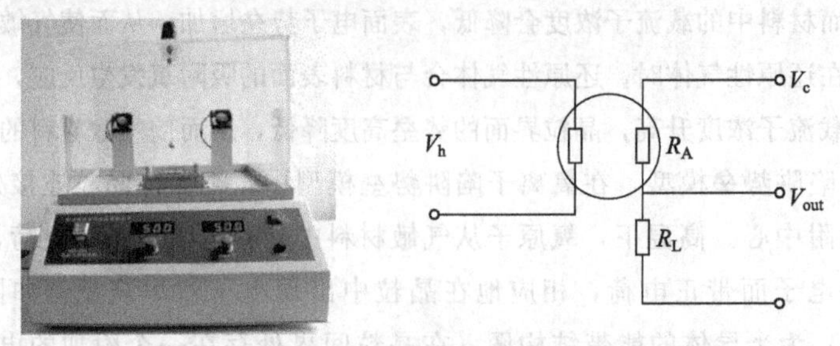

图 1-2-4　气敏元件测试系统及测试原理示意图

由此电路可得：

测试回路电流：　$I_c = V_c/(R_A + R_L)$　(1-2-7)

负载电阻上的电压：　$V_{out} = I_c R_L = V_c R_L/(R_A + R_L)$　(1-2-8)

由式 (1-2-8) 可知，当气敏元件电阻 R_A 升高时，负载电阻电压 V_{out} 降低。因此，测量负载电阻 R_L 上的电压降，即可测得气敏元件电阻 R_A。

对于 n 型半导体金属氧化物，气敏响应值 S（也称灵敏度）通常用气敏元件在一定浓度检测气体中的电阻 R_g 与洁净空气中的电阻 R_a 之比来表示。

三、实验材料及设备

1. 实验药品

钼粉（Mo）、双氧水［30%（质量分数），H_2O_2］、待测气体（如乙醇、甲醇、氨气、甲苯、甲胺等）等。

2. 实验耗材和仪器设备

气敏测试仪（郑州炜盛，WS-30A）、电热鼓风干燥箱、马弗炉、水热反应釜（100mL）、搅拌器、旁热式气敏元件及底座、加热丝、电子天平、研钵、量筒（10mL、25mL）、烧杯（150mL）、磁子、胶头滴管等。

四、实验步骤

1. MoO_3 纳米带的制备

将 0.8g 钼粉加入 30mL 去离子水中，均匀搅拌成黑灰色浑浊液。量取 8mL 双氧水（30%）滴加到上述液体中，继续搅拌 4h，直至黑灰色浑浊液变成橙黄色透明溶液。量取

30mL橙黄色透明溶液，转移至水热反应釜中，在180℃保温24h，得到白色沉淀。然后，用去离子水洗涤4次，再放入干燥箱中60℃烘干。

2. 气敏元件制作

将上述气敏材料与适量无水乙醇混合均匀后涂覆在陶瓷管上制备成气敏元件。所使用陶瓷管的规格为长4.0mm，内径1.0mm，外径1.4mm，两端印有铂电极并引出铂导线。随后将其在60℃下干燥。为了让不同的气敏元件具有可比性，应控制检测涂层质量尽量一致(如0.2mg)。接下来，将Ni-Cr加热丝插进陶瓷管中以备加热，并将器件在400℃下老化2h。最后将电极引线和加热丝共六个角焊接在底座上，即可制成待测的气敏元件，如图1-2-5所示。

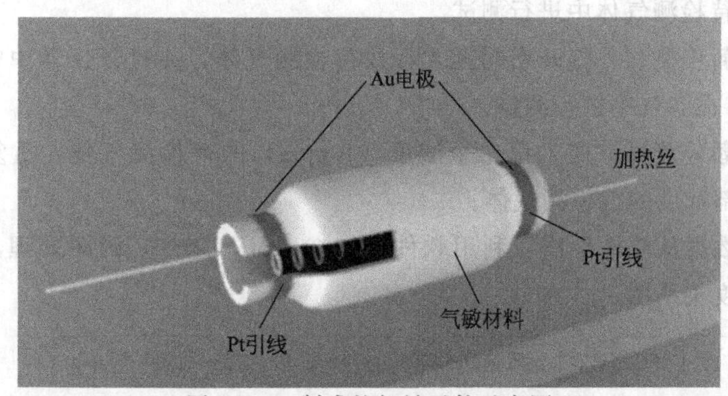

图1-2-5　制成的气敏元件示意图

3. 测试气敏性能

采用静态测试方法进行气敏性能测试，测试气体为乙醇、甲醇、氨气及甲苯。不同被检测气体浓度对应的挥发性溶液体积如表1-2-1所示。另外，可以通过调节加热电压来控制气敏元件的工作温度，表1-2-2为加热电压与温度对应表。

表1-2-1　气体浓度与对应挥发性液体的体积对应表

浓度/ppm	乙醇/μL	甲醇/μL	氨气/μL	甲苯/μL
5	0.2352	0.197	0.3114	0.4311
10	0.47035	0.397	0.62273	0.86211
20	0.94	0.795	1.24	1.72
50	2.35	1.987	3.10	4.30
100	4.70	3.973	6.23	8.62
250	11.76	9.933	15.57	21.56
500	23.52	19.865	31.14	43.11
1000	47.03	39.731	62.27	86.21

表1-2-2　加热电压与温度对应表

加热电压/V	2.0	2.5	3.0	3.5	4.0	4.5	5.0
温度/℃	60	100	150	190	240	273	332

测试环境：室温（20～28℃），相对湿度27%。测试流程如图1-2-6，具体步骤如下：

（1）将安装好底座的电路板插在WS-30A型气敏测试仪的插口处，并选择阻值适宜的负载卡插在相应位置，盖上密封盖。

（2）打开仪器开关，调节测量电压至5.0V，调节加热电压至最小。

（3）打开电脑中的测试软件，并设置测试参数。将电阻值设为负载电阻卡阻值，将测量电压设为5.0V，设置测量时间为30min，从第1～1800s数据全部显示。

（4）点击“开始”，并观察基线位置。若图中基线的位置过高，则需更换阻值较小的负载卡；若图中基线的位置过低，则需更换阻值较大的负载卡。

（5）1～60s元件在空气中进行测试。

（6）60s时暂停测试，通入第一个浓度（5ppm）的待检测气体，并加热至挥发完全，60～120s元件在待检测气体中进行测试。

（7）120s时暂停测试，打开密封盖，释放待检测气体，并打开仪器中电风扇加快气体流动，120～180s在空气中进行测试。

（8）180s时暂停测试，通入第二个浓度（10ppm）的待检测气体，重复（5）～（7）步骤，直到测完全部浓度的待检测气体。

（9）将所得数据从软件导出，利用软件（如Origin、Excel）画图处理，计算响应值并作出响应值与温度关系图。

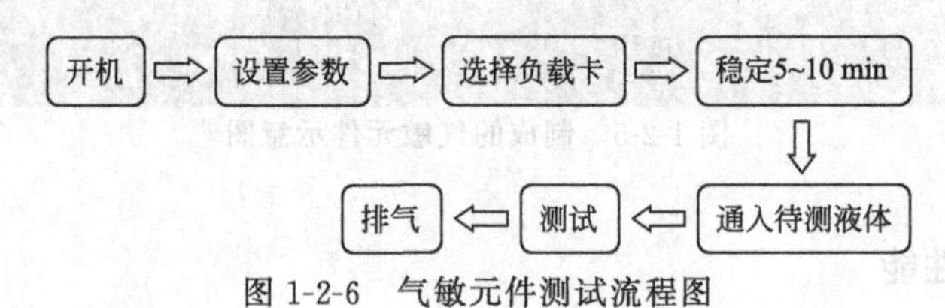

图1-2-6　气敏元件测试流程图

4. 实验数据处理与分析

（1）R-t曲线　R-t曲线是气敏元件电阻随时间的变化曲线，R-t曲线（图1-2-7）可以展示在某一工作环境下，气敏元件对不同浓度的检测气体的响应-恢复性能。

以时间t(s)为x轴，以气敏元件的电阻R（MΩ或GΩ）为y轴，绘制R-t曲线。

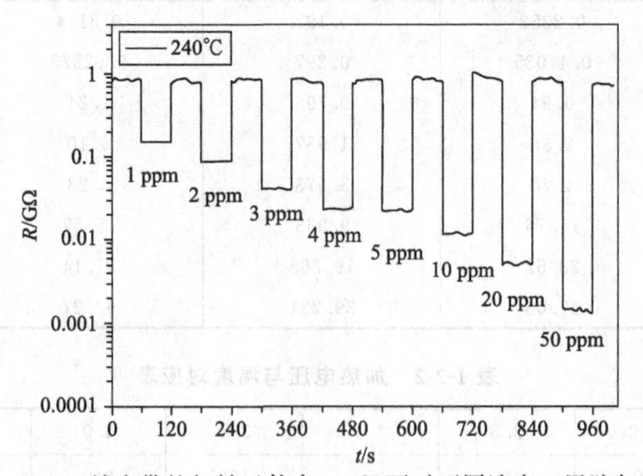

图1-2-7　基于MoO_3纳米带的气敏元件在240℃下对不同浓度三甲胺气体的R-t曲线

（2）*S-C* 点线图　*S-C* 点线图是气敏元件气敏响应值随气体浓度的变化曲线。*S-C* 点线图（图 1-2-8）可以展示在某一工作温度下，气敏元件气敏响应值 S 随浓度 C 的变化情况及二者线性关系情况。其中，S 按照式（1-2-1）计算获得。

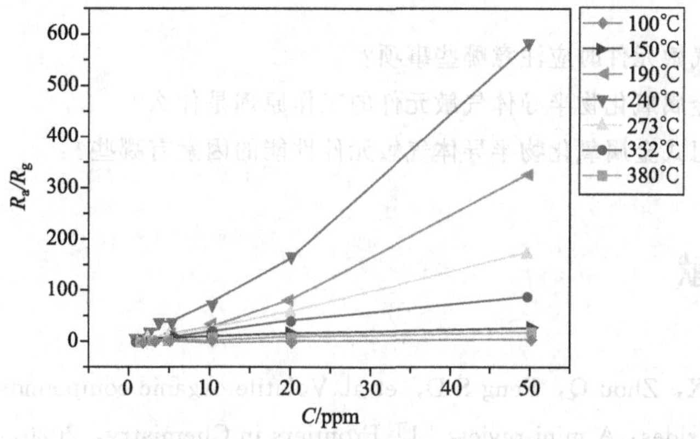

图 1-2-8　基于 MoO_3 纳米带的气敏元件在不同温度下对不同浓度三甲胺气体的 *S-C* 点线图

（3）*S-T* 点线图　*S-T* 点线图是气敏元件气敏响应值随工作温度的变化曲线。*S-T* 点线图（图 1-2-9）可以展示在某一浓度下，气敏元件气敏响应值 S 随工作温度 T 变化情况及二者线性关系情况。气敏响应值最高点对应温度为最佳工作温度。

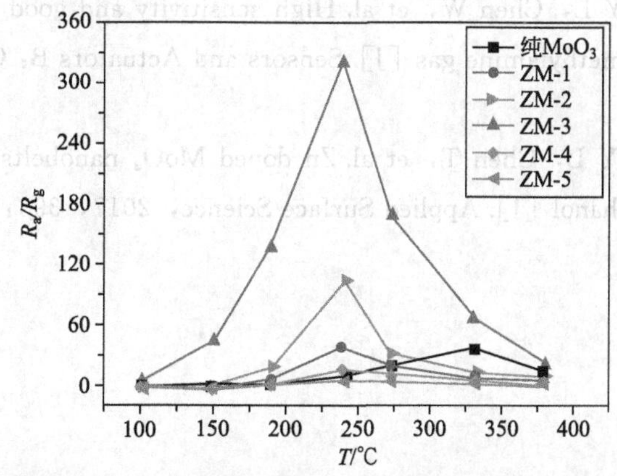

图 1-2-9　基于纯 MoO_3 纳米带和不同 Zn 掺杂量 MoO_3 纳米带（ZM）的气敏元件在不同温度下对 1000ppm 乙醇气体的 *S-T* 点线图

五、注意事项

（1）规范使用双氧水，避免烧伤；

（2）反应釜装填量不超过容量的 2/3，使用工具将盖子拧紧，放入水热反应箱后观察 30min，反应结束后，待温度降至室温再打开；

（3）制作气敏元件时，气敏浆料涂敷要均匀，规范使用电烙铁，避免虚焊和烫伤；

（4）整个测试过程在通风罩下进行，且注意室内通风。

六、思考题

（1）在制作气敏元件时应注意哪些事项？

（2）电阻式金属氧化物半导体气敏元件的工作原理是什么？

（3）影响电阻式金属氧化物半导体气敏元件性能的因素有哪些？

七、参考文献

[1] Wang J X，Zhou Q，Peng S D，et al. Volatile organic compounds gas sensors based on molybdenum oxides：A mini review [J]. Frontiers in Chemistry，2020，8：339.

[2] 杨爽. MoO_3 微纳结构调控与气敏性能及原型器件研究 [D]. 武汉：武汉理工大学，2017.

[3] 徐甲强. 氧化物纳米材料的合成、结构与气敏特性研究 [D]. 上海：上海大学，2009.

[4] Yang S，Liu Y L，Chen W，et al. High sensitivity and good selectivity of ultralong MoO_3 nanobelts for trimethylamine gas [J]. Sensors and Actuators B：Chemical，2016，226：478-485.

[5] Yang S，Liu Y L，Chen T，et al. Zn doped MoO_3 nanobelts and the enhanced gas sensing properties to ethanol [J]. Applied Surface Science，2017，393：377-384.

实验三

旋涂法制备光电材料甲胺铅碘薄膜

一、实验目的

1. 了解光电材料和光电转化的相关概念与知识，熟悉光电材料 $CH_3NH_3PbI_3$ 的性能与特点；

2. 掌握溶液旋涂法制备 $CH_3NH_3PbI_3$ 薄膜的理论与方法，理解影响薄膜结构和性能的因素；

3. 掌握材料物相分析、薄膜质量分析和光电转化性能分析的方法，并能结合任务对结果进行恰当分析。

二、实验原理

1. 钙钛矿型有机-金属卤化物材料的结构和特点

钙钛矿型有机-金属卤化物具有合适可调的带隙、光吸收系数和载流子迁移率高、且原料取材广和成本低等特点，使其不仅在光伏领域备受关注，在其他光电子领域，如电致发光器件以及辐射探测器、光检测器、光解水及单晶器件等方面都有着重要应用。

钙钛矿型有机-金属卤化物是一种化学式为 ABX_3 的有机-无机杂化材料，其中，A 位一般是 $CH_3NH_3^+$ 等离子半径较小的粒子；B 位一般是 Pb^{2+} 等具有光电性能的金属粒子；X 一般是 Cl^-、Br^- 或 I^- 等卤素离子。以有机-金属卤化物 $CH_3NH_3PbI_3$ 为例，该材料具备典型的钙钛矿结构，如图 1-3-1 所示。每个 Pb^{2+} 都与 6 个 I^- 连接形成［PbI_6］正八面体，它们共顶连接形成三维的 Pb-I 支架，每个 $CH_3NH_3^+$ 都填充在 4 个［PbI_6］八面体中间，同时每个 $CH_3NH_3^+$ 都与 12 个 I^- 作用。$CH_3NH_3PbI_3$ 的对称性和结构依赖于温度，温度低于 161.4K 时是正交晶系，空间群为 *P*nma；常温下

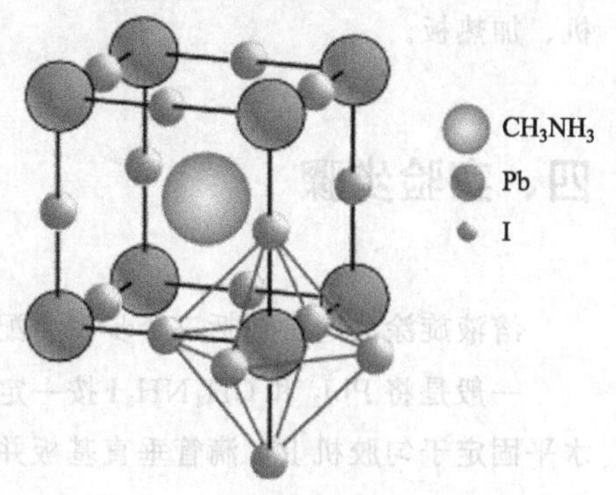

图 1-3-1 $CH_3NH_3PbI_3$ 的结构示意图

为四方晶系，空间群为 $I4/m$；温度高于 330.4K 时转变为立方晶系，空间群为 $Pm\text{-}3m$。

$CH_3NH_3PbI_3$ 的直接带隙大约为 1.55eV，可吸收 350～800nm 波长范围内的光子。同时，该材料具有极高的消光系数，它的光吸收率是普通染料的 10 倍。$CH_3NH_3PbI_3$ 的激子束缚能只有（19±3）meV，这表示该材料在吸收光子后产生的载流子在室温下就能够有效地分离成自由的电子和空穴。在 $CH_3NH_3PbI_3$ 中，由于产生的载流子有效质量小，电子和空穴的迁移率分别可以高达 $7.5cm^2/(V\cdot s)$ 和 $12.5\sim66cm^2/(V\cdot s)$，载流子的扩散长度可达到 100nm 以上，高出传统有机半导体 1～2 个数量级。其无机组分的晶体结构和坚硬框架以及强的共价键或离子键能提供高迁移率和良好的热稳定性，而有机成分则提供了良好的自组装和成膜性能，使其易于实现低温合成和低成本加工。

2. $CH_3NH_3PbI_3$ 薄膜的制备

$CH_3NH_3PbI_3$ 薄膜的制备方法主要有三种，即溶液旋涂法、共蒸发法和气相辅助溶液法。其中，溶液旋涂法是传统方法之一，它简单易行、成本低廉，因此在微电子领域有广泛应用。薄膜质量（一般要求膜的厚度均匀、致密，无明显裂纹或表面粗糙不平）对制膜参数敏感，因此可设计改变制膜工艺参数（如溶剂、浓度、转速与时间、热处理温度与时间、涂膜次数等），进而研究其对成膜质量的影响。

三、实验材料及设备

1. 实验药品

碘化铅（PbI_2）、氢碘酸（HI）、甲胺（CH_3NH_2）、乙醇（C_2H_5OH）、丙酮（CH_3COCH_3）、*N*,*N*-二甲基甲酰胺（C_3H_7NO，DMF）、乙酸乙酯（$CH_3COOC_2H_5$）。

2. 实验耗材和仪器设备

药勺、标签纸、转子、滴管、培养皿、FTO 玻璃（1.5cm×1.5cm）、烧杯、量筒、密封瓶、超声波清洗器、分析天平、磁力搅拌器、旋转蒸发仪、干燥箱、恒温水浴系统、匀胶机、加热板。

四、实验步骤

溶液旋涂法通常包括三个步骤：配制前驱体溶液、旋涂和热处理。

一般是将 PbI_2 和 CH_3NH_3I 按一定化学计量比溶解在溶剂中配制成前驱体溶液，将基板水平固定于匀胶机上，滴管垂直基板并固定在基板正上方，将预先准备好的前驱体溶液通过滴管滴在匀速旋转的基板上。在匀胶机旋转产生的离心力作用下，溶液迅速均匀铺展在基板表面，再经热处理把基板上的溶剂蒸发掉，即可得到薄膜。

具体操作如下。

1. 合成铵盐 CH_3NH_3I 的粉末

采用甲胺的乙醇溶液［30%～33%（质量分数）］与氢碘酸［55%～57%（质量分数）的 HI 水溶液］反应合成铵盐，反应式如下：

$$CH_3NH_2 + HI \longrightarrow CH_3NH_3I$$

具体操作步骤为：

（1）按照反应式和化学计量比计算所需反应物（甲胺和氢碘酸）的质量和体积（液相样品 3～5mL，0.01～0.02mol）并称量；

（2）在通风橱中将氢碘酸缓慢滴加到有机胺中。一般投入反应物甲胺之后，向烧杯中加入一定量的乙醇，然后再投入氢碘酸，边加边搅拌，使氢碘酸与甲胺在乙醇溶液中充分混合反应，并记录实验现象；

（3）待反应达到设定的反应时间（如 15min）后，将溶液移至旋转蒸发仪，在 60℃进行旋转蒸发结晶，得到白色粉末状的有机铵盐；

（4）将产物移至干燥箱干燥，得到 CH_3NH_3I 粉末；

（5）对产物粉末进行 X 射线衍射测试，分析 X 射线衍射谱，判断其结构是否符合预期。

2. 溶液旋涂法制备 $CH_3NH_3PbI_3$ 薄膜

操作视频

制膜条件的摸索可以选择溶剂种类控制、溶液浓度控制、旋涂转速与时间控制、旋涂次数控制和薄膜热处理制度控制等。

按照设定的反应条件配制好 $CH_3NH_3PbI_3$ 的前驱体溶液，按照设定参数制备薄膜。

具体操作步骤如下：

（1）清洗基片　先把 FTO 玻璃放入丙酮中，超声清洗 15min，再放入乙醇中超声清洗 15min，然后用蒸馏水冲洗，放入干燥箱干燥备用。

超声分散仪操作步骤如下：装水—开电源—设定温度、功率、时间等参数—按超声开关键。

（2）$CH_3NH_3PbI_3$ 前驱体溶液配制　将所得铵盐 CH_3NH_3I 粉末和 PbI_2 按照一定摩尔比溶于适当溶剂（如 DMF）中备用。

（3）用匀胶机制膜

在匀胶机上安装片托—开电源（POWER）—开真空泵—按控制键（CONTROL）—设定转速/时间（Speed Ⅰ/Timer Ⅰ，Speed Ⅱ/Timer Ⅱ）—放置基片—按真空键（VACUUM）—滴胶（滴加成膜液）—按启动键（START）—滴加反溶剂—电机停转后抬起真空键取下基片—开加热板电源—设定热处理温度—放置已旋涂好的基片在烤胶机板上—适当的热处理时间后拿下基片。

可根据需要再次循环以上步骤，制备较厚的膜。结束后清洗片托和加热板，关闭仪器的电源。

3. $CH_3NH_3PbI_3$ 薄膜物相和光学性能分析

（1）对所得薄膜进行 X 射线衍射测试，分析所得到薄膜的物相是否与 $CH_3NH_3PbI_3$ 一致，确定所得薄膜的晶体结构。

(2) 利用扫描电子显微镜观察所得薄膜的显微结构，判断所得薄膜是否均匀致密、是否存在孔洞。

(3) 对所得薄膜进行紫外-可见光吸收测试，分析 $CH_3NH_3PbI_3$ 薄膜作为光吸收材料的可见光吸收性，获得薄膜的光学带隙和光吸收范围。

(4) 结合上述实验结果，分析制备过程中各变量对产物结构及成膜质量的影响，确定最佳合成条件与制膜工艺，研究制膜工艺条件对薄膜结构和性能的影响规律。

五、注意事项

(1) 在通风橱中缓慢将氢碘酸滴加到有机胺中，此过程中需不断搅拌。该反应是放热反应，有白烟生成，因而会损失一部分有机胺。在实验过程中，稍过量增加一点有机胺，能促使铵盐更好生成。

(2) 基片处理后的状态会影响到膜与基片之间的结合状态。如果成膜物质是亲水的，则基片通常做亲水溶剂的洗涤或处理，使膜能更紧密地附着在基片上。此外，基片清洗不净，残留的物质也会使膜与基片的附着力下降，甚至无法旋涂成膜。

(3) 旋涂过程中，随着溶剂的挥发，原料会快速发生反应并生成产物，产物具有颜色，注意观察衬底颜色的变化。

(4) 薄膜在旋涂一层时的厚度与成膜溶液的浓度有关，还与下一次旋涂的情况相关。后一次的旋涂液滴注到前一次形成的膜上时，也可以将前一次已经形成的膜溶解，故而旋涂一层的厚度也会因此改变。旋涂厚度达到一定程度，溶解-沉积达成平衡时旋涂膜的厚度不再增加。

(5) 干燥制度的选择对膜的质量有明显影响。当干燥温度过高或干燥速度过快时，旋涂层内的溶剂可能因过快挥发而在膜内留下气孔等缺陷，干燥温度过高也有可能使薄膜受热发生分解，是需要注意并避免的。

六、思考题

(1) 如何确定产物中各元素的化学计量比确实符合分子式？哪些方法可以确定薄膜的显微结构？

(2) 制膜前基片处理除了使基片表面洁净，还有什么作用？如何选择基片处理时的溶剂？

(3) 薄膜的厚度与哪些因素有关？如何改变工艺条件增加涂膜厚度？

(4) 结合实验说明制膜的哪些工艺或工艺参数对成膜质量是有影响？如何影响？

七、参考文献

[1] Zhao Y, Zhu K. Organic-inorganic hybrid lead halide perovskites for optoelectronic and electronic applications [J]. Chemical Society Reviews, 2016, 45 (3): 655-689.

[2] Sun S, Salim T, Mathews N, et al. The origin of high efficiency in low-temperature solution-processable bilayer organometal halide hybrid solar cells [J]. Energy & Environmental Science, 2014, 7 (1): 399-407.

[3] Grätzel M. The light and shade of perovskite solar cells [J]. Nature Materials, 2014, 13 (9): 838-842.

[4] Kagan C R, Mitzi D B, Dimitrakopoulos C D. Organic-inorganic hybrid materials as semiconducting channels in thin-film field-effect transistors [J]. Science, 1999, 286: 945-947.

实验四

阳极氧化法制备二氧化钛纳米管阵列及其光催化性能研究

一、实验目的

1. 了解 TiO_2 纳米管阵列材料的主要制备工艺；

2. 掌握阳极氧化法制备 TiO_2 纳米管阵列的基本方法、原理和特点；

3. 熟悉二电极装置电解槽的操作规程和注意事项，采用阳极氧化法制备 TiO_2 纳米管阵列；

4. 掌握物相分析、表面形貌分析常用方法，并能结合任务对结果进行恰当分析；

5. 了解光催化降解有机污染物的特点和优势，掌握液相光催化测试的基本方法，并对数据进行规范处理和合理分析。

二、实验原理

二氧化钛（TiO_2）是一种宽禁带 n 型半导体材料。目前应用最为广泛的是锐钛矿（禁带宽度约 3.0 eV）和金红石（禁带宽度约 3.2 eV）型的 TiO_2。两者的共同之处在于：组成结构的基本单元都是［TiO_6］八面体。不同之处在于：锐钛矿结构由［TiO_6］八面体共边组成，［TiO_6］八面体畸变较大；金红石结构由［TiO_6］八面体共顶点且共边组成，因此金红石型比锐钛矿型紧密而稳定。锐钛矿是 TiO_2 的低温相，金红石是 TiO_2 的高温相。锐钛矿向金红石的转变温度一般在 500～600℃。

高度取向的 TiO_2 纳米管阵列因其特殊的几何结构，突出的量子效应和高比表面积，使其具有比无序纳米结构的 TiO_2 更加优异的物理和化学性能。TiO_2 纳米管阵列在太阳能电池、光催化、气体传感器和生物化学等领域受到人们的关注。

阳极氧化法是基于 TiO_2 纳米管阵列在阳极氧化过程中的生长机理，具有工艺简单、成本低廉、易于放大等优点。阳极氧化法制备 TiO_2 纳米管阵列涉及物理、化学及电化学等知识。掌握该方法，有助于我们了解决定阳极氧化 TiO_2 纳米管阵列形成的主要因素，进而理解纳米材料和纳米科技对社会进步和环境保护的重要意义。

1. 阳极氧化法

阳极氧化即金属或合金的电化学氧化，是将金属或合金制件作为阳极，通过对电解液中的金属极板施加外电压而实现特定结构的有序生长，用于精确构建特定的纳米结构材料。该方法操作简单，已成功制备出纳米多孔材料，如 Al、Si、Ti、Zr 和 InP 等。

(1) 阳极氧化原理　以纯钛片或钛合金片为阳极，以铂或石墨作为阴极，在含氟电解液中氧化生成 TiO_2 纳米管阵列（图 1-4-1）。

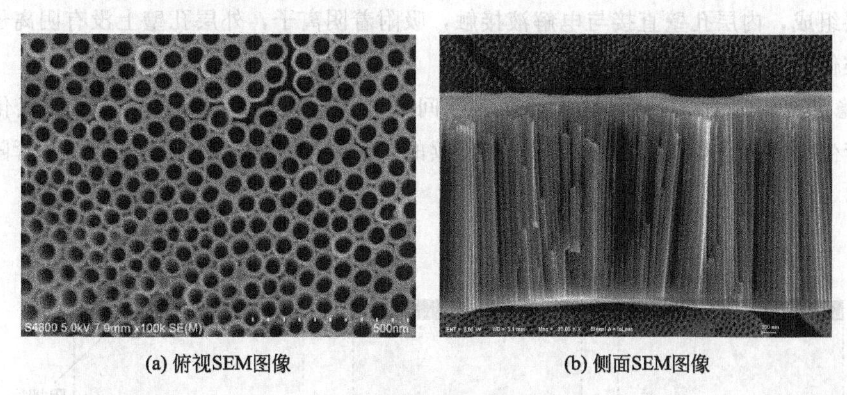

(a) 俯视SEM图像　　(b) 侧面SEM图像

图 1-4-1　TiO_2 纳米管阵列的 SEM 图像

阳极氧化法制备 TiO_2 纳米管阵列的生长过程可分为四个阶段：

① 阻挡层的形成阶段。在氧化初期，阳极（金属钛）表面附近富集水电离产生 O^{2-}。同时，金属钛在电场的作用下，产生大量 Ti^{4+}，随后 Ti^{4+} 与 O^{2-} 快速反应，在 Ti 电极表面形成致密的高阻值初始氧化膜［即阻挡层，图 1-4-2（a）］，反应如式（1-4-1）所示：

$$\left.\begin{array}{l} H_2O \longrightarrow 2H^+ + O^{2-} \\ Ti + 4e^- \longrightarrow Ti^{4+} \\ Ti^{4+} + 2O^{2-} \longrightarrow TiO_2 \end{array}\right\} Ti^{4+} + 2H_2O \longrightarrow TiO_2 + 4H^+ \tag{1-4-1}$$

② 多孔层的初始形成阶段。随着表面氧化层的形成，膜层承受的应力急剧增大，在 F^- 和电场的共同作用下，TiO_2 阻挡层发生随机击穿溶解，形成孔核［图 1-4-2（b）］。根据微扰理论，在阳极氧化过程中起稳定表面作用的表面能与起扰动作用的电致伸缩、静电力和再结晶应力的竞争，使得阻挡层表现出不稳定性。

当有正弦波微扰时，由于在波谷处（凹处）的应力集中，此处的化学势比波峰处高。电解液中 F^- 优先吸附在波谷处，这样又增加了表面的不稳定。为了保持电中性，H^+ 将向 F^- 吸附位置迁移，导致了 Ti 离子的溶解。因此处于波谷处的阻挡层发生了溶解，形成了自组装的孔核。

随着氧化时间的增加，随机分布的孔核发展成为小孔，孔的密度也不断增加，最后均匀分布在阻挡层表面。在孔核逐渐转变为小孔的过程中，相同电场强度下 Ti^{4+} 容易穿过阻挡层进入溶液中，同时溶液中的含氧离子也容易穿过阻挡层与 Ti^{4+} 结合生成新的阻挡层。此阶段伴随反应可表示为式（1-4-2）：

$$TiO_2 + 6F^- + 4H^+ \longrightarrow [TiF_6]^{2-} + 2H_2O \tag{1-4-2}$$

在小孔的生长初期，小孔底部氧化层因薄于孔间氧化层［图 1-4-2（c）］而承受更高强度的电场。强电场使 O^{2-} 快速移向基体进行氧化反应，同时也使氧化物加速溶解，故小孔底部氧化层与孔间氧化层以不同的速率向基体推进，导致原来较为平整的氧化膜-金属界面变得凹凸不平［图 1-4-2（d）］。

由于小孔底部的电荷分布密度较孔壁大很多，孔底 TiO_2 消耗速率较大，小孔不断地加深和加宽并向钛基底延伸。与此同时，孔与孔间区域的电荷密度增加，促使孔间的 TiO_2 不断被溶解形成沟槽，小孔与沟槽的协调生长促使纳米管阵列结构形成。孔壁可以看成是由内层和外层组成，内层孔壁直接与电解液接触，吸附着阴离子，外层孔壁上没有阴离子，可以看作是类似于孔底部的阻挡层。

③ 稳定生长阶段。随着小孔的生长，孔间未被氧化的金属向上凸起，顶部氧化膜加速溶解，产生小空腔。小空腔逐渐加深，将连续的小孔分离，形成有序独立的纳米管阵列结构［图 1-4-2（e）］。

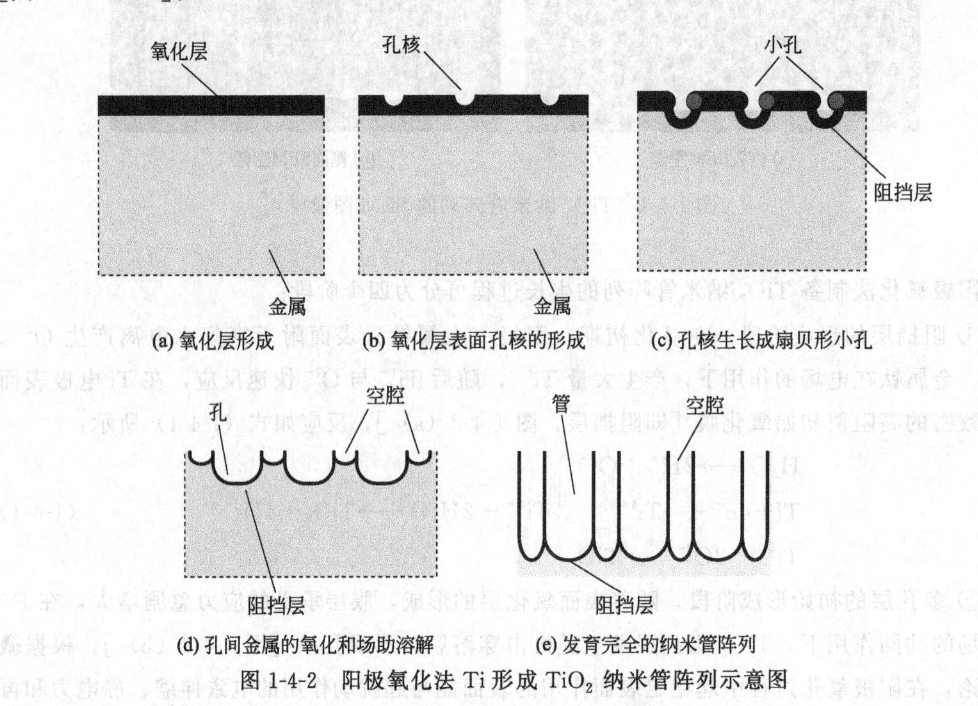

(a) 氧化层形成　(b) 氧化层表面孔核的形成　(c) 孔核生长成扇贝形小孔

(d) 孔间金属的氧化和场助溶解　(e) 发育完全的纳米管阵列

图 1-4-2　阳极氧化法 Ti 形成 TiO_2 纳米管阵列示意图

当孔的深度达到一定程度时，由于 Ti 氧化反应的局域性，孔表面的 H^+ 浓度明显低于孔底部的浓度，同时孔深度的增加使得作用在孔壁的电场强度也明显低于孔底部。当孔底氧化层的溶解速度与孔顶氧化层的溶解速度相等时，纳米管的长度将不再增长。实验观察的 SEM 图像及示意见图 1-4-3。

此外，与水热合成法制备的纳米管（多层管壁，两端开口）不同，阳极氧化蚀刻法制备的 TiO_2 纳米管为单层管壁，一端开口一端闭合。

④ 二次阳极氧化阶段。为了解决常规阳极氧化工艺所得到的 TiO_2 纳米管阵列薄膜表面凹凸不平、缺陷较多的问题，可以剥离去除一次氧化层，这时会在剩余高纯钛片表面残余碗状腐蚀坑印迹，然后以这些印迹为二次阳极氧化的初始氧化层进行第二次阳极氧化，从而获

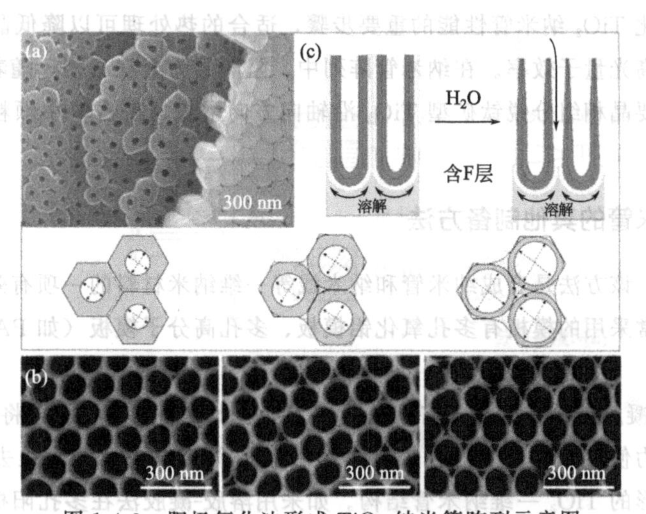

图 1-4-3 阳极氧化法形成 TiO_2 纳米管阵列示意图

(a) 从金属基板上分离的样品底部 SEM 图片，形成完整的六方排布、紧密相连的圆形管；
(b) 从左向右示意孔向管结构的转变；(c) 从初始孔结构向管结构转变的示意图

得具有纳米级表面平整特性的 TiO_2 纳米管阵列薄膜，且这种方法适宜于制备大面积表面无缺陷的 TiO_2 纳米管阵列薄膜。

(2) 阳极氧化影响因素 阳极氧化法制备 TiO_2 纳米管阵列的工艺参数研究主要集中于阳极氧化电压、氧化时间、电解液组成、电解液的 pH 值等，调节这些参数可以控制纳米管的管径（20～150nm）、管长（0.2～250μm）、管壁厚度（10～70nm）以及管的形态。

阳极氧化电压对 TiO_2 纳米管的内径、壁厚影响显著。电压过低容易造成纳米管规则度降低，而电压过高则会导致纳米管出现断裂。同时，纳米管壁厚还受蚀刻温度的影响。阳极氧化时间影响纳米管长度，随着氧化时间的延长，纳米管的相对长度增加，但其对孔径、纳米管壁厚度影响较小。

电解液组成、pH 值决定纳米管阵列的生成和溶解速度。电解液常有水基和有机两种。水基电解液通常是 HF 溶液或 HF 与其他强酸的混合液，常见的有 HF/H_2O、$HF/H_2SO_4/H_2O$、$(NH_4)H_2PO_4/H_3PO_4/HF$ 和 $KF/NaF/H_2O$ 等强酸体系，$(NH_4)_2SO_4/NH_4F/H_2O$、KF/四丁基氢氧化铵/柠檬酸钠/$NaHSO_4/H_2O$ 等弱酸体系。有机电解液则有 NH_4F/无水乙酸、二甲亚砜/无水乙醇、NH_4F/丙三醇、NH_4F/甘油、NH_4F/乙二醇等。由于有机溶剂比水的电阻大得多，其对 TiO_2 的刻蚀速度较慢，因而在有机电解液中阳极氧化制备 TiO_2 纳米管的时间会大大增长，但是可以获得更长的纳米管。需要注意的是，电解液组分可以改变，但都应含有 F^-，F^- 对于 TiO_2 纳米管的生成是必需的。

阳极氧化法适于制备负载于基体 Ti 上的 TiO_2 纳米管阵列，纳米管与 Ti 结合良好，同时金属 Ti 又具备优良的抗腐蚀能力，这在构筑 TiO_2 纳米结构以及将其应用于纳米器件上具有明显的优势。

(3) 热处理 阳极氧化生成的 TiO_2 纳米管阵列是无定形的，需进行后续的晶化处理（热处理）。通过控制晶化处理的温度和气氛，可以得到锐钛矿型或锐钛矿与金红石混晶型的 TiO_2 纳米管阵列。

氢（H_2O_2）、乙醇（C_2H_5OH）、氢氟酸（HF）、浓硫酸（H_2SO_4）、乙二醇（$C_2H_6O_2$）、污染物指示剂（结晶紫、甲基橙、甲基蓝等）。

2. 实验耗材和仪器设备

直流稳压电源、数显恒温磁力搅拌器、电子天平、压片机数控超声波清洗器、电热鼓风干燥箱、箱式电阻炉、X射线衍射仪、场发射扫描电子显微镜、紫外-可见分光光度计等。

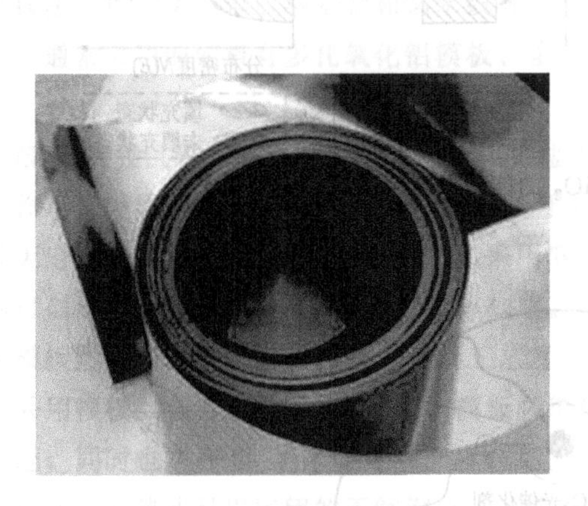

图 1-4-6　高纯度 Ti 片

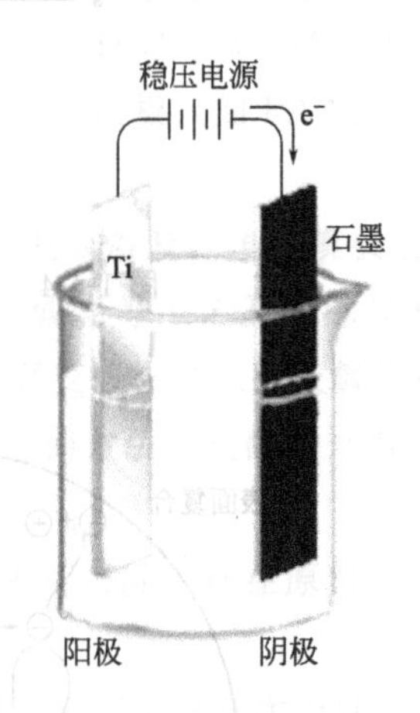

图 1-4-7　阳极氧化二电极装置

其他辅助耗材包括玻璃烧杯、塑料烧杯（500mL）、表面皿（ϕ12mm）、玻璃棒、石墨电极（尺寸与钛片尺寸一致）和容量瓶等。

四、实验步骤

1. 钛片预处理

（1）剪切轧制钛片　剪取一定尺寸的钛片（如 15cm×7.5cm 或 10cm×6cm 等），采用压片机轧制平整。

（2）化学抛光　配制溶液：H_2O∶NH_4F∶尿素∶HNO_3∶H_2O_2＝8mL∶1.32g∶0.88g∶12mL∶12mL（注：根据所钛洗片量配制适量体积的溶液），将上述钛片放置其中。由于反应极度剧烈且有刺激性气体生成，需在清洗池中并有良好通风处进行，反应 1～2min 后，待钛片有光亮金属光泽，冲水使其停止反应。

（3）乙醇液封存　将所处理的钛片用去离子水超声清洗后，置于乙醇液中待用。

2. 阳极氧化法制备二氧化钛纳米管阵列

采用二电极装置体系（如图 1-4-7 所示），以钛片为电解池阳极，石墨为阴极（距离阳极 2～3cm），在一定电压下氧化一定时间来制备。工艺流程见图 1-4-8。

操作视频

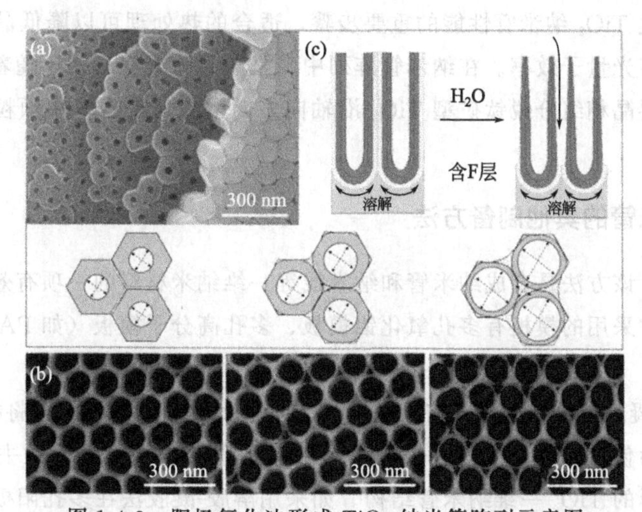

图 1-4-3　阳极氧化法形成 TiO_2 纳米管阵列示意图

(a) 从金属基板上分离的样品底部 SEM 图片，形成完整的六方排布、紧密相连的圆形管；
(b) 从左向右示意孔向管结构的转变；(c) 从初始孔结构向管结构转变的示意图

得具有纳米级表面平整特性的 TiO_2 纳米管阵列薄膜，且这种方法适宜于制备大面积表面无缺陷的 TiO_2 纳米管阵列薄膜。

(2) 阳极氧化影响因素　阳极氧化法制备 TiO_2 纳米管阵列的工艺参数研究主要集中于阳极氧化电压、氧化时间、电解液组成、电解液的 pH 值等，调节这些参数可以控制纳米管的管径（20～150nm）、管长（0.2～250μm）、管壁厚度（10～70nm）以及管的形态。

阳极氧化电压对 TiO_2 纳米管的内径、壁厚影响显著。电压过低容易造成纳米管规则度降低，而电压过高则会导致纳米管出现断裂。同时，纳米管壁厚还受蚀刻温度的影响。阳极氧化时间影响纳米管长度，随着氧化时间的延长，纳米管的相对长度增加，但其对孔径、纳米管壁厚度影响较小。

电解液组成、pH 值决定纳米管阵列的生成和溶解速度。电解液常有水基和有机两种。水基电解液通常是 HF 溶液或 HF 与其他强酸的混合液，常见的有 HF/H_2O、$HF/H_2SO_4/H_2O$、$(NH_4)H_2PO_4/H_3PO_4/HF$ 和 $KF/NaF/H_2O$ 等强酸体系，$(NH_4)_2SO_4/NH_4F/H_2O$、KF/四丁基氢氧化铵/柠檬酸钠/$NaHSO_4/H_2O$ 等弱酸体系。有机电解液则有 NH_4F/无水乙酸、二甲亚砜/无水乙醇、NH_4F/丙三醇、NH_4F/甘油、NH_4F/乙二醇等。由于有机溶剂比水的电阻大得多，其对 TiO_2 的刻蚀速度较慢，因而在有机电解液中阳极氧化制备 TiO_2 纳米管的时间会大大增长，但是可以获得更长的纳米管。需要注意的是，电解液组分可以改变，但都应含有 F^-，F^- 对于 TiO_2 纳米管的生成是必需的。

阳极氧化法适于制备负载于基体 Ti 上的 TiO_2 纳米管阵列，纳米管与 Ti 结合良好，同时金属 Ti 又具备优良的抗腐蚀能力，这在构筑 TiO_2 纳米结构以及将其应用于纳米器件上具有明显的优势。

(3) 热处理　阳极氧化生成的 TiO_2 纳米管阵列是无定形的，需进行后续的晶化处理（热处理）。通过控制晶化处理的温度和气氛，可以得到锐钛矿型或锐钛矿与金红石混晶型的 TiO_2 纳米管阵列。

热处理是优化 TiO_2 纳米管性能的重要步骤，适合的热处理可以降低晶界能、消除无定形组分，有效提高光量子效率。在纳米管阵列中，阻隔层为金红石相，随着热处理温度的升高，纳米管壁主要晶相组分锐钛矿型 TiO_2 沿轴向方向增长，挤占较小颗粒空间，因此纳米管壁为锐钛矿型。

2. TiO_2 纳米管的其他制备方法

（1）模板法　该方法是合成纳米管和纳米线等一维纳米材料的一项有效技术，具有良好的可控制性。通常采用的模板有多孔氧化铝模板、多孔高分子模板（如 PAA、PAO）、多孔 Si 模板等。

其中，溶胶-凝胶沉积工艺是先将钛醇盐或无机盐水解制成溶胶，再将模板浸入溶胶中，利用毛细管作用力使溶胶进入模板孔道内；然后经干燥、煅烧等工艺及去除模板，制得单晶、多晶及无定形的 TiO_2 一维纳米管结构。如采用溶胶-凝胶法在多孔阳极氧化铝模板的有序微米孔内可以制备高度取向的 TiO_2 纳米线阵列膜。但这种方法得到的纳米管的内径一般较大，并受模板形貌的限制，而且制备过程及工艺复杂。

此外，采用模板法合成 TiO_2 纳米管后，模板必须被破坏去除，存在原料浪费和模板去除不干净问题，同时也对 TiO_2 纳米管阵列产生破坏。

（2）水热法　水热法是以密闭的不锈钢釜为反应容器，采用水溶液作为反应介质，通过对反应器加热，创造一个高温、高压反应环境，使通常难溶或不溶的物质溶解并且重结晶。水热法是制备氧化物纳米粉体的重要方法。

水热法一般操作为：在高压反应容器中将纳米 TiO_2 粉体与碱液（NaOH 溶液）进行反应，反应温度控制在 110～120℃，反应结束后对所得产品进行酸洗、水洗、高温热处理等即得到 TiO_2 纳米管。水热合成过程中，TiO_2 粉体与热碱溶液反应会生成层状碱金属钛盐（如钛酸钠）。随着水热反应的进行，H_2O 会逐渐取代 Na^+；由于 H_2O 的尺寸大于 Na^+，晶面间距离增大，晶面间的静电作用力减小，因此逐渐形成钛酸盐层状纳米薄片。为降低表面张力能，纳米薄片进一步卷曲形成纳米管。水热法制备的 TiO_2 纳米管杂乱无序，长度、壁厚、管层数难以稳定控制。

3. TiO_2 光催化反应机理

半导体 TiO_2 的能带结构由填满电子的低能价带（VB）和空的高能导带（CB）构成（见图 1-4-4）。

当能量大于禁带宽度（E_g）的光照射时，价带上的电子被激发跃迁至导带，在价带上留下相应的空穴，并在电场的作用下分离并迁移到表面，形成空穴-电子对。光生空穴具有很强的氧化性，能够夺取吸附在 TiO_2 颗粒表面的 OH^- 和 H_2O 中的电子，将其氧化成氧化能力更强的羟基自由基（·OH）。这些高活性羟基自由基能使大多数有机污染物最终分解为 CO_2、H_2O 等无害物质。图 1-4-5 是 TiO_2 光催化机理示意图。

简言之，半导体材料在光的照射下，通过把光能转化为化学能，促进化合物的合成或使化合物降解的过程称为光催化。在 TiO_2、ZnO、CdS、ZnS、Fe_2O_3 等常见的光催化材料中，TiO_2 由于具有价廉、无毒、稳定和可回收等优点，是公认最好的光反应催化剂之一。

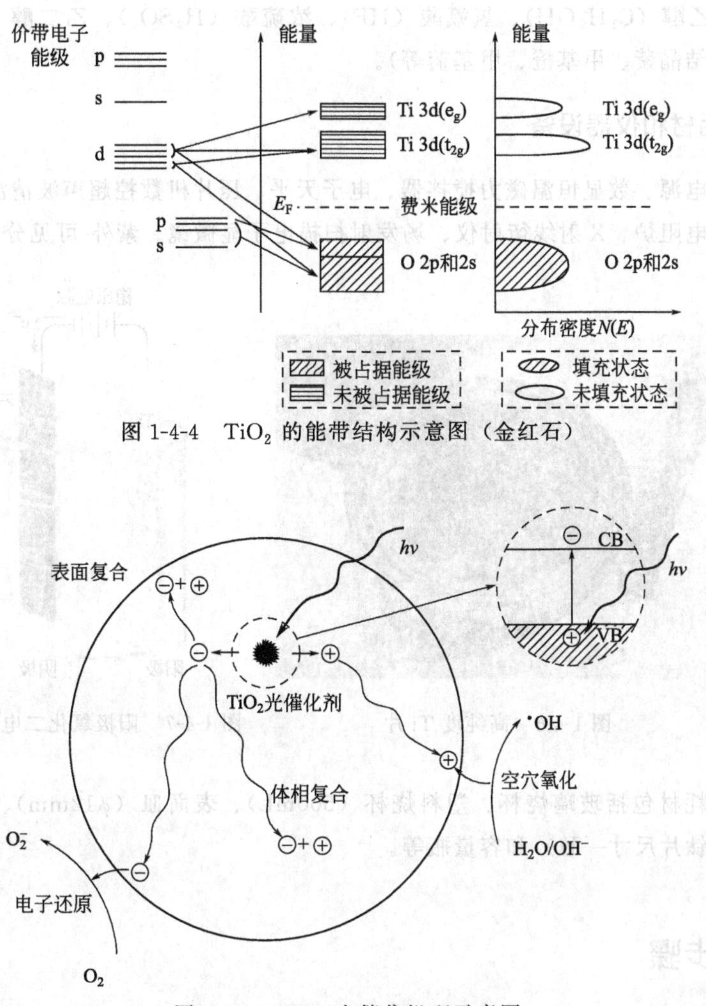

图 1-4-4　TiO_2 的能带结构示意图（金红石）

图 1-4-5　TiO_2 光催化机理示意图

纳米 TiO_2 粒子比常规体材料的光催化活性高得多，分析认为：①纳米粒子具有量子尺寸效应，使得导带和价带能级由连续变为分立，能隙变宽，导带电势变得更负，价带电势变得更正，这就使得纳米 TiO_2 具有更强的氧化还原能力。②纳米半导体粒子的光生载流子可以通过简单的扩散从粒子内部迁移到粒子表面，粒径越小，光生电子扩散到表面的时间越短，电子与空穴的复合概率越小，电荷分离效果越好。③随着 TiO_2 粒子粒径的减小，比表面积变大，表面活性位点增多。因此，与大尺寸的 TiO_2 体材料相比，纳米 TiO_2 光催化活性更高。

三、实验材料及设备

1. 实验原料和药品

钛金属片（图 1-4-6）、氟化铵（NH_4F）、尿素［$CO(NH_2)_2$］、硝酸（HNO_3）、过氧化

氢（H_2O_2）、乙醇（C_2H_5OH）、氢氟酸（HF）、浓硫酸（H_2SO_4）、乙二醇（$C_2H_6O_2$）、污染物指示剂（结晶紫、甲基橙、甲基蓝等）。

2. 实验耗材和仪器设备

直流稳压电源、数显恒温磁力搅拌器、电子天平、压片机数控超声波清洗器、电热鼓风干燥箱、箱式电阻炉、X射线衍射仪、场发射扫描电子显微镜、紫外-可见分光光度计等。

图 1-4-6 高纯度 Ti 片

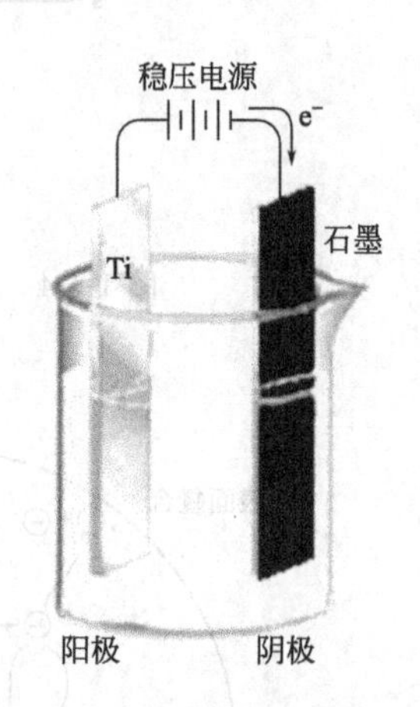

图 1-4-7 阳极氧化二电极装置

其他辅助耗材包括玻璃烧杯、塑料烧杯（500mL）、表面皿（ϕ12mm）、玻璃棒、石墨电极（尺寸与钛片尺寸一致）和容量瓶等。

四、实验步骤

1. 钛片预处理

（1）剪切轧制钛片 剪取一定尺寸的钛片（如 15cm×7.5cm 或 10cm×6cm 等），采用压片机轧制平整。

（2）化学抛光 配制溶液：H_2O：NH_4F：尿素：HNO_3：H_2O_2＝8mL：1.32g：0.88g：12mL：12mL（注：根据所钛洗片量配制适量体积的溶液），将上述钛片放置其中。由于反应极度剧烈且有刺激性气体生成，需在清洗池中并有良好通风处进行，反应1～2min后，待钛片有光亮金属光泽，冲水使其停止反应。

（3）乙醇液封存 将所处理的钛片用去离子水超声清洗后，置于乙醇液中待用。

2. 阳极氧化法制备二氧化钛纳米管阵列

操作视频

采用二电极装置体系（如图 1-4-7 所示），以钛片为电解池阳极，石墨为阴极（距离阳极 2～3cm），在一定电压下氧化一定时间来制备。工艺流程见图 1-4-8。

(1) 配制电解液

方案 1：配取含有 0.15%氢氟酸和 1mol/L 浓硫酸的水溶液 300mL。

方案 2：配制氟化铵：水：乙二醇（质量比）约为 0.25：1.76：97.98 的溶液 300mL。

(2) 连接装置　将正极接钛片，负极接石墨电极，放置于电解液中。

(3) 设置参数　打开直流稳压电源，设定其电压为一定值（如 10～35V）。

(4) 清洗干燥　待钛片反应一定时间后（3～5h）取出，用去离子水超声清洗后 80℃干燥。

(5) 热处理　将上述钛片置于电阻炉，经 450℃保温 3～5h（升温速率：5℃/min）。

(6) 对样品进行 X 射线衍射分析（XRD）和扫描电子显微镜（SEM）测试分析，并表征样品的光催化活性。

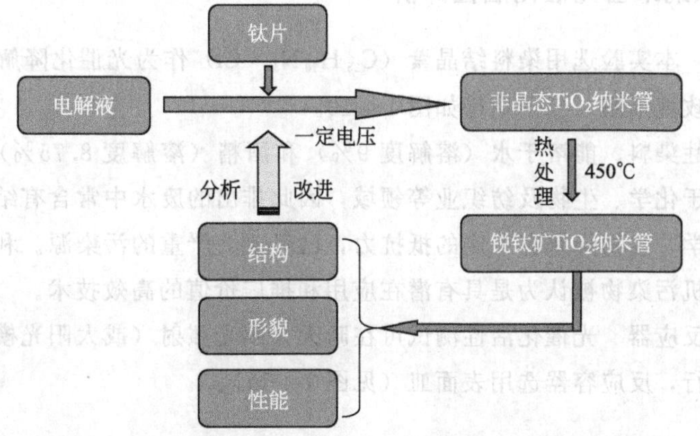

图 1-4-8　阳极氧化法制备 TiO_2 纳米管阵列的工艺流程图

3. 二氧化钛纳米管阵列结构表征

(1) X 射线衍射分析（XRD）　XRD 是研究晶体物质和某些非晶态物质微观结构的有效方法，通过对材料进行 X 射线衍射，分析其衍射图谱，从而获得材料的成分，材料内部原子或分子的结构等信息。

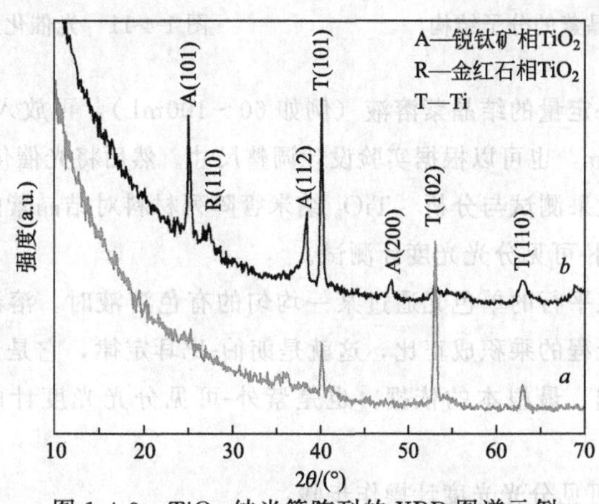

图 1-4-9　TiO_2 纳米管阵列的 XRD 图谱示例

a—未经过热处理的样品；*b*—经过热处理的样品

以图 1-4-9 为例，根据测试所得数据绘制未经过热处理的样品的 XRD 图谱，分析图中的衍射峰对应的物相，并标记。同样按照要求绘制经过热处理的样品的 XRD 图谱，分析图中的衍射峰对应的物相，并标记。在此基础上，比较二者的异同，并分析原因。

(2) 场发射扫描电子显微镜分析（FE-SEM） FE-SEM 的二次电子像是利用聚焦电子束轰击出样品中原子核外电子所成的图像，用于观察样品表面形貌，包括几何形态和粒度分布、形貌，孔的形状、大小及分布等（见图 1-4-1）。

根据测试所得图像获得主要测试条件信息，在分别观察俯视图和侧面图的基础上，综合分析获得纳米管的管径（内径、外径）、管壁厚度、管长、管的分布和均匀性等信息。

4. 二氧化钛纳米管光催化活性评价

(1) 指示剂　本实验选用染料结晶紫（$C_{25}H_{30}N_3 \cdot Cl$）作为光催化降解指示剂。其化学名称为氯化甲基玫瑰苯胺，分子结构如图 1-4-10。

结晶紫是碱性染料、能溶于水（溶解度 9%）和酒精（溶解度 8.75%），是一种优良的染色剂，广泛用于化学、生物及纺织业等领域，因此排出的废水中常含有结晶紫。而且结晶紫对一般的光化学、生物降解有一定的抵抗力，已经成为严重的污染源。利用太阳光催化降解这类水溶性有机污染物被认为是具有潜在应用和推广价值的高效技术。

(2) 光催化反应器　光催化活性测试可在晴天太阳光照射（或太阳光模拟器、高压汞灯模拟光源）下进行，反应容器选用表面皿（见图 1-4-11）。

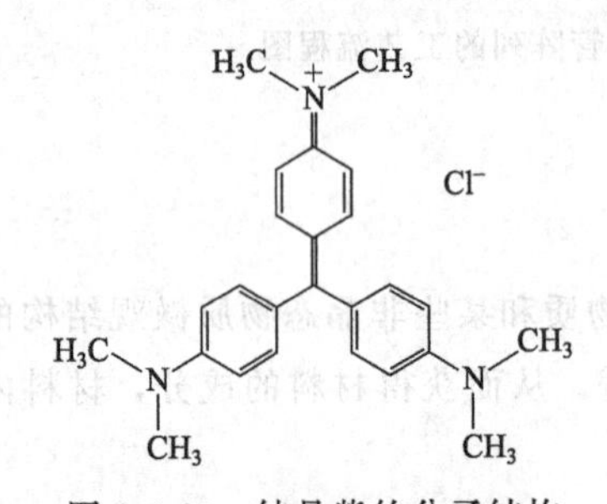

图 1-4-10　结晶紫的分子结构

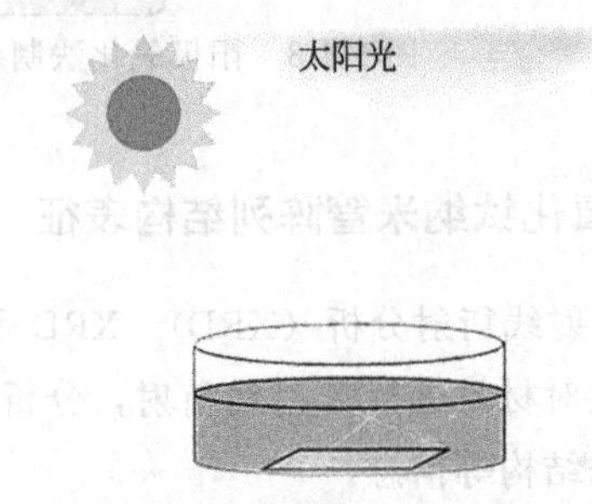

图 1-4-11　光催化反应器示意图

在表面皿中加入一定量的结晶紫溶液（例如 60～100mL），再放入催化剂。催化剂的尺寸可以设定为 6cm×6cm，也可以根据实验设计调整尺寸。然后将光催化反应器置于光源下。

(3) 光催化降解效果测试与分析　TiO_2 纳米管阵列材料对结晶紫的降解性能用 UV5500PC 紫外-可见分光光度计测试。

操作视频

工作原理：当一束平行的单色光通过某一均匀的有色溶液时，溶液的吸光度与溶液的浓度和光程的乘积成正比，这就是朗伯-比耳定律，它是光度分析中定量分析的最基础、最根本的依据，也是紫外-可见分光光度计的基本原理。

UV5500PC 紫外-可见分光光度计操作步骤：

① 开机后的初始设定和检查。

a. 插上电源线，打开电源开关，等待仪器自检完成。

b. 打开电脑，打开软件 Meta Spec Pro。

② 选择“光谱扫描”，双击打开界面，调整起始波长为 800nm，结束波长为 400nm，测试次数调整为 4 或更多。

③ 四只比色皿，其中一个放入待测试样，将比色皿放入样品池内的比色皿架中，夹子夹紧，盖上样品池盖。

④ 将参比试样推入光路，按“置零$\underline{\underline{\downarrow}}$”键，在弹出的窗口点“开始”键后自动测试基线。

⑤ 测试基线完成后点“ok”，关闭弹出窗口。

⑥ 将待测样品推入光路，按“开始▶”键。

⑦ 测试结果不会自动保存，测试完成后选择导出为 Excel，将弹出的新 Excel 表格命名后保存。

本实验项目以去离子水为参比溶液，结晶紫溶液的初始浓度为 5mg/L，其在可见光区的最大吸收波长在 585nm 左右（以实测结果为准）。

每隔一定时间（如 1h），从被降解的结晶紫溶液中取出一定体积的溶液，用分光光度计测定该溶液的吸光度并记录，根据吸光度与浓度的正比关系，可计算其降解率：

$$\eta_i=(A_0-A_i)/A_0\times(100\%)$$

式中　η_i——光照一定时间之后结晶紫的降解率；

A_0——反应开始前结晶紫溶液的初始吸光度；

A_i——反应一定时间后结晶紫溶液的吸光度。

若待测溶液浓度过高，建议对待测溶液进行一定比例稀释后再行测试。

根据吸光度测试数据，绘制 TiO_2 纳米管阵列对结晶紫进行光催化降解过程中吸光度随光照时间的变化曲线图（图 1-4-12），并分析光照时间对吸光度的影响。根据最大吸收波长的变化，计算降解率，并绘制光催化降解率图（图 1-4-13），分析催化剂的催化性能。

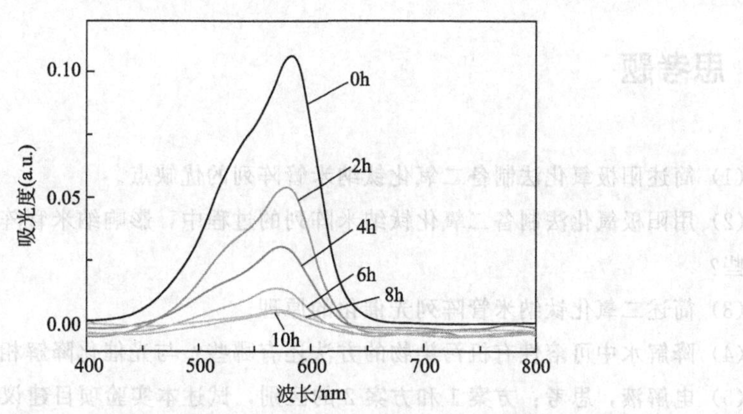

图 1-4-12　TiO_2 纳米管阵列光催化降解结晶紫过程中吸光度随光照时间的变化曲线图

根据实验变量和参数设置的不同，本项目可以 2 人为一组，多个小组各自独立完成后，再将光催化降解性能数据综合，对照分析实验变量和参数变化对样品结构和性能的影响，进而获得结构和性能的相关性规律。

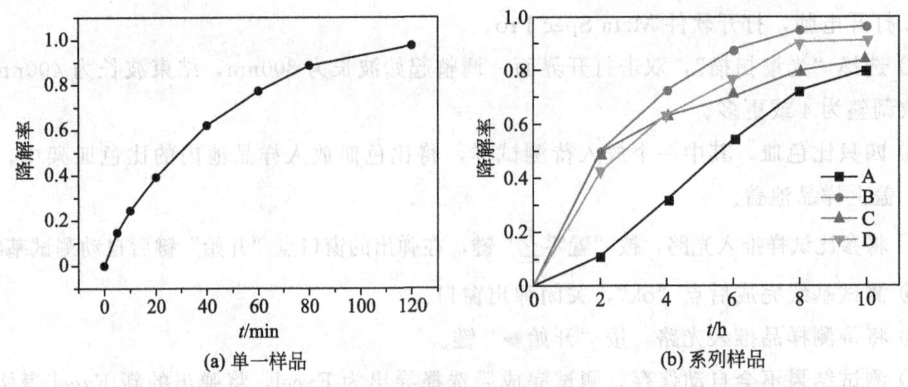

图 1-4-13　TiO_2 纳米管阵列对结晶紫溶液的光催化降解率示意图

五、注意事项

(1) 所有设备的使用均应按照操作规程执行，设备运行过程中应有专人看管并不得擅自离开。

(2) 钛片预处理时注意安全。将钛片放入化学抛光液中后，反应剧烈。无色透明溶液很快变为橘黄色，会有烟雾产生，需要在通风橱中进行。

(3) 配制电解液时要带实验用手套，特别注意化学药品的腐蚀性和毒害性。

(4) 阳极氧化反应时，电极间距离要固定好。

(5) 热处理时要等炉温降下来才可将样品（催化剂）取出，并尽量不碰触催化剂表面。

(6) 严格按照 UV5500PC 紫外-可见分光光度计的操作规程进行。

六、思考题

(1) 简述阳极氧化法制备二氧化钛纳米管阵列的优缺点。

(2) 用阳极氧化法制备二氧化钛纳米阵列的过程中，影响纳米管阵列长径比的关键因素有哪些?

(3) 简述二氧化钛纳米管阵列光催化的原理。

(4) 降解水中可溶性有机污染物的方法还有哪些？与光催化降解相比，有何优缺点？

(5) 电解液，思考：方案 1 和方案 2 的区别，试述本实验项目建议选取方案 2 的理由。

(6) 图 1-4-9 中，为什么 a 谱线中出现了对应 Ti 的衍射峰?

七、参考文献

[1] 高濂，郑珊，张青红. 纳米氧化钛光催化材料及应用［M］. 北京：化学工业出版

社，2005.

[2] Roy P，Berger S，Schmuki P. TiO_2 Nanotubes：Synthesis and applications [J]. Angewandte Chemie-International Edition，2011，50 (13)：2904-2939.

[3] Mor G K，Varghese O K，Paulose M，et al. Fabrication of tapered，conical-shaped titania nanotubes [J]. Journal of Materials Research，2003，18 (11)：2588-2593.

[4] Raja K S，Misra M，Paramguru K. Formation of self-ordered nano-tubular structure of anodic oxide layer on titanium. Electrochimica Acta，2005，51 (1)：154-165.

[5] Mor G K，Varghese O K，Paulose M，et al. A review on highly ordered，vertically oriented TiO_2 nanotube arrays：Fabrication，material properties，and solar energy applications [J]. Solar Energy Materials and Solar Cells，2006，90 (14)：2011-2075.

实验五

金属卤化物钙钛矿的溶液法制备与能带调控

一、实验目的

1. 了解金属卤化物半导体的化学组分与晶体结构；
2. 掌握金属卤化物半导体的制备方法；
3. 熟悉半导体带隙测试方法；
4. 理解半导体吸光材料带隙对光电转化过程的影响。

二、实验原理

1. 金属卤化物钙钛矿

钙钛矿原本是指 $CaTiO_3$ 这种矿物质，后来则代指晶体结构形如钙钛矿结构的 ABX_3 化合物，其晶体结构如图 1-5-1 所示。其中，A 位是一价阳离子，B 位是二价金属阳离子，X 位则是一价阴离子。X^- 形成一个八面体笼，B^{2+} 位于八面体的核心，A^+ 填补晶体的空隙，位于面心立方晶体结构的顶点位置。形成一个稳定的钙钛矿晶体结构，需要满足一定的条件：容忍因子需要在 0.78～1.05 之间。

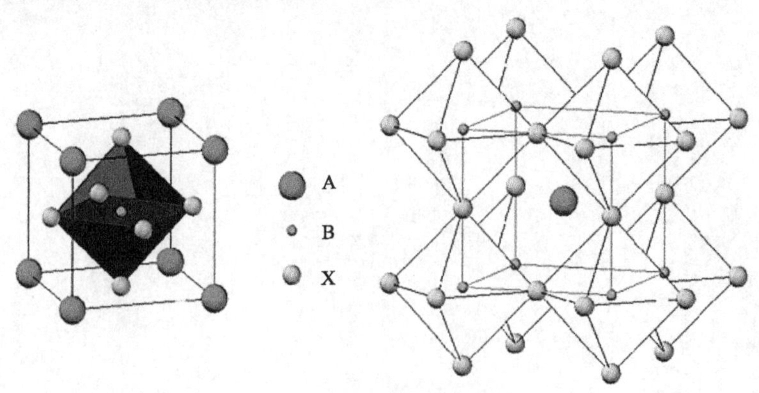

图 1-5-1　钙钛矿晶体结构示意图

容忍因子表达式为：$t=(R_A+R_B)/[\sqrt{2}(R_B+R_X)]$

式中，R_A，R_B，R_X 分别为 A、B、X 的离子半径。

可见，我们可以通过不同位置的离子替换，实现各种不同组分钙钛矿的制备。不同的离子组分搭配会对钙钛矿的带隙产生一定的影响，这也是钙钛矿材料带隙可调的结构基础。1978 年，Weber 将有机阳离子作为反应物加入钙钛矿前驱体，最终合成了目前最常见有机-无机杂化金属卤化物钙钛矿材料。这类有机-无机杂化钙钛矿材料载流子迁移率高、消光系数强、电子寿命较长，非常适合制备光电器件。

（1）A 位离子的选择　最常见的 A 位阳离子有甲胺阳离子（$CH_3NH_3^+$，简写为 MA）、甲脒阳离子［$HC(CH_2)_2^+$，简写为 FA］、铯离子（Cs^+）、铷离子（Rb^+）等，它们会插入 PbX_6 八面体的间隙处，形成面心立方晶体结构。这些阳离子由于离子半径大小不同，会使得晶格发生膨胀，晶面间距增大，或者晶格发生收缩，晶面间距减小。这些变化会影响其材料的带隙，进而影响材料对光波的吸收。

对于最常见的 $MAPbI_3$ 钙钛矿来说，它拥有较高的吸光系数及良好的双极性载流子传输性，被率先应用于太阳能电池领域。然而，随着研究不断深入，$MAPbI_3$ 钙钛矿相不稳定的缺点也慢慢被发现。在温度提升至 55℃时，$MAPbI_3$ 会由四方相转化为立方相。继续提升温度至 85℃，材料将会发生分解。因此，这种钙钛矿材料的热稳定性问题对器件寿命将会造成严重制约。

为了提升材料的热稳定性，研究人员选择了半径更大、热稳定性更好的甲脒（FA）阳离子作为 A 位离子，得到了带隙更窄、吸收光谱更宽、热稳定性更好的 $FAPbI_3$ 钙钛矿，这些优异的特性使其成为最具商业化前景的吸光材料。然而，$FAPbI_3$ 钙钛矿的光学活性黑色 α 钙钛矿相只有在高于 160℃的温度下才会稳定，在室温下容易转变为无光学活性的黄色 δ 钙钛矿相。对此，研究人员发现，在 $FAPbI_3$ 钙钛矿中引入适量半径更小的 Cs^+，可以使得 $Cs_xFA_{1-x}PbI_3$ 钙钛矿的容忍因子趋近于 1，得到结构稳定的 α 钙钛矿相，不仅能解决其稳定性问题，而且能提升材料的光电性能。同时，Cs^+ 也能够完全取代 FA 离子，获得热稳定性更好的 $CsPbI_3$ 全无机钙钛矿材料。$CsPbI_3$ 钙钛矿的带隙约为 1.73eV，比 $FAPbI_3$ 钙钛矿要宽。通常 A 位离子的尺寸越大，所获得的钙钛矿材料带隙越窄。

（2）B 位离子的选择　目前，B 位金属阳离子主要为 Pb^{2+}，但是 Pb 元素有一定的毒性，不利于其商业化，因此研究人员希望采用无毒或者低毒的元素来取代 Pb，进一步推动其实际应用。

研究表明，金属-卤素的键角对于带隙有着重要的影响，随着键角的减小，钙钛矿的带隙就会随之增加。有研究者在铅基钙钛矿中掺杂第四族元素 Sn，可以有效地将钙钛矿材料的吸收光谱拓宽至近红外区域。英国牛津大学 Snaith 教授首次用 Sn 完全替代 Pb，并获得了 6.4%的光电转换效率。虽然后续研究者对 Sn 基钙钛矿开展了大量的研究，但是目前无论是 Sn 掺杂或是全 Sn 钙钛矿在光电性能方面仍远远差于 Pb 基钙钛矿。不仅如此，Sn^{2+} 非常容易氧化成 Sn^{4+}，从而引起锡基钙钛矿材料内部的自掺杂效应，在这个过程中会生成过多 p 型载流子而导致光生载流子的扩散长度受到限制。此外，SnI_2 和 MAI 的反应速率很快，因此在钙钛矿薄膜制备过程中钙钛矿的结晶性难以控制，导致最终钙钛矿薄膜的覆盖度和均匀性变差。

也有研究者另辟蹊径，尝试利用 Sn 和 Ge 一起替代 Pb 元素，获得卤化物双钙钛矿结构，使得各种组成成分的调整更加灵活。例如 $Cs_2AgBiBr_6$、$Cs_2AgInCl_6$ 和 $Cs_2AgSbCl_6$ 等双钙钛矿材料成功被制备，并且应用在太阳能电池器件中。虽然这些卤化双钙钛矿具有比 $MAPbI_3$ 更好的环境稳定性、刚度和热膨胀行为，但立方晶胞结构也限制相邻阳离子轨道之间的相互作用，导致局部的窄导带和宽带隙。与此同时，这些不同形式的化合物的存在也可能会影响它们的电子结构。最重要的是，与 Pb 基钙钛矿相比，卤化双钙钛矿材料和器件性能相当不尽人意。其原因一部分是化合物自身的理论极限效率就不高，另一部分是因为薄膜质量差、带隙宽且存在大量点缺陷，从而导致载流子有效质量大、载流子浓度低。综上，从效率、稳定性、制备工艺难易程度等多方面考虑，铅基钙钛矿还是拥有其他类钙钛矿无法媲美的优势。

(3) X 位离子的选择　X 位阴离子主要为 I^-、Cl^- 和 Br^- 这三种卤素离子。改变 X 位卤素原子的大小可以有效地改变钙钛矿材料的晶格常数。这主要是因为较大的原子半径可以有效地降低与铅原子间的作用力，从而提高长波区域的光吸收。

在 $MAPbI_3$ 中掺杂 Cl，可以改变晶体生长的动力学过程，对最终形成的钙钛矿结晶形貌产生影响，减少缺陷的生成，载流子的扩散长度可达 1μm，从而使得材料的电学特性有着显著的变化。而且 Cl 掺杂却对钙钛矿材料的吸收几乎没有影响，在 PbI_6 的网络结构中很难发生取代，在退火处理后又会从晶格中离去而失去。Cl 的这些优良特性为钙钛矿性能的优化提供了一种可行的途径。

相比于 Cl 元素，Br 元素能够稳定地进入钙钛矿晶格中，并且显著地增大钙钛矿材料的带隙，提高器件的开路电压。Hoke 等第一次证实，在光照条件下，$MAPb(Br_xI_{1-x})_3$ 钙钛矿中的卤素离子发生偏析，会形成富碘区和贫碘区。这些富碘区会充当缺陷区来固定费米能级，限制器件的性能。因此，无碘的全溴 $MAPbBr_3$ 钙钛矿对于光敏感性更低，光照稳定性更好。另外，Seok 等首次发现在 $MAPbI_3$ 中引入 Br 可以降低钙钛矿材料对于水分子的敏感性。他们认为 Br 可以收缩晶格，增强 MA^+ 与铅-卤八面体之间的氢键，降低水的插入与水相形成的能力。所以，溴掺杂对于钙钛矿太阳能电池性能与稳定性的提升有着很大的益处。

此外，除了常规的卤素元素之外，研究者也尝试利用 SCN^-、BF_4^-、PF_6^- 等离子取代 X 位，获得湿度更加稳定的钙钛矿太阳能电池。但是，这种掺杂对于实验条件要求严苛，钙钛矿形貌与结晶不易控制，重复性不佳，不适于广泛使用。

综上，金属卤化物 ABX_3 钙钛矿材料体系丰富，通过不同位置的离子替换与组合，能够在很宽范围内调控材料带隙宽度，获得不同的吸光性能。如图 1-5-2 所示，当 B 位为 Sn，X 位为 I 时，可以获得带隙 1.1～1.2eV 的钙钛矿，吸收边可达 1070nm。而当 A 位为 Cs，B 位为 Pb，X 为 Cl 时，可以得到带隙达 3.0eV 的全无机钙钛矿半导体。

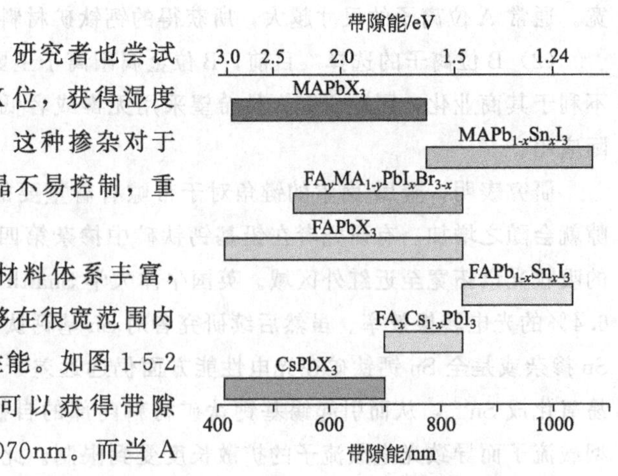

图 1-5-2　ABX_3 钙钛矿组分与带隙分布图

2. 金属卤化物钙钛矿材料薄膜制备方法

总体上，金属卤化物钙钛矿薄膜的制备过程较为简单。以 $MAPbI_3$ 钙钛矿为例，可以通过 PbI_2 与 MAI 反应得到，反应式为：

$$MAI + PbI_2 \longrightarrow MAPbI_3 \tag{1-5-1}$$

该反应能够在溶液中常温进行，因此可以采用多种溶液涂敷印刷的方式制备薄膜。通常，溶液涂敷法又可分为一步法与两步法。在早期阶段，溶液法合成钙钛矿光吸收层都是基于简单的一步法。如图 1-5-3（a）所示，一步法中钙钛矿是由前驱体 PbI_2 和 MAI 按 1∶1 摩尔比在溶剂中溶解而成，将此溶液涂在适当的衬底上，随后在合适的气氛中加热干燥，形成钙钛矿薄膜。许多报告表明，前驱体溶液、退火温度以及退火时间都对钙钛矿光吸收层的晶体质量以及电池性能有较大影响。由于一步法制得的钙钛矿薄膜的覆盖性差，导致光吸收减弱以及电荷重组的发生，从而降低了电池的效率。

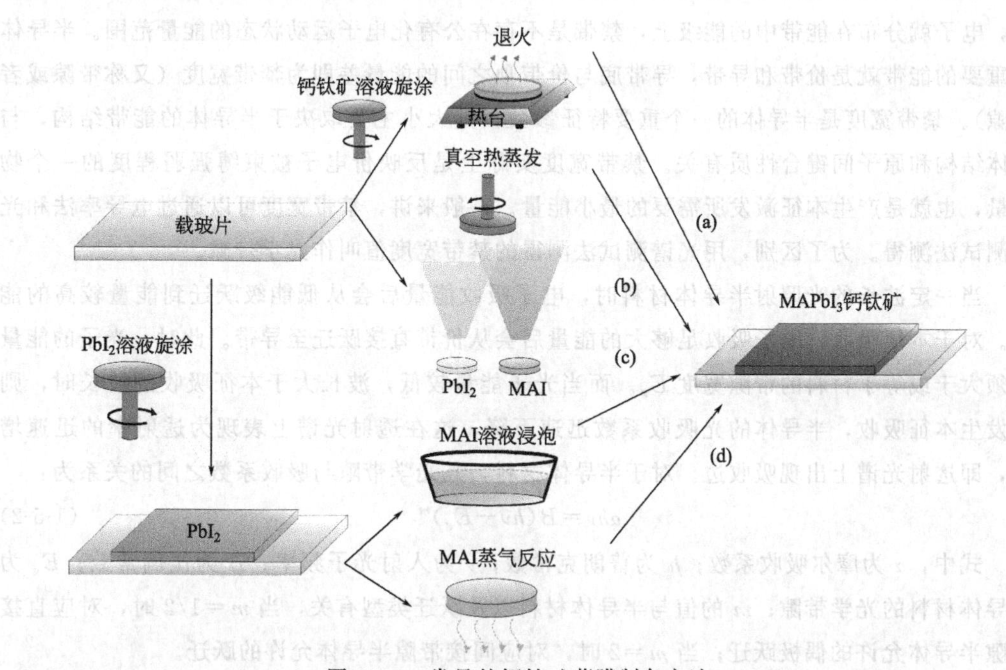

图 1-5-3 常见的钙钛矿薄膜制备方法

研究多集中于两步法制作钙钛矿光吸收层。Liang 等在 1998 年提出了利用两步法合成钙钛矿光吸收层。如图 1-5-3（c）所示，首先将 PbX_2 溶液进行沉积，随后浸泡在溶解有 CH_3NH_3X 的相关溶液中，从而获得钙钛矿薄膜。这种钙钛矿薄膜比一步法的膜更加致密，减少了电荷重组的可能性。但两步法在制备过程中也存在两个问题：一是由于碘化铅晶体尺寸较大，导致 PbI_2 的不完全转变；二是由于前驱体之间的反应速率过快而导致无法控制钙钛矿薄膜的形貌。因此，利用两步法制作无针孔以及完全转换的钙钛矿薄膜仍是一个挑战。

共蒸法是由 Snaith 课题小组于 2013 年首次提出的，如图 1-5-3（b）所示。由此法制得的平面异质结结构的钙钛矿太阳能电池效率为 15.7%，展现出了一定的应用潜力。但是，共蒸法要求在真空中高温蒸镀，不仅对设备的要求高，还有可能产生有毒气体。气相辅助溶液合成法制备钙钛矿则是综合了前两种方法的优缺点，是一种比较经济且获得较高质量钙钛矿质量较高的合成方法。该方法是由 Yang 课题小组在 2013 年首次提出的，如图 1-5-3（d）所示，用溶液法对 PbI_2 进行沉积后在 CH_3NH_3I 和 N_2 气氛中进行反应。

无论是一步法还是两步法，获得致密薄膜、提升晶粒大小、降低晶体缺陷都是制备高质量钙钛矿薄膜的基础要求。目前，高效光电器件的制备均采用溶液一步法制备钙钛矿薄膜，同时引入气流或者反溶剂来加速钙钛矿从溶液中脱溶结晶。而气相反应法能够大面积制备均匀薄膜，并且能够在织构表面共形生长钙钛矿薄膜，具备良好的应用前景。

3. 金属卤化物钙钛矿薄膜光学带隙检测方法

对于包括半导体在内的晶体，其中的电子既不同于真空中的自由电子，也不同于孤立原子中的电子。真空中的自由电子具有连续的能量状态，原子中的电子是处于分离的能级状态，而晶体中的电子是处于所谓能带状态。能带是由许多能级组成的，能带与能带之间为禁带，电子就分布在能带中的能级上，禁带是不存在公有化电子运动状态的能量范围。半导体最重要的能带就是价带和导带，导带底与价带顶之间的能量差即为禁带宽度（又称带隙或者能隙）。禁带宽度是半导体的一个重要特征参数，其大小主要取决于半导体的能带结构，与晶体结构和原子间键合性质有关。禁带宽度实际上是反映价电子被束缚强弱程度的一个物理量，也就是产生本征激发所需要的最小能量。一般来讲，禁带宽度可以通过电导率法和光谱测试法测得。为了区别，用光谱测试法测得的禁带宽度值叫作光学带隙。

当一定波长的光照射半导体材料时，电子吸收能量后会从低能级跃迁到能量较高的能级。对于本征吸收，电子吸收足够大的能量后会从价带直接跃迁至导带。此时，光子的能量必须大于或等于材料的带隙宽度 E_g。而当光子能量较低，波长大于本征吸收的波长时，则不发生本征吸收，半导体的光吸收系数迅速下降，这在透射光谱上表现为透射率的迅速增大，即透射光谱上出现吸收边。对于半导体材料，其光学带隙与吸收系数之间的关系为：

$$\alpha h\nu = B(h\nu - E_g)^m \tag{1-5-2}$$

式中，α 为摩尔吸收系数；h 为普朗克常数；ν 为入射光子频率；B 为比例常数；E_g 为半导体材料的光学带隙；m 的值与半导体材料以及跃迁类型有关，当 $m=1/2$ 时，对应直接带隙半导体允许的偶极跃迁；当 $m=2$ 时，对应间接带隙半导体允许的跃迁。

金属卤化物钙钛矿薄膜是直接带隙半导体材料，在本征吸收过程中电子发生直接跃迁，因此，$m=1/2$，则：$(\alpha h\nu)^2 = B^2(h\nu - E_g)$。

对于禁带宽度的计算，可根据 $\alpha h\nu \propto h\nu$ 的函数关系作图，将吸收边陡峭的线性部分外推到 $\alpha h\nu^2=0$ 处，与 x 轴的交点即为相应的禁带宽度值。

三、实验材料及设备

1. 实验药品

碘化铅、溴化铅、甲胺溶液、氢碘酸、氢溴酸、乙醇、乙醚、N,N-二甲基甲酰胺。

2. 实验耗材和仪器设备

载玻片、热台、旋涂仪、真空干燥箱、旋转蒸发仪、冰箱、磁力搅拌器、圆底烧瓶、紫外-可见分光光度计等。

四、实验步骤

1. MAI 的制备

将 30mL 氢碘酸与 20mL 甲胺溶液（40%的甲醇溶液）加入 250mL 圆底烧瓶里，冰浴搅拌 2h 后在 50℃条件下旋蒸 1h 得到碘化甲胺粗产物。将其用乙醚清洗三次后，即得白色碘化甲胺晶体，真空干燥后在加热条件下溶于适量乙醇，待完全溶解后将溶液温度降低至 0℃以下，重结晶后再次真空干燥，保存待用。

2. MABr 的制备

MABr 的制备与 MAI 类似：将 30mL 氢溴酸与 20mL 甲胺溶液（40%的甲醇溶液）加入 250mL 圆底烧瓶里，冰浴搅拌 2h 后在 50℃条件下旋蒸 1h 得到溴化甲胺粗产物。将其用乙醚清洗三次后，即得白色溴化甲胺晶体，真空干燥后在加热条件下溶于适量乙醇，待完全溶解后将溶液温度降低至 0℃以下，重结晶后再次真空干燥，保存待用。

3. $MAPbBr_xI_{3-x}$ 钙钛矿薄膜制备

本实验中，x 取值为 0、1、2、3。当 $x=0$ 时，即为 $MAPbI_3$ 钙钛矿。此时将 MAI 与 PbI_2 按照摩尔比 1∶1 溶解在 N,N-二甲基甲酰胺溶液中，配制 1mol/L 浓度的钙钛矿前驱体溶液，磁力搅拌至完全溶解。在洗净的载玻片上采用旋涂的方式沉积一层钙钛矿薄膜，在 100℃热台上烘干，即得 $MAPbI_3$ 钙钛矿薄膜。同样，对于 $x=1$、2、3 时，采用同样的旋涂方式制备薄膜，只改变其中 PbI_2 和 PbBr 的比例即可得到 $MAPbBrI_2$、$MAPbBr_2I$ 和 $MAPbBr_3$ 薄膜（见图 1-5-4）。

操作视频

图 1-5-4　$MAPbI_3$、$MAPbBrI_2$、$MAPbBr_2I$ 和 $MAPbBr_3$ 薄膜

4. $MAPbBr_xI_{3-x}$ 钙钛矿薄膜的带隙测量

测试步骤如下：

① 打开紫外-可见分光光度计，运行软件并预热 10min；

② 将空白载玻片放置在参考位，将钙钛矿薄膜样品放置在样品位；

③ 设置光谱扫描范围：350～850nm；

④ 通过软件自带功能将透射率转换成吸光度；

⑤ 根据吸光度与吸收系数正比关系以及吸收系数与光子能量的关系，拟合出各样品的光学带隙，并记录数据（如图 1-5-5）。

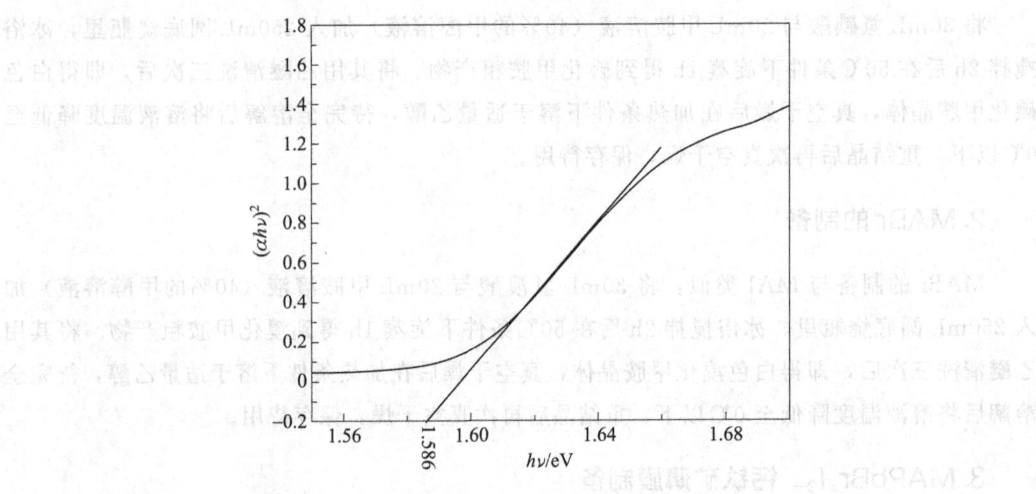

图 1-5-5 样品 $\alpha h\nu \propto h\nu$ 的函数关系拟合图

五、注意事项

1. 整个实验过程中必须穿实验服，佩戴安全眼镜，戴手套。
2. 操作设备时必须严格按照操作流程。
3. 使用热台时注意防止烫伤。
4. 使用旋转蒸发仪时，须缓慢抽真空，防止暴沸。

六、思考题

1. 钙钛矿薄膜的带隙宽度与钙钛矿太阳能电池的性能之间有什么联系？
2. 金属卤化物钙钛矿的相变跟带隙之间有什么联系？
3. 如何从吸收系数随波长的变化，判断半导体材料的能带结构？

4. 如何在非平面衬底上制备钙钛矿薄膜？

5. 如果 MAX 过量，对钙钛矿的带隙有什么影响？

6. 如果 PbX_2 过量，对钙钛矿的带隙有什么影响？

7. 旋涂法制备薄膜时，转速跟薄膜厚度有怎样的联系？

8. 金属卤化物钙钛矿的溶液极性跟溶解度之间是什么关系？

七、参考文献

[1] Randall C A，Bhalla A S，Shrout T R，et al. Classification and consequences of complex lead perovskite ferroelectrics with regard to B-site cation order [J]. Journal of Materials Research，1990，5 (4)：829-834.

[2] Weber D. $CH_3NH_3SnBr_xI_{3-x}$ (x = 0～3)，ein Sn(Ⅱ)-system mit kubischer perowskitstruktur/ $CH_3NH_3SnBr_xI_{3-x}$ (x = 0 ～ 3)，a Sn(Ⅱ)-system with cubic perovskite structure [J]. Zeitschrift fuer Naturforschung，Teil B：Anorganische Chemie，Organische Chemie，1978，33B：862.

[3] Stoumpos C C，Malliakas C D，Kanatzidis M G. Semiconducting tin and lead iodide perovskites with organic cations：Phase transitions，high mobilities，and near-infrared photoluminescent properties [J]. Inorganic Chemistry，2013，52 (15)：9019-9038.

[4] Koh T M，Fu K，Fang Y，et al. Formamidinium-containing metal-halide：An alternative material for near-IR absorption perovskite solar cells [J]. Journal of Physical Chemistry C，2014，118 (30)：16458-16462.

[5] Swarnkar A，Marshall A R，Sanehira E M，et al. Quantum dot-induced phase stabilization of α-$CsPbI_3$ perovskite for high-efficiency photovoltaics [J]. Science，2016，354 (6308)：92-95.

[6] Noel N K，Stranks S D，Abate A，et al. Lead-free organic-inorganic tin halide perovskites for photovoltaic applications [J]. Energy & Environmental Science，2014，7 (9)：3061-3068.

[7] Stranks S D，Eperon G E，Giulia G，et al. Electron-hole diffusion lengths exceeding 1 micrometer in an organometal trihalide perovskite absorber [J]. Science，2013，342 (6156)：341-344.

[8] Colella S，Mosconi E，Fedeli P，et al. $MAPbI_{3-x}Cl_x$ Mixed halide perovskite for hybrid solar cells：The role of chloride as dopant on the transport and structural properties [J]. Chemistry of Materials，2013，25 (22)：4613-4618.

[9] Hoke E T，Slotcavage D J，Dohner E R，et al. Reversible photo-induced trap formation in mixed-halide hybrid perovskites for photovoltaics [J]. Chemical Science，2014，6：613-617.

[10] HeoJ H，ImS H，NohJ H，et al. Efficient inorganic-organic hybrid heterojunction solar cells containing perovskite compound and polymeric hole conductors [J]. Nature Photonics，2013，7 (6)：486-491.

[11] Liu M, Johnston M B, Snaith H J. Efficient planar heterojunction perovskite solar cells by vapour deposition [J]. Nature, 2013, 501: 395-398.

[12] Chen Q, Zhou H, Hong Z, et al. Planar heterojunction perovskite solar cells via vapor-assisted solution process [J]. Journal of the American Chemical Society, 2014, 136 (2): 622-625.

实验六

量子点敏化太阳能电池的制备及光电性能测试

一、实验目的

1. 了解太阳能电池的优点和工作原理；
2. 掌握量子点敏化太阳能电池的工作原理；
3. 完成量子点敏化太阳能电池关键电极材料的制备；
4. 检测量子点敏化太阳能电池的光电性能。

二、实验原理

1. 有机耦合剂法制备敏化光阳极薄膜的理论基础

有机耦合剂法是一种将 $CuInS_2$ 量子点材料与光阳极薄膜连接起来的有效技术方法，该方法可以得到界面结合良好、导电性高、透光的敏化界面。可选取巯基乙酸和巯基丙酸等为有机耦合剂，对光阳极表面进行功能化处理，经过长时间或反复浸润，使得量子点材料和光阳极薄膜有效地连接起来，形成界面结合良好、电子传导率高、透光性好、多层膜等特点的敏化界面。这是由于 Ti—O—Ti 键合对巯基乙酸和膦酸类表面活性剂中的羧基（RCOO—）有很强的结合能力。同时膦酸类表面活性剂存在—SH，其中的 S 原子能与 Cu(In) 原子结合在一起形成很强的 S—金属键合，如图 1-6-1 所示。

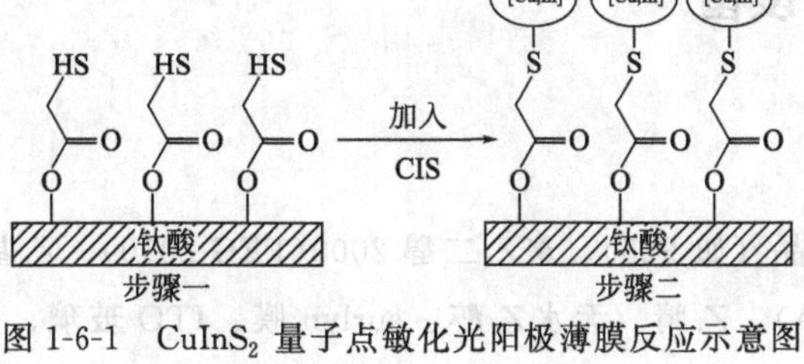

图 1-6-1　$CuInS_2$ 量子点敏化光阳极薄膜反应示意图

2. $CuInS_2$ 量子点敏化钛酸机理

经过量子点敏化后，薄膜太阳能电池的能级结构发生改变，如图 1-6-2（a）所示。在太阳光的照射下，由于量子点对紫外光和可见光独特的吸收性能，吸收的光能量大于量子点禁带宽度的光子之后，量子点价带中的电子就被激发到导带中，从而产生光生电子-空穴对。由于钛酸纳米材料的导带电位高于量子点导带，因此量子点导带的激发电子更容易流向电位更高的钛酸纳米带材料的导带，而量子点价带中留下的空穴依旧保持在原处，进而使得电子与空穴有效分离，减少了光生载流子的复合。与此同时，钛酸纳米材料中被激发得到的电子与空穴也能够得到一定程度的分离。

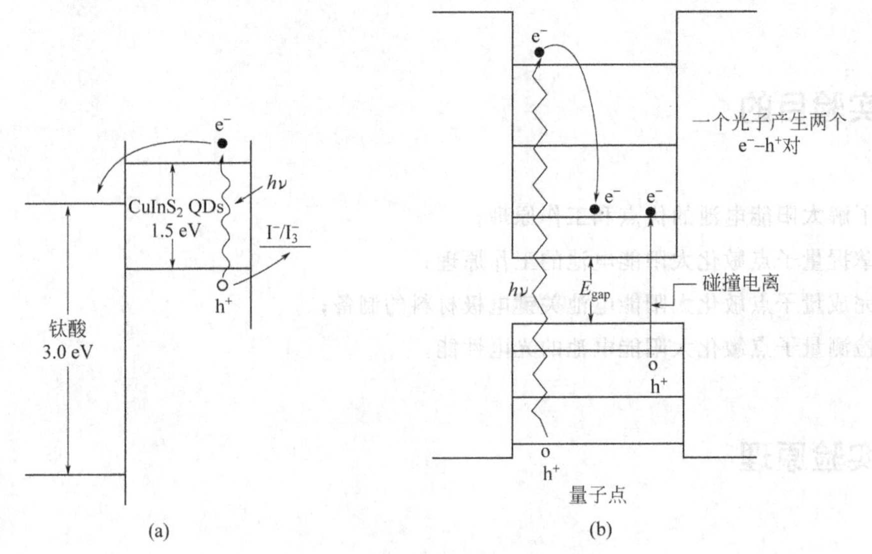

图 1-6-2　量子点敏化机理示意图

在量子点中能量分布是不连续的，大部分的载流子通过激发后逃离量子点，而空穴留在量子点中。部分载流子通过碰撞电离的过程产生了额外的电子并从价带激发至导带，如图 1-6-2（b）。因此，当量子点吸收的光子能量大于其禁带宽度的时候，量子点产生多对载流子，进而产生多个光生电子，显著提高光电流。

通过量子点敏化后的钛酸纳米薄膜光阳极，能够更有效地吸收紫外光和可见光，减少电子-空穴的复合，并产生更多的光生电子，从而获得更高的光电转换效率。

三、实验材料及设备

1. 实验材料

锐钛矿 TiO_2 纳米晶（如 P25）、聚乙二醇 2000（PEG-2000）、乙基纤维素、松油醇、氯仿、3-巯基丙酸（MPA）、乙腈、无水乙醇、surlyn 膜、ITO 玻璃、碘化锂、碘、碘化铵、四叔丁基吡啶等。

2. 实验设备

数显恒温磁力搅拌器、电子天平、丝网印刷机、箱式电阻炉、X射线衍射仪、紫外-可见光谱仪、半导体参数分析仪、超声波振荡仪、手套箱、太阳光模拟器、*J-V* 光电测试仪、单色光光电转化效率测试仪等。

四、实验步骤

本实验采用有机耦合剂法制备 $CuInS_2$ 量子点敏化太阳能电池，具体步骤如下：

1. 基底清洗

基底的表面状态和清洁程度对薄膜的质量和性能有直接影响，因此基底表面的洁净状态对高质量薄膜的制备至关重要。本实验以 ITO 玻璃为基底，清洗过程如下。

（1）将 ITO 玻璃浸泡在去离子水中，置于超声波振荡仪中清洗 10min，再取出放在无水乙醇中，置于超声波振荡仪中清洗 10min；

（2）从无水乙醇中取出，用去离子水清洗 10min，再放入丙酮中，置于超声波振荡仪中清洗 10min；

（3）从丙酮中取出，用去离子水清洗 10min 后取出 ITO 玻璃，最后放入无水乙醇溶液中封存备用。

2. 光阳极薄膜的制备

将 P25 作为原料，与 PEG-2000、乙基纤维素一同加入松油醇中混合研磨成浆料，采用丝网印刷法镀膜，热处理之后制备得到光阳极薄膜。根据实验设计，也可以采用钛酸纳米带作为原料，通过丝网印刷法镀膜，热处理后作为光阳极。

3. $CuInS_2$ 量子点材料的纯化处理

加入无水乙醇溶液分散 $CuInS_2$ 量子点材料，依次选取无水乙醇和氯仿溶剂通过离心分离手段对量子点材料进行纯化处理。将生成的沉淀离心分离并洗涤，烘干后得到墨绿色的粉末样品。

4. $CuInS_2$ 量子点敏化光阳极薄膜的制备

选取膦酸类表面活性剂 3-巯基丙酸（MPA）对光阳极表面进行功能化处理，然后将钛酸纳米薄膜浸泡在 $CuInS_2$ 量子点溶液中，使得 $CuInS_2$ 量子点吸附在钛酸纳米带薄膜表面，形成敏化的钛酸纳米带薄膜。上述过程经一定次数循环，最终制备 $CuInS_2$ 量子点敏化的钛酸纳米薄膜，然后采用无水乙醇溶液清洗表面以除去多余的量子点和溶剂，其流程图如图 1-6-3 所示。

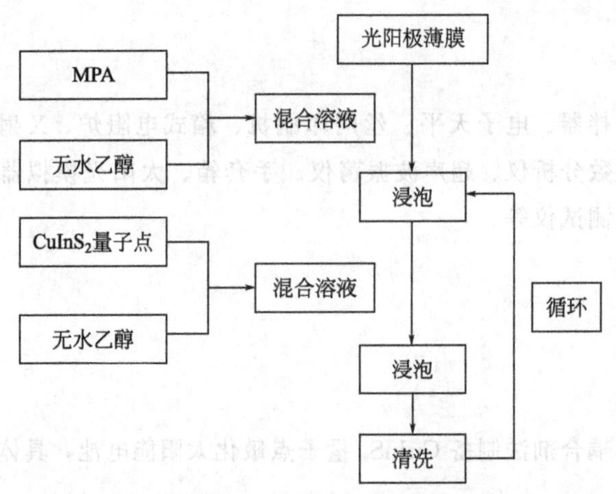

图 1-6-3　$CuInS_2$ 量子点敏化光阳极薄膜的流程图

5. 电解液的配制及太阳能电池的组装

采用碘的乙腈溶液为太阳能电池的电解液，在手套箱中分别取 0.4mol/L 碘化锂，0.05mol/L 碘，0.4mol/L 碘化铵和 0.5mol/L 四叔丁基吡啶溶于乙腈溶液中混合而成。然后以制备好的 $CuInS_2$ 量子点敏化光阳极薄膜为光阳极，磁控溅射 Pt 的 ITO 玻璃为阴极，中间用厚度为 50μm 的 surlyn 膜隔开，在 Pt 电极上取 0.25mm² 的小孔，将电解液注入其中，然后用玻璃将其密封，组装成太阳能电池器件。

6. $CuInS_2$ 量子点敏化太阳能电池的光电性能表征

(1) 单色光光电转换效率测试　单色光光电转换效率（IPCE）测试又称为外量子效率（EQE）测试，是单位时间内产生的光生电子数 N_0 与入射光子数 N_p 之比。通过公式转换，其数学表达式可以表示为：

$$\text{IPCE}=\frac{1240 I_{sc}}{\lambda P_{in}} \tag{1-6-1}$$

式中，λ 为入射单色光的波长；P_{in} 为对应入射单色光的功率；I_{sc} 为在该单色光的激发下光伏器件的电流密度。

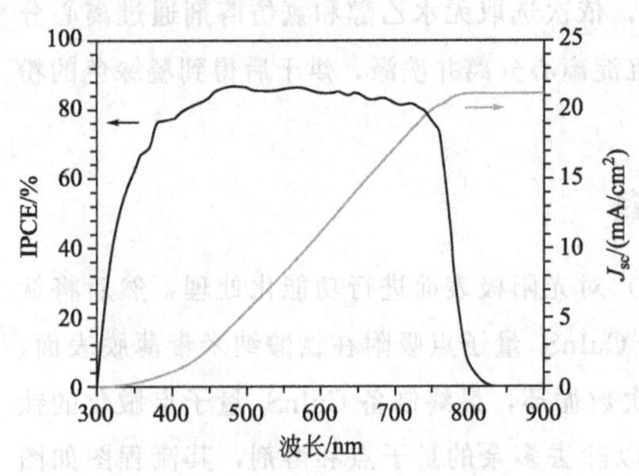

图 1-6-4　典型的 IPCE 测试曲线

在太阳能电池中，IPCE 与入射光波长 λ 的关系曲线即为单色光光电流工作谱，通过对 IPCE 及入射光波长 λ 的乘积进行积分即可得到该器件的短路电流密度 J_{sc}，因此通过 IPCE 测试（图 1-6-4）不仅可以分析太阳能电池的光谱吸收效率，也可以与 J-V 测试相互验证，评估太阳能电池的光电转换性能。

具体测试步骤如下：

① 调节汞灯、卤素灯和氘灯入射到单色仪，将单色仪波长刻度与标准波长谱线保

持一致；

② 使汞灯、卤素灯和氙灯以平行入射的方式进入单色仪，将标准参比电池接于电流计的两端；

③ 测量参比电池在200nm单色光照射下的电流信号，测量波长范围为200～1000nm；

④ 换上敏化纳米薄膜太阳能电池，在同样条件下采集数据计算。

(2) *I-V* 特性曲线及光电转换效率测试　以350 W的氙灯为光源模拟太阳光，采用 *I-V* 曲线测试太阳能电池的光电转化效率。本实验组装的 $CuInS_2$ 量子点敏化光阳极薄膜太阳能电池，采用Keithley 4200分析其光电转换效率。

敏化太阳能电池的 *I-V* 特性数据测量：调节好模拟光源，采用平衡电桥补偿电路；调节恒压源，测量不同扫描速度的偏压下样品流过的电流。图1-6-5给出了敏化太阳能电池典型的光电流-光电压曲线。

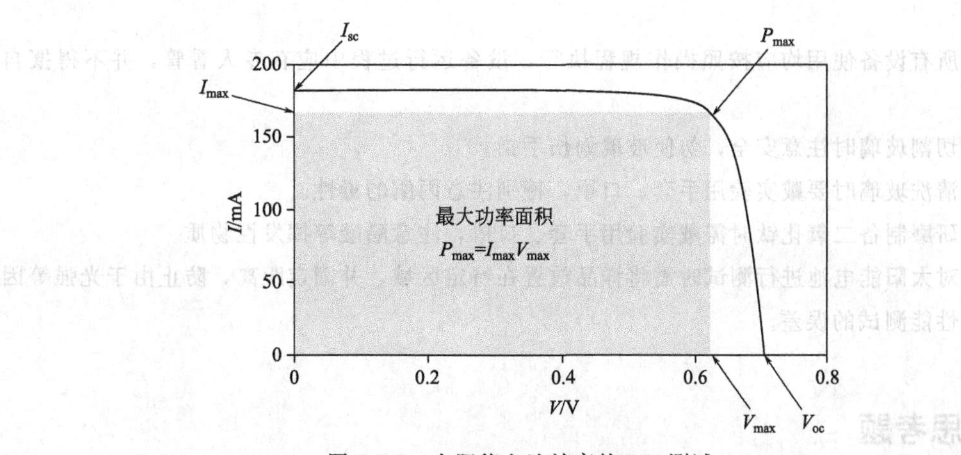

图1-6-5　太阳能电池效率的 *I-V* 测试

在敏化太阳能电池中，描述其光电性能的重要参数如下。

① 短路光电流（J_{sc}）。短路光电流是指染料敏化太阳能电池正负极短路情况下的电流，单位面积的短路光电流用短路电流密度表示，所用的单位通常是 mA/cm^2、A/cm^2。

② 开路光电压（V_{oc}）：

$$V_{oc}=1/q[(E_{Fermi})_{TiO_2}-E(red/ox)] \tag{1-6-2}$$

式中　V_{oc}——电池的开路光电压；

$(E_{Fermi})_{TiO_2}$——TiO_2 的费米能级；

$E(red/ox)$——电解质溶液中氧化还原电对的电势；

q——完成一个氧化还原所需要的电子总数。

③ 光电转换效率（η）。光电转换效率（η）是评估太阳能电池好坏的重要因素。

$$\eta=(I_pV_p)_{max}/P_{in}\times 100\% \tag{1-6-3}$$

式中　η——光电转换效率；

P_{in}——入射光光强；

I_p——最佳工作电流；

V_p——最佳工作电压。

④ 填充因子（FF）。填充因子（FF）表示电池中的欧姆损失，可从电池的光电流-光电压特征曲线中得出（图1-6-5）。

$$FF=(I_pV_p)_{max}/J_{sc}V_{oc} \tag{1-6-4}$$

式中 FF——填充因子；

I_p——最佳工作电流；

V_p——最佳工作电压；

J_{sc}——短路光电流密度；

V_{oc}——电池的开路光电压。

五、注意事项

1. 所有设备使用均应按照操作规程执行，设备运行过程中应有专人看管，并不得擅自离开。

2. 切割玻璃时注意安全，勿使玻璃划伤手指。

3. 清洗玻璃时要戴实验用手套、口罩，特别注意丙酮的毒性。

4. 研磨制备二氧化钛时需戴实验用手套、口罩，注意醋酸等挥发性物质。

5. 对太阳能电池进行测试时需将样品放置在特定区域，并固定距离，防止由于光强等因素引起性能测试的误差。

六、思考题

1. 太阳能电池相比于传统能源有哪些优点？

2. 量子点敏化太阳能电池的工作原理是什么？

3. 影响量子点敏化太阳能电池光电转换效率的因素有哪些？

七、参考文献

[1] Nozik A J. Quantum dot solar cells [J]. Physica E: Low-dimensional Systems and Nanostructures, 2002, 14 (1-2): 115-120.

[2] Peng Z Y, Liu Y L, Shu W, et al. Synthesis of various sized $CuInS_2$ quantum dots and their photovoltaic properties as sensitizers for TiO_2 photoanodes [J]. European Journal of Inorganic Chemistry, 2012, 2012 (32): 5239-5244.

[3] Chang J Y, Lin J M, Su L F, et al. Improved performance of $CuInS_2$ quantum dot-sensitized solar cells based on a multilayered architecture [J]. ACS Applied Materials & Interfaces, 2013, 5 (17): 8740-8752.

[4] Peng Z Y, Liu Y L, Shu W, et al. Efficiency enhancement of $CuInS_2$ quantum dot sensitized TiO_2 photo-anodes for solar cell applications [J]. Chemical Physics Letters, 2013, 586: 85-90.

[5] Wang N, Liang Z R, Wang X, et al. $CuInS_2$ quantum dot-sensitized solar cells fabricated via a linker-assisted adsorption approach [J]. Acta Physico-Chimica Sinica, 2015, 31 (7): 1331-1337.

[6] Peng Z Y, Chen J L, Liu Y L, et al. Charge generation and transfer performance enhancement of size-balanced $CuInS_2$ quantum dots sensitized solar cells [J]. Journal of Materials Science: Materials in Electronics, 2017, 28 (17): 12741-12746.

实验七

氧化石墨烯的制备与吸附性能测试

一、实验目的

1. 了解石墨、石墨烯、氧化石墨烯、还原性氧化石墨烯的结构和性能特点；
2. 熟悉石墨烯的制备方法；
3. 掌握 Hummer 法制备氧化石墨烯；
4. 掌握石墨烯对有机污染物吸附性能的表征方法。

二、实验原理

1. 石墨的结构与性质

石墨是一种结晶形碳，是元素碳的一种同素异形体。每个碳原子的周边连接着另外三个碳原子（排列方式呈蜂巢式的多个六边形）以共价键结合。由于每个碳原子均会放出一个电子，这些电子能够自由移动，因此石墨属于导电体。

2. 石墨烯的结构与性质

石墨烯作为一种碳质的新材料，面密度为 0.77mg/m^2，由碳六元环按照二维（2D）蜂窝状点阵结构紧密组成，其碳原子的排布与石墨单原子层的排布相同。

一般来说，当物质的厚度减小到只有几个分子层厚度的时候，长程有序的二维晶体会变得不稳定。因此，过去科学家们一直认为严格的二维晶体具有热力学不稳定性，在自然界中不能存在。

1988 年，日本东北大学京谷隆教授等在用蒙脱土做模板制备高度定向石墨的过程中，以丙烯腈为碳源，在蒙脱土二维层间得到了石墨烯片层。不过这种片层在脱除模板后不能单独存在，很快会形成高度取向的石墨。2004 年，英国曼彻斯特大学的物理学教授安德烈·盖姆与康斯坦丁·诺沃肖洛夫第一次用机械剥离方法从石墨上剥离并观测到了单层石墨烯晶体，引起了科学界新一轮的“碳”热潮。他们也因此获得了 2010 年诺贝尔物理学奖。2007 年，科学家甚至实现了将单个的片状石墨烯在空气中或真空中自由地附着在微型金支架上，这些片层只有一个碳原子层厚度（0.35nm），这一厚度仅为头发直径的20万分之一，但是却表现出长程有序，从而打破了传统理论和实验所得出的结论。

然而石墨烯不仅仅指单原子层的石墨材料。Partoens小组研究发现，当石墨层的层数<10时，就会表现出较普通三维石墨不同的电子结构。通常将这种能带结构与三维石墨不同的材料（层数<10）称为二维石墨烯。石墨烯可翘曲成零维（0D）的富勒烯，卷成一维的碳纳米管（CNT）或者堆叠成三维（3D）的石墨，因此石墨烯被认为是构建其他石墨材料的基本单元（如图1-7-1所示）。由于石墨烯的特殊结构，它的厚度可低至0.335nm，而比表面积却高达$2600m^2/g$。

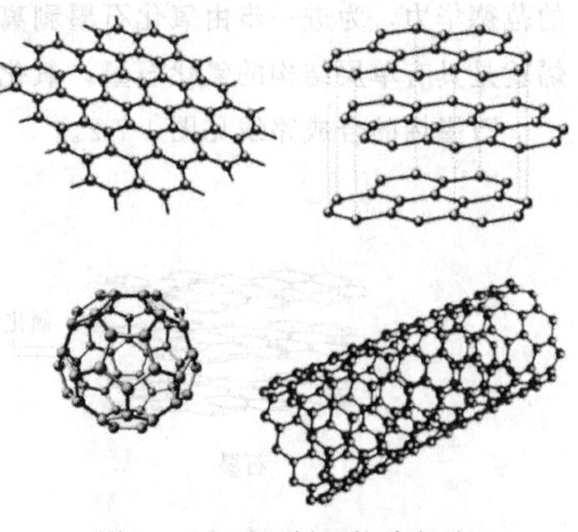

图1-7-1　石墨烯：构建各种石墨形式的基本单元

除了优异的电学性能（如可作为金属性导体或半导体材料），石墨烯的拉伸模量（约1100GPa）和断裂强度（116GPa）与单壁碳纳米管（SWCNT）相当，而且质量轻，导热性好［约3000W/(m·K)］，且比表面积大（$2600m^2/g$）。与价格昂贵的富勒烯以及碳纳米管相比，氧化石墨烯价格低廉，原料易得，从而使石墨烯在各种新型高性能纳米材料领域展示出巨大的潜在应用价值。尤其是与传统的炭黑、纳米黏土、纳米二氧化硅等常用纳米填料相比，石墨烯具有更加不可比拟的优点，从而有望实现高分子纳米复合材料的高性能化、多功能化及其一体化。另外，石墨烯与聚合物的结构相似（可将其看作是由C—C共价键相连的特殊“高分子”材料），所以它可以作为一种理想的纳米复合材料增强相，有可能对先进聚合物基纳米复合材料综合性能的提升带来一次革命性的飞跃，从而有望在航空航天、建筑、汽车制造等高新技术行业产生广泛而深远的影响。

3. 石墨烯常用的合成方法

为了让石墨烯的优异性能得到更好的应用，研究者们一直在努力寻找批量、可控合成石墨烯的方法。目前，石墨烯的合成主要包括：微机械剥离法、化学气相沉积法、外延生长法、氧化石墨烯溶液的还原法及有机合成法等方法。

（1）微机械剥离法　微机械剥离法，即通过机械力从石墨晶体表面剥离得到单层或多层石墨烯碎片。尽管通过微机械剥离法从石墨晶体得到了石墨烯，并对单层或两层石墨烯的性质进行了研究，但这种方法并不适合于单层或多层石墨烯的批量制备和应用，只能满足于基础研究的需要。

（2）化学气相沉积法　化学气相沉积法是目前应用最广泛的一种大规模工业化制备半导体薄膜材料的方法。其生产工艺十分完善，也成为了研究人员制备石墨烯的一条途径。Srivastaval等采用微波增强化学气相沉积法，在Ni包裹的Si衬底上生长出了厚度20nm左右的石墨片，并研究了微波功率大小对石墨片形貌的影响。

（3）化学剥离法

石墨层间有流动的π电子，这些游离的π电子使层与层之间具有较小的结合力以及较大的层间空隙，从而使石墨本身表现出很好的活性，很容易被强氧化剂（如HNO_3，H_2SO_4，

$HClO_4$、$KMnO_4$ 等）氧化而形成石墨氧化物，这为石墨的层间改性和顺利插层提供了先决条件。当将其他非碳粒子引入石墨层之间时，层间距离将增大至 0.4～1.2nm，削弱了层间的范德华力，为进一步由氧化石墨剥离为氧化石墨烯（GO）提供了可能的途径。氧化石墨烯就是具有单层结构的氧化石墨，氧化石墨烯通过进一步的还原即可得到稳定的石墨烯。

石墨烯的合成路线见图 1-7-2。

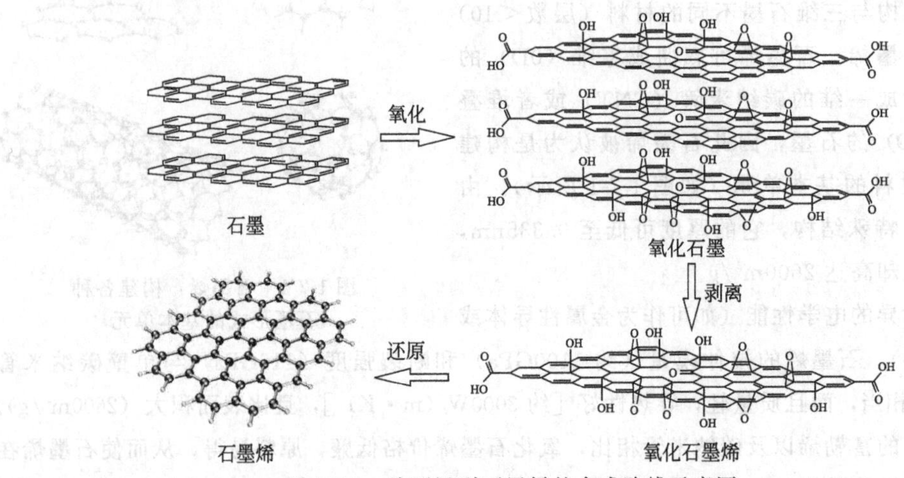

图 1-7-2　从石墨到石墨烯的合成路线示意图

① 氧化石墨的合成。由于工艺条件简便，原料易于获得以及产率高等特点，化学剥离法被认为是合成石墨烯主要手段之一，并具有工业化前景。合成过程可以概括为：利用强氧化剂与强酸形成胶体体系，加入天然石墨或者人造石墨后反应一段时间得到氧化石墨。

② 还原氧化石墨获得石墨烯。利用化学热还原、溶剂热还原、还原、超声处理等后处理方法得到石墨烯。其中，热还原法是利用氧化石墨在瞬间高温下，层间的含氧官能团、降解形成 CO_2 或 H_2O 等小分子逸出，使得石墨片层克服层间范德华力发生剥离，同时氧含量下降的一种石墨烯还原制备方法。Schniepp 等人于 2006 年报道了这种热处理还原剥离法。该方法的原料为 Staudelunaier 法制备的氧化石墨（氧化处理时间大于 96h）。将少量完全干燥的氧化石墨粉末置于封闭的石英管当中，在氩气的保护下 1050℃处理 30s，再将得到的高温膨胀石墨利用超声波分散在 N-甲基吡咯烷酮中并均匀涂敷于高定向热解石墨上，再利用原子力显微镜表征产物的形貌和厚度。

印度学者 Nethravathi 等人使用水、乙二醇、乙醇、1-丁醇作为溶剂，使用溶剂热、水热反应还原胶体分散态氧化石墨，制备了化学改性石墨烯。这种制备方法反应温度较低(120～200℃)。研究表明，反应温度、密封反应釜自生压和溶剂的还原性直接影响改性石墨烯片层的还原程度，这种制备方法开辟了在不同溶液中制备各种石墨烯基复合材料的新途径。其中利用乙醇作为溶剂，120℃反应 16h，可以得到还原程度较好的石墨烯。

此外，氧化石墨胶体通过适度时间、功率的超声，可以得到大量单层或薄层氧化石墨烯。使用碘、对苯二酚、硼氢化钠等还原剂的还原可以得到石墨烯，此为化学还原法。Hummers 法合成石墨烯是氧化还原法中的代表性工艺，主要包括氧化石墨烯的合成和还原。

Hummers 法的基本原理是石墨在 H_2SO_4、HNO_3、$HClO_4$ 等强氧化酸和强氧化剂（如

$KClO_4$、$KMnO_4$ 等）的共同作用下，经水解后转化为氧化石墨。氧化石墨同样是一层状共价化合物，层间距离依制备方法而异。一般认为，氧化石墨中含有—C—OH、—C—O—C，甚至—COOH 等基团，从而表现出较强的极性。由于极性基团的存在，氧化石墨很容易吸收极性小分子而形成氧化石墨嵌入化合物，但这类嵌入化合物的稳定性较差，在空气中很易脱嵌而转化为水化氧化石墨。与石墨不同，氧化石墨在外力，如超声波的作用下在水中或碱水中可形成稳定性较好的氧化石墨胶体或悬浮液，同时受层间电荷的静电排斥作用，氧化石墨的片层发生层-层剥离而形成单层的氧化石墨烯。目前，Hummers 法被广泛采用，但是由于其操作步骤较多，对合成过程的影响因素（如合成温度、反应时间、氧化剂的添加量、还原剂的添加量等）较多，其产率较低。

三、实验材料及设备

1. 实验药品

石墨，硫酸（H_2SO_4），过硫酸钾（$K_2S_2O_8$），五氧化二磷（P_2O_5），高锰酸钾（$KMnO_4$），盐酸（HCl），双氧水（H_2O_2），三氯甲烷（$CHCl_3$），*N*-二甲基甲酰胺［$HCON(CH_3)_2$，DMF］，水合肼（$N_2H_4 \cdot H_2O$），亚甲基蓝等。

2. 实验耗材和仪器设备

蒸发皿，烧杯，滤纸，数显恒速搅拌器，电热恒温水浴锅，超声波清洗器，高速离心机，电子天平，鼓风干燥箱（或冷冻干燥箱），分光光度计等。

四、实验步骤

1. 氧化石墨的制备

以浓 H_2SO_4、$K_2S_2O_8$、P_2O_5、$KMnO_4$ 等为氧化剂合成氧化石墨，然后采用超声法获得氧化石墨烯（制备流程见图 1-7-3），并对比石墨和氧化石墨烯对亚甲基蓝染料的吸附性能。

（1）采用浓 H_2SO_4（7mL）、$K_2S_2O_8$（0.9g）、P_2O_5（0.9g）、100mL 去离子水（水的用量可以根据溶液的浓度适当调整）配制混合溶液，并于 80℃搅拌均匀；取 1g 石墨放进上述溶液中，在 80℃继续搅拌均匀，用保鲜膜密封后保温，并持续搅拌 4.5h。

（2）将上述溶液降至室温，用 0.2L 去离子水稀释，放置 2h 后，溶液分层，去掉上层液体。

（3）用定性滤纸过滤，然后加入去离子水洗涤产物（目的是除酸），洗涤至中性并过滤，得到固体产物（注意过滤前后、洗涤前后产物的颜色变化，洗涤前后的 pH 值）。

（4）将第（3）步的产物置于蒸发皿中，放于冷冻干燥箱（或 40℃烘箱）中隔夜放置烘干。

（5）第（4）步产物放进0℃的浓 H_2SO_4（40mL）中（0℃用冰水混合物实现，可将冰块置于水浴锅中）。

（6）将 5g $KMnO_4$ 慢慢加入到上述溶液中，同时搅拌，保持温度在20℃以下。

（7）将上述溶液在 35℃下继续搅拌 2h，然后用 80mL 去离子水稀释。

（8）将 80mL 水加完以后，在 90℃水浴中搅拌中 0.5h，然后加 0.2L 去离子水。

（9）向上述溶液中加 10mL 30% 的 H_2O_2，这时溶液的颜色将变成明亮的黄色，并且冒气泡（注意观察加 H_2O_2 后溶液的颜色、均匀性等）。

2. 氧化石墨烯的制备

（1）将上述得到的溶液静置 2～3h，之后将上层清液倒掉，抽滤除去液体，抽滤时间约 20min；再用 1∶10 的 HCl 溶液（300mL）洗涤（目的是去除硫酸根离子）。

（2）将上述样品用 1L 去离子水稀释，并静置一夜，目的是将样品洗涤至中性。

（3）待溶液上下分层，去掉上层液体，抽滤除去液体，即获得含水氧化石墨烯样品。

（4）将上述样品于冷冻干燥箱（或 40℃烘箱）干燥，即得干燥氧化石墨烯样品；记录干燥氧化石墨烯样品颜色和形貌，并与含水氧化石墨烯样品进行对比。

3. 氧化石墨烯的还原

（1）称取 10mg 氧化石墨烯分散在 50mL 的 DMF 中，超声处理约 2h；

（2）加入 100μL 水合肼，于 95℃水浴中搅拌反应 5h，溶液由黄褐色变为黑色；

（3）待溶液冷却至室温时，将样品过滤，用三氯甲烷洗涤三次，室温下干燥后即得所需的石墨烯样品。

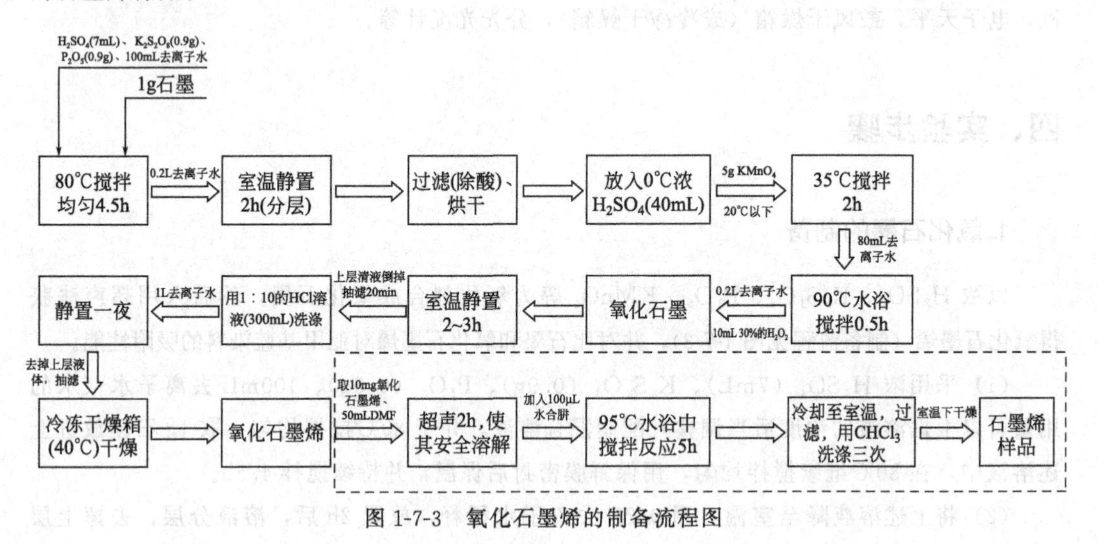

图 1-7-3 氧化石墨烯的制备流程图

4. 吸附性能测试

为了考察石墨烯作为有机污染物吸附剂的应用价值，通过静态吸附实验研究石墨烯对亚甲基蓝的吸附去除能力。流程见图 1-7-4。

（1）配制 200mL，4×10^{-5}mol/L 的亚甲基蓝溶液，溶液呈深蓝色。

（2）称取 10mg 的干燥氧化石墨烯样品，室温条件下，加入 50mL 的亚甲基蓝溶液中，超声 10min 后过滤，滤液用来测试透光率；称取 10mg 的石墨样品，室温条件下，加入 50mL 的亚甲基蓝溶液中，超声 10min 后过滤，滤液用来测试透光率；称取少量含水氧化石墨烯样品（远小于 10mg），室温条件下，加入 50mL 的亚甲基蓝溶液中，超声 10min 后过滤，滤液用来测试透光率。

（3）使用紫外-可见分光光度计测定上述滤液的透光率，波长 400～700nm，间隔 20nm。

分光光度计测量范围一般包括波长范围 380～780nm 的可见光区和波长范围 200～380nm 的紫外光区。不同的光源都有其特有的发射光谱，因此可采用不同的发光体作为仪器的光源。钨灯光源所发出的 380～780nm 波长的光通过三棱镜折射后，可得到由红、橙、黄、绿、蓝、靛、紫组成的连续色谱，该色谱可作为可见光分光光度计的光源。

（4）根据上述（2）、（3）中的实验结果，对比干燥氧化石墨烯、含水氧化石墨烯和石墨的吸附能力，解释其差异产生的原因。

（5）收集并整理实验数据，绘制光谱图并分析总结。

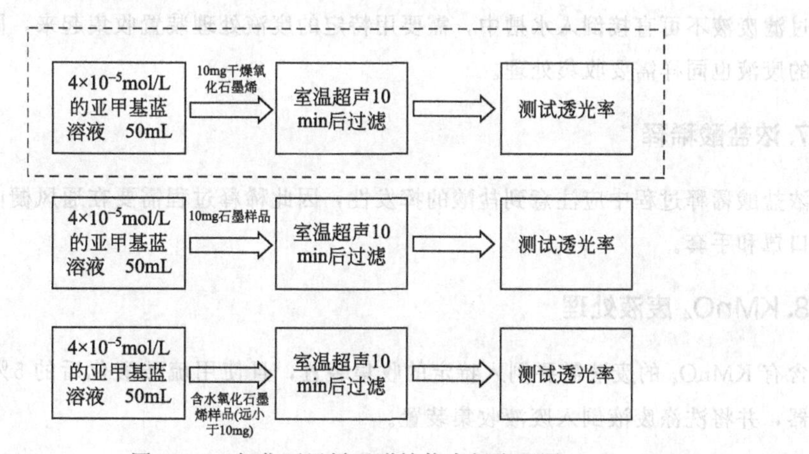

图 1-7-4　氧化石墨烯吸附性能表征流程图

五、注意事项

1. 基本注意事项

整个实验过程需要在通风良好处进行，且全程佩戴口罩以及橡胶手套等，做好防护措施。

2. 浓硫酸稀释

浓硫酸（H_2SO_4）的密度比水大得多，直接将水加入浓硫酸会使水浮在浓硫酸表面，大量放热而使酸液沸腾溅出，造成事故。因此，在浓硫酸稀释过程中，需要将浓硫酸沿器壁慢慢注入水中（烧瓶则需要用玻璃棒引流），并不断搅拌，使稀释产生的热量及时散出。

3. 添加 $K_2S_2O_8$ 注意事项

在通风橱内进行，戴橡胶手套，不可与还原剂、活性金属粉末、碱类、醇类接触，添加时尽可能接近液面，不可直接丢入。

4. 添加 P_2O_5 注意事项

P_2O_5 为酸性氧化物且具有强腐蚀性，添加时不可直接接触皮肤，遇水分解放出有毒的腐蚀性气体，需要在通风橱中进行。

5. $KMnO_4$ 添加注意事项

每次取微量加入，分多次加入，不可一次性直接加入，同时需要采用冰浴控制反应体系的温度。

6. 过滤废液处理

过滤废液不可直接倒入水槽中，需要用特定的废液处理装置收集起来，同时清洗容器所产生的废液也同样需要收集处理。

7. 浓盐酸稀释

浓盐酸稀释过程中应注意到盐酸的挥发性，因此稀释过程需要在通风橱内进行，且全程佩戴口罩和手套。

8. $KMnO_4$ 废液处理

含有 $KMnO_4$ 的废液需要倒入特定的收集装置，且使用硫酸酸化后的 5% 的草酸溶液洗涤容器，并将洗涤废液倒入废液收集装置。

六、思考题

1. 试述氧化石墨烯和石墨烯结构和性能上的优缺点。
2. 用化学法制备氧化石墨烯时应注意的问题有哪些？
3. 吸附能力的测试还有什么方法？各种方法的优缺点是什么？
4. 通过查阅文献，介绍目前市售的石墨烯的合成工艺以及经济性。

七、参考文献

[1] 于政伟. 石墨烯及氧化石墨烯增强环氧树脂的力学性能研究 [D]. 哈尔滨：哈尔滨工程大学，2019.

[2] 张文毓.石墨烯应用研究进展综述 [J].新材料产业，2011，7：57-59.

[3] 黄海平，朱俊杰.新型碳材料——石墨烯的制备及其在电化学中的应用 [J].分析化学，2011，39 (7)：963-971.

[4] Zhang Y，Tan Y W，Stormer H L，et al. Experimental observation of the quantum Hall effect and Berry's phase in graphene [J]. Nature，2005，438 (7065)：201-204.

[5] Bolotina K I，Sikesb K J，Jiangad Z，et al. Ultrahigh electron mobility in suspended graphene [J]. Solid State Communications，2008，146 (9-10)：351-355.

[6] Dastbaz A. synthesis of graphene-based nanosheets via chemical reduction of exfoliated graphite oxide and its characterization [C]. The 8th international chemical engineering congress & exhibition (ICHEC 2014)，2014.

[7] Li D，Müller M B，Gilje S，et al. Processable aqueous dispersions of graphene nanosheets [J]. Nature Nanotechnology，2008，3 (2)：101-105.

[8] Dimiev A M，Tour J M. Mechanism of graphene oxide formation [J]. ACS Nano，2014，8 (3)：3060-3068.

[9] Gao W，Alemany L B，Ci L，et al. New insights into the structure and reduction of graphite oxide [J]. Nature Chemistry，2009，1：403-408.

[10] Cai W，Piner R D，Stadermann F J，et al. Synthesis and solid-state NMR structural characterization of 13C-labeled graphite oxide [J]. Science，2008，321 (5897)：1815-1817.

实验八
固体氧化物燃料电池阴极材料的合成与性能分析

一、实验目的

1. 了解低温自燃烧法的基本原理；
2. 掌握 $La_{1-x}Sr_xFeO_3$ 体系材料的制备方法；
3. 掌握直流四探针法的基本原理和方法；
4. 掌握交流阻抗谱测量材料电导率的基本原理和操作方法。

二、实验原理

1. 低温自燃烧法的基本原理

粉料的合成是陶瓷制备过程中的重要环节。合成方法决定粉体的粒度、颗粒形态、物相结构和显微形貌，进而影响成型过程、烧结行为和最终制品的性能。低温自燃烧法是一种高效节能的新型合成方法，具有操作简单易行、实验周期短、节省时间和能耗的优点。该方法的合成温度低，燃烧产生大量的气体（如 NO_x、CO_2）使粉体结构疏松，可在较短的时间内和很低的热处理温度下制备出单相、多组分、比表面积大、颗粒尺寸小的超细粉体。更重要的是，反应物在合成过程中处于高度均匀分散状态，反应时原子只需要经过短程扩散或重排即可进入晶格位点，产物粒度小、粒度分布均匀，是制备高性能功能陶瓷粉体的优选方法。

低温自燃烧法是以甘氨酸为燃料、金属硝酸盐为氧化剂的低温自燃烧合成法。在制备过程中，甘氨酸既是燃料，又是络合剂，它的氨基可与过渡金属或碱土金属离子络合，而羧基（—COO—）可与碱土金属离子络合，又因为 La^{3+} 的半径和化学性能与碱土金属离子相近，所以 La^{3+} 也与羧基络合，这种络合作用可以防止前驱体中可能出现的成分偏析，保证产物为均质、单相的钙钛矿复合氧化物。

在低温自燃烧法合成过程中，燃烧火焰温度是影响粉末合成的重要因素。火焰温度的高低影响合成产物的化合形态和粒度，燃烧温度高则合成粉料粒度较粗。燃烧反应温度与前驱体液中的化学计量比有关。富燃料体系温度较高，贫燃料体系温度较低，甚至发生燃烧不完全或硝酸盐分解不完全的现象。当 G/M^{n+}（甘氨酸与金属离子之比）大于 0.6 时，体系才有明显的燃烧反应发生。前驱体燃烧时释放大量的气体，气体的排出使燃烧产物呈蓬松的泡沫状并带走体系中大量的热，从而保证能够获得颗粒细小的粉体。因此，通过控制 G/M^{n+}、燃烧环境、化学组成等可以调节粉体的颗粒形态和晶体结构。

2. $La_{1-x}Sr_xFeO_3$ 体系材料

钙钛矿型（ABO_3）复合氧化物具有优异的离子-电子混合导电性能和对氧还原的高电催化活性，是固体氧化物燃料电池（SOFC）阴极的主要候选材料，其中 $La_{1-x}Sr_xFeO_3$ 体系材料在中温范围内具有优良的综合性能，成为中温 SOFC 阴极材料的研究热点。

在 $La_{1-x}Sr_xFeO_3$ 体系中，当 Sr^{2+} 取代 La^{3+} 时，为了维持系统的电中性，部分低价 Fe^{3+} 被氧化为高价 Fe^{4+}，同时形成少量氧空位。由金属离子半径的比较可知，Sr^{2+} 引入时 $La_{1-x}Sr_xFeO_3$ 体系可保持良好的结构稳定性。Sr^{2+} 的离子半径为 1.44Å，La^{3+} 的离子半径为 1.36 Å，Fe^{3+} 的离子半径为 0.65Å，Fe^{4+} 的离子半径为 0.56Å。当 Sr^{2+} 引入时，由于高价 Fe^{4+} 的离子半径明显小于低价 Fe^{3+} 的离子半径，于是 BO_6 八面体中的氧离子向高价 Fe^{4+} 偏移，使 B—O 键长随之减小。与此同时，离子半径较大的 Sr^{2+} 取代 La^{3+} 可能引起晶格在 c 轴方向膨胀，这与 Fe^{4+} 的形成所引起的晶格收缩相互补偿，使得 Sr^{2+} 掺入引起的晶格畸变减小。对于 $La_{1-x}Sr_xFeO_3$ 体系，Sr^{2+} 含量的变化会导致材料中高价 Fe^{4+} 的浓度、空穴和氧空位浓度的差异，从而引起其电子导电性能、氧离子导电性能等的变化。

3. 变温电导率

不同材料的导电性能相差很大，如超导材料和绝缘材料就是两个典型例子。根据载流子的不同，可把导电材料分为离子导体（载流子为正、负离子或空位）和电子导体（载流子为电子、空穴）。欧姆定律则是研究和测量导电性能的基础。

电荷为 q 的载流子在电场力的作用下，将做加速运动。由于晶体中存在原子热振动和缺陷的影响，这一运动很快达到一个极限速率，称为载流子漂移速度，用 v 表示。若单位时间里载流子全部通过截面为 S，长度为 L 的柱体，则电流密度为：

$$j=nqv \tag{1-8-1}$$

式中 n——载流子密度。

若电荷的漂移速度同所受的作用力成正比，则

$$v=uE \tag{1-8-2}$$

式中 u——施加单位电场时的载流子迁移率。

由式（1-8-1）、式（1-8-2）可知：

$$j=nquE \tag{1-8-3}$$

在一定温度下，对于给定的材料，通常 n、q、u 为常数，则欧姆定律可写成：

$$j=\sigma E \tag{1-8-4}$$

这里 $\sigma=nqu$，σ 表示材料的电导率，由材料的本身特性所决定，与形状大小无关。电导率的倒数 ρ 为电阻率，它也是衡量材料电导特性的重要参数。

$$\rho = RS/L \tag{1-8-5}$$

式中 ρ——材料的电阻率，Ω·m；

R——材料的电阻，Ω；

S——材料的横截面积，m^2；

L——材料的长度，m。

电阻率的数值等于单位长度、单位横截面积导体的电阻，而电导率等于电阻率的倒数。则

$$\sigma = \frac{L}{RS} = \frac{IL}{VS} \tag{1-8-6}$$

式中 σ——电导率，S/cm；

I——电流，mA；

V——电势差，mV；

R——材料的电阻，Ω；

S——材料的横截面积，cm^2；

L——材料的长度，cm。

根据式（1-8-6），可以采用四探针法测定材料的电导率。

4. 交流阻抗谱

交流阻抗谱是研究导电材料（电子导体、离子导体和离子-电子混合导体）电输运性能的重要分析方法。通过交流阻抗谱分析，可以确定材料的基本电学特性参数，并可以获得有关材料中电输运行为的重要信息。

交流阻抗谱方法指正弦波交流阻抗法，是一种以小振幅的正弦波电位为扰动信号的电测量方法，测量的是由测试样品和电极组成的测量电池的阻抗与微扰频率的关系。交流阻抗谱法的特点是，将被研究对象对测试信号的电学响应特性用一系列的电阻和电容的串联和并联的等效电路来表示。交流阻抗谱分析的基本方法是：把不同频率下测得的阻抗（Z'）和容抗（Z''）作复数平面图，与测量电池的等效电路模拟的复平面进行对比分析，从而获得样品和电极部分的电学特性参数。

当对电池加上正弦波的电压微扰（$E_0 \sin\omega t$）时，所产生的电流为 $I_0 \sin(\omega t+\theta)$。

式中，$\omega = 2\pi f$，f 为交流频率，t 为时间，θ 为电流对于电压的相位移。则电池的阻抗可用复数表示：

$$\overline{Z} = \frac{E_0 \sin\omega t}{I_0 \sin(\omega t+\theta)} = Z' + jZ'' \tag{1-8-7}$$

其中，实数部分 $Z' = R$；虚数部分 $Z'' = \frac{1}{\omega C}$。

根据交变电路理论分析可知，当等效电路是由电阻 R 和电容 C 并联时，在阻抗谱中可以得到一个半圆曲线（见图 1-8-1）。半圆顶点处满足关系式 $\omega RC = 1$。如果是不可逆电极，通常在阻抗谱的高频部分出现一个半圆而低频部分出现一条近似的直线，即出现恒相角阻抗（CPA），这条近似直线与样品/电极界面的粗糙程度有关（见图 1-8-2）。

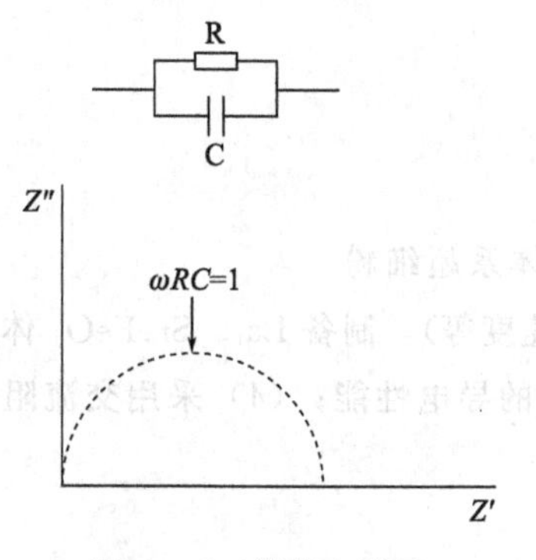

图 1-8-1 等效电路及对应的阻抗谱

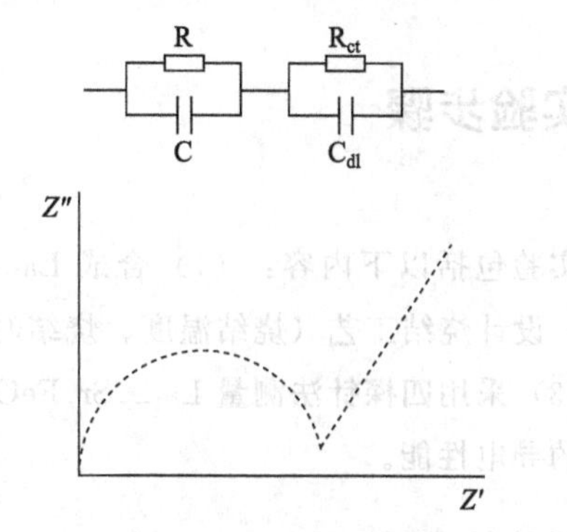

图 1-8-2 考虑电极界面的等效电路及对应阻抗谱

实际上，由于大多数测试样品为非均匀体系，例如压制粉体或陶瓷，因而样品对测试信号的电学响应表现为非均质体系中各部分响应的叠加。由式（1-8-7）可知，测量电池的阻抗特性与测试信号的频率紧密相关。根据测量电池中各部分阻抗响应的频率特性的不同，可以将各部分对测试信号的电学响应区分开，从而可以确定各部分的电学特性参数并分析其电输运机制。图 1-8-3 为常用的非均匀体系阻抗谱及对应的等效电路。

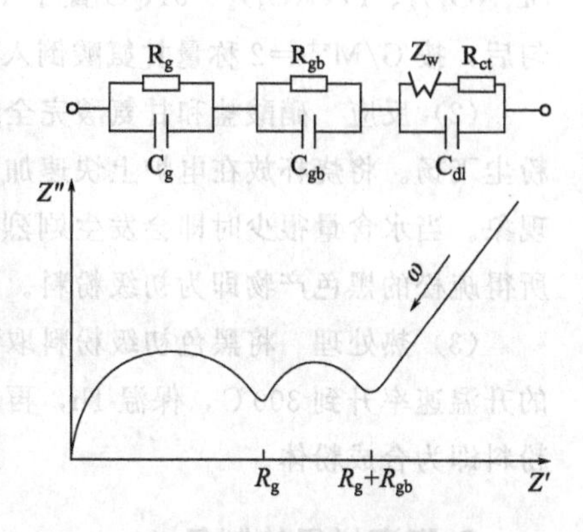

图 1-8-3 非均匀体系的阻抗谱及对应等效电路

三、实验材料及设备

1. 药品

甘氨酸（$C_2H_5NO_2$），六水合硝酸镧［$La(NO_3)_3 \cdot 6H_2O$］，硝酸锶［$Sr(NO_3)_2$］，硝酸铁［$Fe(NO_3)_3 \cdot 9H_2O$］，黏结剂（5%PVA 溶液）等。

2. 仪器、设备及耗材

电子天平、马弗炉、坩埚、模具、压力机、研体、银浆、红外灯、砂纸、游标卡尺、数字万用电表、恒流源（稳定输出电流）、WTC2 型电阻炉及温控器、TH2818 自动元件分析仪、四电极装置（图 1-8-4）。

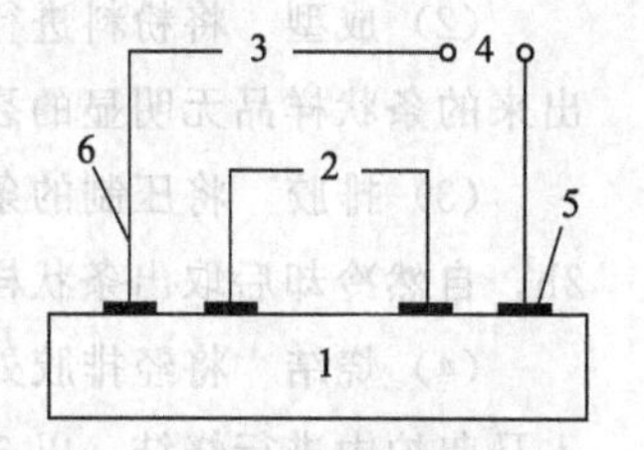

图 1-8-4 四探针法测试原理示意图

1—测试样品；2—电位差计；3—灵敏电流表；4—低压电源；5—铂电极；6—铂线

四、实验步骤

本实验包括以下内容：(1) 合成 $La_{1-x}Sr_xFeO_3$ 体系超细粉体；(2) 设计烧结工艺（烧结温度、烧结时间、升温速度等），制备 $La_{1-x}Sr_xFeO_3$ 体系致密陶瓷；(3) 采用四探针法测量 $La_{1-x}Sr_xFeO_3$ 体系陶瓷的导电性能；(4) 采用交流阻抗谱测试陶瓷的导电性能。

1. 粉体的合成

(1) 配料　按制备 15g $La_{1-x}Sr_xFeO_3$ ($x=0.4$) 的要求称取适量 $La(NO_3)_3 \cdot 6H_2O$、$Sr(NO_3)_2$、$Fe(NO_3)_3 \cdot 9H_2O$ 置于 1000mL 烧杯中，加入去离子水溶解，用玻璃棒搅拌均匀后，按 $G/M^{n+}=2$ 称量甘氨酸倒入该烧杯中，注意加水量不要太多。

(2) 反应　硝酸盐和甘氨酸完全溶解后，用不锈钢网将烧杯口罩住，以防燃烧后生成的粉尘飞扬。将烧杯放在电炉上快速加热至沸腾。当前驱体溶液浓缩到一定程度时会出现鼓泡现象。当水含量很少时即会发生剧烈自燃烧反应，约能持续 30s，伴随有大量的气体产生，所得疏松的黑色产物即为初级粉料。

(3) 热处理　将黑色初级粉料取出，放入瓷坩埚，在马弗炉中进行热处理，以 300℃/h 的升温速率升到 300℃，保温 1h，再升到 700℃保温 1h，关闭炉子，自然冷却后得到的黑色粉料即为合成粉体。

2. 陶瓷样品的制备

(1) 研磨及造粒　将合成粉料用研钵仔细研磨，注意一定要将合成粉料研磨均匀，这对陶瓷样品的性能有很大的影响。待合成粉料研磨均匀后，加入适当的 5%PVA 溶液（每 10g 约 3 滴），再次研磨至 PVA 均匀分布于合成粉料中（根据实际情况可将加 PVA 的粉料放在红外灯下适当加热）。

(2) 成型　将粉料进行成型加工，成型压力约为 60～80kN。脱模时要注意，确保压制出来的条状样品无明显的裂纹。

(3) 排胶　将压制的条状样品进行排胶处理，以 100℃/h 的升温速率升到 600℃，保温 2h，自然冷却后取出条状样品。

(4) 烧结　将经排胶处理的条状样品放入坩埚中（样品周围用填料埋住），并将坩埚放入马弗炉中进行烧结，以 300℃/h 的升温速率升到 1200℃，保温 4h，自然冷却后得到的样品即为 $La_{1-x}Sr_xFeO_3$ 陶瓷。

(5) 镀电极　将经过烧结的条状样品磨平、抛光，使互相平行的两个平面保持干净平整；然后在样品的表面涂覆 Ag 电极浆料，制成四个电极，在红外灯下烘干，置于马弗炉中，以 100℃/h 的升温速率升到 850℃，保温 15min 后随炉冷却，最后将涂覆的银电极表面抛光。

按照上述步骤制备的条状 $La_{1-x}Sr_xFeO_3$ 陶瓷样品即可用于性能测试。

3. 变温电导率测试

（1）测量样品几何尺寸　用游标卡尺测量待测样品的横截面积 S 和中间两探针电极间距 L，并记录下来。

（2）放置样品　开启恒流源和数字万用电表，将待测样品置于四探针电极上，使待测样品与四探针电极间接触良好，然后将样品固定。

（3）设置测试温度制度　通过温度控制器设定样品的测试温度制度，即测试温度点、升温速率以及保温时间（室温～600℃，每间隔 50℃记录一次，升温速率 5℃/min，保温 10min），并开启温控器调节测试温度。

（4）记录数据　在各测试温度点记录相应的电流和电势差值，并利用公式计算相应温度下样品的电导率。

（5）关闭仪器　测试完后，关掉各测试仪器，切断电源。

操作视频

4. 交流阻抗谱测试

（1）测量样品几何尺寸　用游标卡尺测量待测样品的横截面积和厚度，并记录下来。

（2）放置样品　将待测样品置于两电极上，使待测样品与电极间接触良好，然后将样品固定。

（3）设置测试温度制度　通过温度控制器设定样品的测试温度制度，即测试温度点、升温速率以及保温时间（200～400℃，每间隔 50℃记录一次，升温速率 5℃/min，保温 10min），并开启温控器调节测试温度。

（4）记录数据　开启计算机并打开 TH2818 软件，选择测量参数为 R-X，设定测量频率范围，在各测试温度点对 R 和 X 进行扫频，并存储数据。

（5）关闭仪器　测试完后，关掉各测试仪器，切断电源。

5. 数据处理

（1）根据测试数据计算出待测样品在不同温度下的电导率；

（2）绘出待测样品的电导率与温度的关系曲线；

（3）根据测试数据绘出待测样品在不同温度下的交流阻抗谱图；

（4）通过等效电路分析求出待测样品在不同温度的氧离子电导率。

五、注意事项

1. 原料溶解过程中水的量不宜太多，约 50mL 为宜。

2. 成型前的研磨过程一定要充分，否则会影响陶瓷的性能。

3. 在压制条状样品时注意要慢速加压和慢速减压，并保压 1min。压制成型后再反向加压一次。

4. 镀电极前条状样品需进行磨平、抛光，使互相平行的两个平面保持平整。

5. 银浆涂覆应均匀，不宜过厚。银电极的烧制过程中，升温速率不宜过大，宜保持在100℃/h。

6. 在四探针法和交流阻抗谱测试过程中，放置测试样品时要仔细小心，勿弄断银电极和银引线；不能将电极与样品压得过紧，以免高温膨胀使样品断裂。

7. 在性能测试过程中，升温速率不宜过大（≤5℃/min），测试温度也不能过高（≤600℃）。

六、思考题

1. 低温自燃烧法有哪些优点？据你所知，还有哪些化学合成方法可以合成超细粉料？

2. 本实验中，可能影响 $La_{1-x}Sr_xFeO_3$ 体系合成粉末形态的主要因素有哪些？

3. 分析 $La_{1-x}Sr_xFeO_3$ 体系材料随温度变化的电导率特征，并解释其变化的原因。

4. 升温速率的大小和保温时间的长短对电导率的测试结果有无影响？为什么？

七、参考文献

［1］林祖镶，郭祝昆，孙成文，等. 快离子导体［M］. 上海：上海科学技术出版社，1983.

［2］阿伦·J·巴德，拉里·R·福克纳. 电化学方法：原理和应用［M］. 2版. 邵元华，等译. 北京：化学工业出版社，2005.

［3］Jiang S P. Development of lanthanum strontium manganite perovskite cathode materials of solid oxide fuel cells：A review［J］. Journal of Materials Science，2008，43：6799-6833.

实验九

水热法制备氧化锌纳米薄膜及光学性能测试

一、实验目的

1. 掌握水热法的原理；

2. 通过水热法在基板上制备 ZnO 纳米材料薄膜；

3. 熟悉 sol-gel 法制备 ZnO 籽晶层过程；

4. 了解 ZnO 纳米材料薄膜的表征方法；

5. 掌握紫外-可见分光光度计的基本原理及其相关应用。

二、实验原理

1. 水热法制备纳米薄膜材料的原理

(1) 低维纳米材料及其制备方法　低维纳米材料是指由尺寸小于 100nm 的超细颗粒构成的具有小尺寸效应的零维、一维和二维材料的总称。近年来，人们发现通过化学自组装等纳米结构构建方法可以将材料在分子、原子水平上按意愿构筑成具有特殊性能的新材料，同时还发现维数对材料的性质有重大影响，比如电子在三维、二维和一维结构中的相互作用方式是不一样的，故此纳米基元（零维纳米微粒、一维纳米棒等）的构建、纳米基元的组合和应用等形成了当今纳米材料研究的热点。

在低维纳米材料中，零维材料包括量子点、纳米颗粒、纳米团簇和核/壳纳米粒子；一维材料包括纳米管、纳米棒和纳米线；二维材料是指材料主要在两个空间坐标上的延展，如纳米薄膜和纳米涂层。纳米材料高的表面体积比使其性质对表面状态非常敏感。由于纳米材料尺度很小，存在着显著的量子尺寸效应，因此它们的光物理和光化学性质迅速成为目前最活跃的研究领域之一，其中纳米材料所具有的特殊光电性能备受瞩目。

纳米材料的制备方法比较多，一些制取超细微粉的方法可以用来制纳米微粒。但是，高效率低成本获取优质纳米材料的技术仍然是各国科学家研究的重点。目前，已经报道的工艺方法有：真空冷凝法、深度塑性变形法、水热合成法、溶胶-凝胶法、微乳液法、等离子体法、激光诱导法、惰性气体凝聚法、机械合金熔合法、共沉淀法、水解法等。

本实验采用水热法制备纳米材料薄膜。

(2) 水热法制备 ZnO 纳米材料薄膜　水热法是在特制的密闭反应容器（高压釜）里，采用水溶液作为反应介质，通过对反应容器加热，创造一个高温、高压反应环境，使难溶或不溶的物质溶解并且重结晶。

按研究对象和目的的不同，水热法可分为水热晶体生长、水热合成、水热反应、水热处理、水热烧结等，分别用来生长各种单晶，制备超细、无团聚或少团聚、结晶完好的陶瓷粉体，能在相对较低的温度下合成目标产物。按设备的差异，水热法又可分为普通水热法和特殊水热法。特殊水热法指在水热条件反应体系上再添加其他作用力场，如直流电场、磁场(采用非铁电材料制作的高压釜)、微波电磁场等。

水热法不仅在实验室里得到了持续的研究和应用，而且已实现了产业规模的应用。与其他方法相比较，水热法生长晶体有如下优越性：①水热生长晶体使用相对较低的温度，是一种经济环保的生长方法；②水热晶体生长是在密闭系统里进行，可以控制反应气氛而形成氧化或还原反应条件，实现其他方法难以获取的物质的某些物相的生成；③水热反应体系存在溶液的快速对流和十分有效的溶质扩散，因此水热晶体具有较快的生长速率。

目前在水热法中用来控制材料生长形态的途径有以下几种：①利用材料本身的晶体结构和材料在溶液中某个方向的快速生长。如具有稳定六方相的材料，由于 c 轴方向生长较快，容易得到一维纳米材料，是普遍采用的一种途径。②利用还原或者氧化水热反应，控制不同晶面的生长速度或者层状卷曲成管。③利用形成某些中间难溶的物质，在转化为所需物质中控制反应速度，从而制备得到一定结晶构型的形态。④利用少量的有机物作为辅助剂来控制合成。

ZnO 是一种新型的Ⅱ-Ⅵ族宽禁带半导体材料，与 GaN 具有相近的晶格常数和禁带宽度。且相对于 GaN，ZnO 具有更高的熔点和激子束缚能，其机电耦合性能也十分优异。ZnO 在常温下的稳定相是六方纤锌矿结构，其禁带宽度为 3.37eV，激子束缚能为 60meV。ZnO 晶格常数为 $a=0.3253$nm，$c=0.5213$nm。由于在基板上容易制备出高度有序生长的 ZnO 纳米结构，进而可制作短波激光器和太阳能电池电极，近年来成为研究的热点。

ZnO 纳米棒的形成包括成核和生长两个步骤。在本实验中，我们设计的实验方案是，比较一步水热法（直接将基板放入反应釜进行水热反应）和两步水热法（先在基板上制备籽晶层，再放入反应釜进行水热反应）对基板上生长的 ZnO 薄膜形貌及取向的影响，同时比较不同制备条件（如浓度、温度等条件）对 ZnO 纳米棒的形貌、尺寸、取向的影响，了解影响 ZnO 纳米棒薄膜取向生长的因素，并获得相关规律。

2. 紫外-可见分光光度法的原理

(1) 物质对光具有选择吸收性　当一束光照射到某种物质的固态物或溶液上时，一部分光会被吸收或者反射，不同的物质对照射它们的光束的吸收程度是不同的。如果对某个波长的光吸收强烈，对另外波长的光吸收很小或不吸收，我们就把这种现象称为光的选择吸收。一切物质都会对可见或不可见光中的某些波长的光进行吸收。物质呈现各种各样颜色，就是它们对可见光中某些特定波长的光线选择吸收的结果。

（2）紫外-可见分光光度法与吸收光谱　物质的结构决定了物质在吸收光时只能吸收某些特定波长的光。我们可以利用测量物质对某种波长光的吸收来了解物质的结构特性。

用经过分光后的不同波长的光依次透过该物质，通过测量物质对不同波长光的吸收程度（即吸光度），以波长为横坐标，吸光度为纵坐标作图，就可以得到该物质在测量波长范围内的吸收曲线。这种曲线体现了物质对不同波长的光的吸收能力，称为吸收光谱。吸收光谱的测试原理见图 1-9-1。

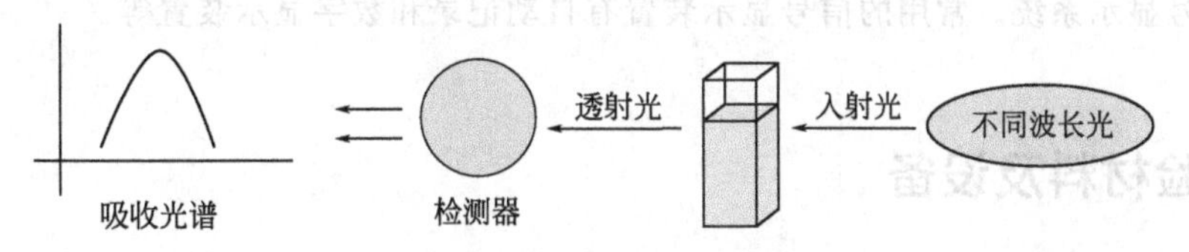

图 1-9-1　吸收光谱图的测试原理图

紫外-可见分光光度法就是利用物质对光的吸收光谱，对物质进行定性分析或定量分析的方法。按所吸收光的波长区域不同，分为紫外分光光度法和可见分光光度法，合称为紫外-可见分光光度法。

（3）定性分析　不同结构的物质吸收光谱不同，这是对物质定性分析的基础。通过检测吸收光谱来对比鉴定分析物质。在相同条件下，测定未知物的吸收光谱，与标准物的吸收光谱进行比较。如果两吸收光谱的形状和吸收峰的数目、位置、拐点等完全一致，就可初步判定未知物与标准物是同一种物质。

（4）定量分析　Lambert-Beer 光吸收定律：当一束平行单色光通过均匀的样品时，其吸光度与吸光组分的浓度、吸收池的厚度乘积成正比。即

$$A=\alpha cl$$

式中，α 为吸光系数，与吸光物质的本性、入射光波长及温度等因素有关；c 为吸光物质浓度；l 为透光样品厚度。

在一定波长（λ_{max}）下测定某物质标准系列组分浓度的吸光度，绘出标准曲线，然后分别测量其吸光度值，由标准曲线求得样品溶液的浓度或含量。见图 1-9-2。

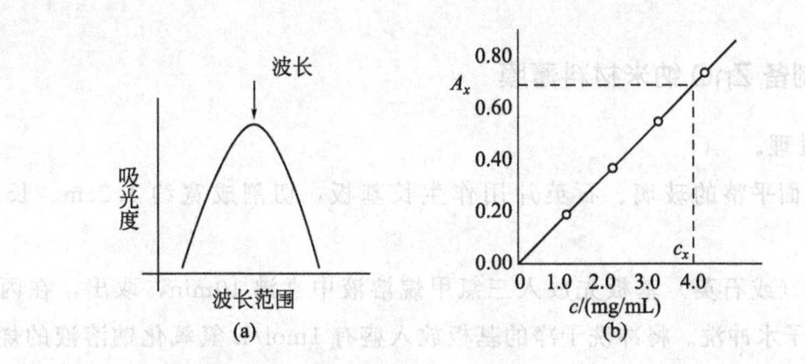

图 1-9-2　不同波长下吸光度曲线（a）与不同浓度下吸光度曲线示意图（b）

（5）紫外-可见分光光度计的主要组件

① 光源。在紫外-可见分光光度计中常用的光源有两类：可见光光源，如钨灯和卤钨

灯；紫外光源，如氢灯和氘灯。

② 单色器。单色器以棱镜或光栅分光，提供单色光。

③ 吸收池。吸收池又称为比色皿，按材料可分为玻璃吸收池和石英吸收池，前者不能用于紫外区。

④ 检测器。检测器的作用是检测光信号，并将光信号转变为电信号。现今使用的分光光度计大多采用光电管或光电倍增管作为检测器。

⑤ 信号显示系统。常用的信号显示装置有自动记录和数字显示装置等。

三、实验材料及设备

1. 实验药品与耗材

硝酸锌［$Zn(NO_3)_2 \cdot 6H_2O$］、六甲基四胺［$(CH_2)_6N_4$］、丙酮（C_3H_6O）、三氯甲烷（$CHCl_3$）、乙醇胺（C_2H_7NO）、氢氧化钠（NaOH）、乙醇、二水合醋酸锌［$Zn(CH_3COO)_2 \cdot 2H_2O$］、乙二醇甲醚（$C_3H_8O_2$）、六甲基四氨（HMT），玻璃片、石英片、比色皿等。

2. 实验仪器

反应釜（100mL）、数显恒温磁力搅拌器、电子天平、数控超声波清洗器、电子恒温干燥箱、光学显微镜、台式匀胶机、加热板、箱式节能电阻炉、紫外-可见分光光度计、X射线衍射仪、扫描电镜等。

四、实验步骤

实验内容包括水热法制备ZnO纳米材料薄膜和薄膜的表征，采用紫外-可见分光光度计测试光学性能。

1. 水热法制备ZnO纳米材料薄膜

① 基片预处理。

切片：将表面平整的玻璃、石英片用作生长基板，切割成宽约1.2cm、长约2cm的尺寸。

清洗：玻璃（或石英）基板先放入三氯甲烷溶液中煮沸10min，取出，在丙酮中浸泡20min后用去离子水冲洗。将冲洗干净的基板放入盛有1mol/L氢氧化钠溶液的烧杯中超声15min。取出后再次用丙酮浸泡10min，用去离子水冲洗，使基板表面亲水。最后在干燥箱中烘干备用。

② 制备流程。

a. 两步制备法（玻璃片或石英基片）。

第一步（sol-gel 法做籽晶层）：可选择制备浓度为 0.2mol/L 的溶胶。

配胶：以二水合醋酸锌为前驱体，用乙二醇甲醚作溶剂，乙醇胺作稳定剂。配制溶胶时，首先称取一定质量的二水合醋酸锌溶解于乙二醇甲醚溶液中搅拌片刻，再加入等物质的量（mol）的稳定剂乙醇胺（MEA），使得溶液中 Zn^{2+}、Mg^{2+} 总浓度 $[Zn^{2+}+Mg^{2+}]$：稳定剂≈1，放置于恒温磁力搅拌器上进行充分搅拌使溶质充分溶解，设定搅拌为 60℃加热搅拌。刚开始溶质较难溶解于溶剂，但是加入稳定剂乙醇胺并加热后，溶质开始溶解。待二水合醋酸锌充分溶解于乙二醇甲醚，关掉加热按钮，常温搅拌 12h，静置陈化后得到透明 ZnO 溶胶。

匀胶、烤胶、退火：首先，用无水乙醇将匀胶机及工作台擦拭干净，将清洗后的石英玻璃片放置在匀胶机的样品台上，打开吸片按钮将衬底固定住，用滴管吸取适量溶胶滴 4～5 滴溶胶在石英片上；先在 500r/min 下旋转 6s，将溶胶大致铺展开，然后在 2000r/min 下旋转 30s，使得溶胶在衬底石英片上均匀铺展开来。在旋涂过程中，可以发现衬底上伴有颜色变化。旋涂后的湿膜要放置在加热板上进行烤胶、退火。烤胶温度及时间：150℃，5min；300℃，10min。退火温度及时间：500℃，1h（升温速率 3℃/min）。

第二步：将第一步所得的基板放入盛有 20mL 硝酸锌和六甲基四氨的混合溶液（两者物质的量比为 1∶1）的反应釜中（混合液可选用不同浓度：0.02mol/L，0.05mol/L，0.1mol/L），95℃下水热反应 4h 后取出。用去离子水反复冲洗以除去吸附的多余离子和胺盐。

b. 一步水热法（玻璃片或石英基片）。将清洗后的基板用去离子水冲洗后直接放入盛有 20mL 的硝酸锌和六亚甲基四氨混合溶液（二者物质的量比为 1∶1）的反应釜中（混合液可选用不同浓度：0.02mol/L、0.05mol/L、0.1mol/L），基片需倾斜靠在反应釜内壁。将反应釜密封后放入 95℃的烘箱中进行 4h 水热反应。反应结束后，取出基片用去离子水反复冲洗以除去吸附的多余离子和胺盐。

ZnO 纳米材料薄膜的制备过程如图 1-9-3、图 1-9-4 所示。

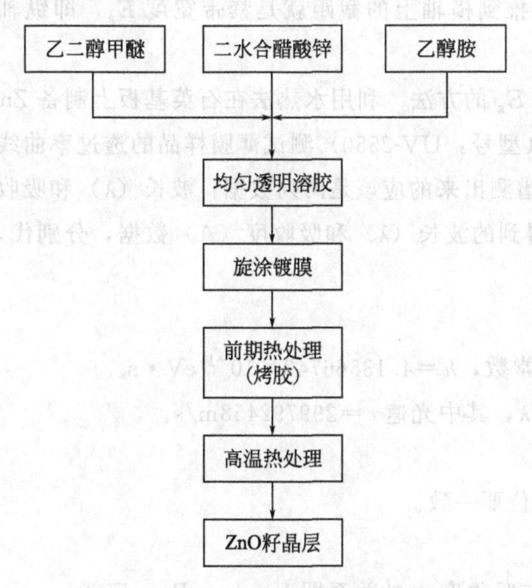

图 1-9-3 ZnO 籽晶层制备过程示意图

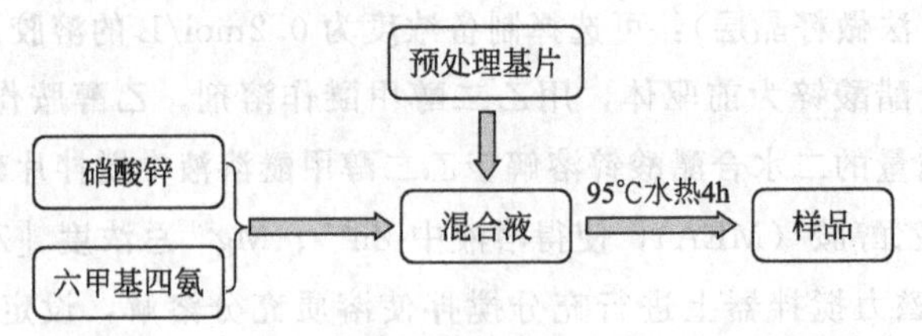

图 1-9-4 ZnO 纳米材料薄膜的制备过程示意图

2. 结构表征及数据处理

① 用 X 射线衍射仪（XRD）对 ZnO 薄膜进行相结构分析。

② 用金相显微镜和扫描电镜（SEM）对不同条件制备的 ZnO 薄膜形貌进行观察。

③ 用 UV-2550 紫外-可见分光光度计测试石英基板上制备的 ZnO 薄膜的紫外-可见吸收光谱、透射光谱，作出吸收光谱、透射光谱图，并计算其相应的禁带宽度。

利用紫外-可见分光光度计测量半导体禁带宽度的原理及方法：

(1) 原理　本征吸收：半导体吸收光子的能量使价带中的电子激发到导带，在价带中留下空穴，产生等量的电子与空穴，这种吸收过程叫本征吸收。

产生本征吸收的条件：入射光子的能量（$h\nu$）至少要等于材料的禁带宽度 E_g，即 $h\nu \geqslant E_g$。

根据半导体带间光跃迁的基本理论，在半导体本征吸收带内，吸收系数 α 与光子能量 $h\nu$ 又有如下关系：

$$(\alpha h\nu)^2 = B^2(h\nu - E_g)$$

式中，$h\nu$ 为光子能量；E_g 为带隙宽度；B 为常数。

由此公式，可以用 $(\alpha h\nu)^2$ 对光子能量 $h\nu$ 作图，然后在吸收边处选择线性最好的几点做线性拟合，将线性区外推到横轴上的截距就是禁带宽度 E_g，即纵轴 $(\alpha h\nu)^2$ 为 0 时的横轴值 $h\nu$。

(2) 计算禁带宽度 E_g 的方法　利用水热法在石英基板上制备 ZnO 纳米材料薄膜，通过紫外-可见分光光度计（型号：UV-2550）测试薄膜样品的透过率曲线及吸收曲线谱图。

① 紫外-可见吸收谱测出来的应该是两列数据：波长（λ）和吸收度值（A）。

② 通过吸收曲线得到的波长（λ）和吸收度（A）数据，分别代入公式，得出 X 轴和 Y 轴数据。

X 轴：$hv = hc/\lambda$

其中，h 是普朗克常数，$h = 4.13566743 \times 10^{-15}\,\mathrm{eV \cdot s}$。

v = 光速/波长 = c/λ，其中光速 $c = 299792458\,\mathrm{m/s}$。

波长 λ，nm。

注意换算，前后单位要一致。

Y 轴：$(\alpha h\nu)^2$

α 是吸收系数，α 与吸收度 A 的关系即 Lambert-Beer 定律：

$$A = \alpha cl$$

式中，c 为样品吸光组分浓度；l 为薄膜厚度。当被测样品一定，则 c 和 l 就不变，α 与 A 成正比关系，故可用测得的吸收度 A 代替 α，分别代入，得到一组 $(\alpha h\nu)^2$ 数据。

（3）作图 以 $h\upsilon$ 为 X 轴，$(\alpha h\nu)^2$ 为 Y 轴作图，并画切线，与 X 轴的交点处的值就是禁带宽度值 E_g（如图 1-9-5）。

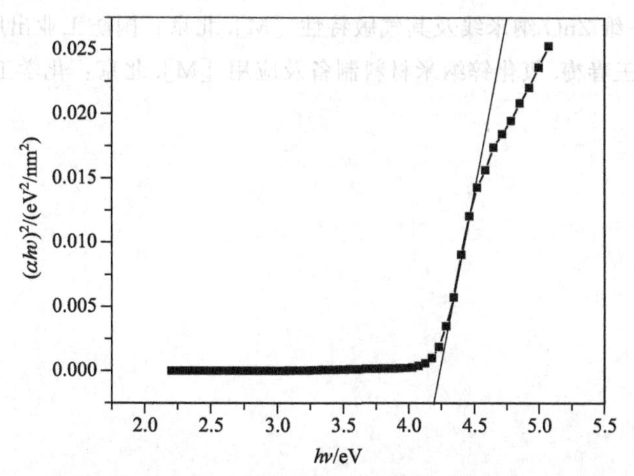

图 1-9-5 光子能量与禁带宽度的关系示意图

五、注意事项

1. 所有设备的使用均应按照操作规程执行，设备运行过程中应有专人看管并不得擅自离开；

2. 水热反应的反应釜需密封好，形成高温高压环境。反应结束，待冷却至室温后，再打开反应釜。

六、思考题

1. 何谓水热合成法？水热法的优越性体现在哪些方面？

2. 不同基板上制备的 ZnO 纳米材料薄膜形貌各有什么特点？制备 ZnO 取向薄膜的关键因素有哪些？结合你的实验结果进行分析讨论。

3. 能否用玻璃基板代替石英基板，测试并计算 ZnO 的禁带宽度？说明原因。

七、参考文献

[1] Park H，Ahn H，Kim SH，et al. ZnO nanorods on ZnO thin films with different preferred orientation and their Ethanol gas sensing properties [J]. Journalof Ceramic Processing

Research, 2016, 17 (6): 632-636.

[2] Ling Z, Li Y, Wen Z. Hydrothermal synthesis of hierarchical flower-like ZnO nanostructure and its enhanced ethanol gas-sensing properties [J]. Applied Surface Science, 2017, 427: 281-287.

[3] 于灵都. 一维 ZnO 纳米线及其气敏特性 [M]. 北京：国防工业出版社，2014.

[4] 杨立荣，王春梅. 氧化锌纳米材料制备及应用 [M]. 北京：化学工业出版社，2016.

实验十

材料比表面积与孔结构参数的测定

一、实验目的

1. 了解纳米材料比表面积的测试方法；
2. 理解典型吸附理论及其应用；
3. 掌握 Tristar3020 比表面积分析仪工作原理及操作方法；
4. 正确分析数据并获得有效实验结果。

二、实验原理

比表面积是粉体材料，特别是超细粉和纳米粉体材料的重要特征之一。比表面积与孔径分布、孔容等是多孔物质重要的表面特性。通常，化学反应需要有较大的表面积以提高化学反应速度，要有适当的比表面积来控制生产过程。许多产品要求有一定的粒度分布才能保证质量或者是满足某些特定的要求。比表面积是衡量物质特性的重要参量，其大小与颗粒的粒径、形状、表面缺陷及孔结构密切相关。同时，比表面积大小对物质其他的许多物理及化学性能会产生很大影响，特别是随着颗粒粒径的变小，比表面积成为了衡量物质性能的一项非常重要参量。一般来说，粉体的颗粒越细，比表面积越大，表面效应，如表面活性、表面吸附能力、催化能力越强。如目前广泛应用的纳米碳材料（活性炭、碳气凝胶、碳纳米管、有序介孔碳等）是典型的高比表面积材料。

比表面积分析测试方法有多种，其中气体吸附法因其测试原理的科学性，测试过程的可靠性，测试结果的一致性，在国内外各行各业中被广泛采用，并逐渐取代了其他比表面积测试方法，成为公认的最权威比表面积测试方法。氮气吸附/脱附分析是表征多孔材料比表面积、孔径大小和孔径分布的一种有效手段。

另外，按照国际纯粹与应用化学会（IUPAC）的分类，多孔材料的孔可分为微孔（＜2nm）、介孔（2～50nm）和大孔（＞50nm）。高比表面积活性炭材料中的大孔形成的比表面积通常小于 $2m^2/g$，与中孔和微孔比表面积相比可以忽略不计，而总比表面积通常也被分为微孔表面积和由中孔、大孔组成的外表面积。

许多国际标准组织都已将气体吸附法列为比表面积测试标准方法，如美国 ASTM D3037，国际 ISO 标准组织的 ISO 9277。我国比表面积测试有许多行业标准，其中最具代表性的是国标 GB/T 19587—2017《气体吸附 BET 法测定固态物质比表面积》。

1. 吸附等温线基本类型

吸附等温线是描述吸附剂固体的吸附能力的一种重要手段，通过吸附表征可以获取比表面积、孔体积、孔径分布、孔形状以及表面非均匀性等信息。

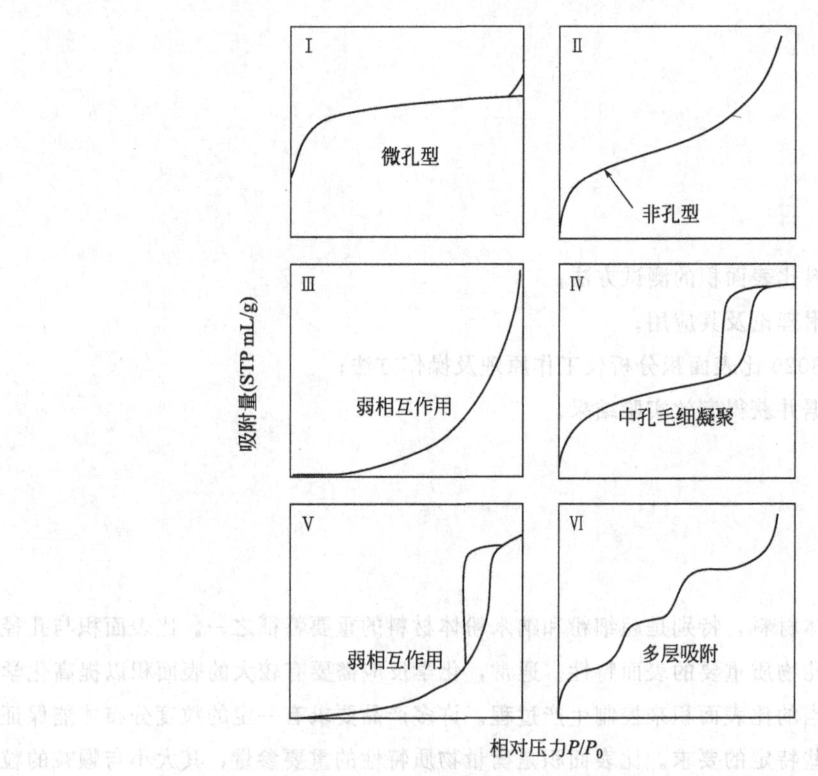

图 1-10-1 IUPAC 划分的五种类型吸附等温线以及第Ⅵ型台阶状等温线

图 1-10-1 是 IUPAC 划分的典型吸附等温线。其中，Ⅰ型吸附等温线限于单层或者准单层吸附。大多数化学吸附和完全的微孔物质以及分子筛的吸附属于此类。其特点是，在压力很低时，吸附量急剧上升，而后慢慢达到饱和，再增大压力，吸附量基本趋于饱和。其中在很低压力的范围内，吸附曲线很快达到一个平台，意味着该吸附剂有一个很窄的微孔分布，并且该吸附剂具有很小的外表面积，此吸附平台的高低取决于微孔含量的多少。

Ⅱ型吸附等温线，描述了敞开而且稳定的固体表面上发生的单层-多层吸附现象，在无孔粉末颗粒以及大孔粉体中的吸附一般表现为此类别。其特点是，吸附与脱附曲线完全重合，没有吸附回环现象。第一段低压下吸附量比较少，逐渐上升为凸形曲线，发生单层吸附；接着中间一段可以近似于一条斜直线；最后一段显示为凹形曲线。此种类型吸附曲线，意味着固体表面形成了吸附质薄层，并且随着压力增加，第二层、第三层等逐渐吸附，吸附质薄层逐渐增厚，最后达到饱和蒸气压时，吸附质薄层变成了主体流相。本类型吸附曲线中，第一段凸形曲线与第二段接近直线的交界点，意味着单层吸附量的饱和，在它之前只是发生单层吸附，之后开始发生多层吸附。这个交界点又称为 B 点，通过它可以得到单层饱和吸附量，进而算出比表面积。

Ⅲ型吸附等温线的特征是，在吸附压力全程范围内，吸附曲线表现为凹形曲线，没有 B 点，这就意味着吸附质与吸附剂分子之间很弱的相互作用力，吸附热小于吸附质的液化热，导致随着吸附进行，吸附反而得以促进加强。实际体系中Ⅲ型吸附等温线不太常见。

Ⅳ型吸附等温线前面部分与Ⅱ型差不多，差别在于在吸附曲线的中间部分出现了吸附回环，低分支是吸附等温线，而高分支是脱附等温线。吸附等温线的吸附分支与脱附分支分离，出现了吸附回环（又称滞后环）。吸附回环出现的原因是，在毛细凝聚过程中，被吸附到多孔性固体上的吸附剂在脱附时阻力较大，需要在更低的压力下才能脱附出来，这就产生回环。图 1-10-1 所示Ⅳ型吸附等温线中的回环为 H1 型，可在孔径分布相对较窄的介孔材料中观察到。本吸附类型很常见，但是具体的吸附回环形状则因不同的吸附体系变化多端。

Ⅴ型吸附等温线是Ⅲ型的变种，与Ⅲ型一样，凹形吸附曲线意味着吸附质与吸附剂分子之间很弱的相互作用力。主要差别是，在中间压力段出现了吸附回环，该现象与吸附过程中孔内吸附与排出过程机理相关。

Ⅵ型是一种最为特殊的类型，它是某些特殊物质表现出来的存在几个吸附阶梯的情况，描述了高度均一化表面上一层又一层的叠加吸附情况。各个阶梯上升的坡度与吸附体系以及吸附温度相关。

除以上典型吸附等温线外，实际体系中测量得到的吸附等温线类型更多，甚至更为复杂。

2. Langmiur 单分子层吸附理论

固体与气体接触时，气体分子碰撞固体并可在固体表面停留一定的时间，这种现象称为吸附。吸附过程按作用力的性质可分为物理吸附和化学吸附。化学吸附时吸附剂（固体）与吸附质（气体）之间发生电子转移，而物理吸附时不发生这种电子转移。

Langmuir 单分子层吸附模型基本假设是：①吸附热与表面覆盖度无关，即吸附分子间无相互作用；②吸附是单分子层的。

吸附等温式：

$$\frac{P}{V}=\frac{1}{BV_m}+\frac{P}{V_m} \tag{1-10-1}$$

式中　V——被吸附气体在标态下的体积；

P——吸附质在气相中的平衡分压；

V_m——吸附剂被覆盖满一层时吸附气体在标态下的体积（单层饱和吸附量）；

B——吸附与解析速率常数之比。

Langmuir 等温式代表Ⅰ型等温线。对于微孔吸附剂，吸附结果常可以用 Langmuir 等温式处理。根据 Langmuir 单分子层吸附理论，随着压力提高，吸附质分子覆盖固体表面部分逐渐增大，最终在整个表面形成吸附质的单分子层。由吸附等温线可求出单分子层吸附容量。根据吸附量、吸附质分子的截面积和阿伏伽德罗常数就可求出吸附剂的比表面积。

然而，当温度低于吸附质的沸点时，由于气体分子的范德华力作用，往往发生多分子层吸附。将 Langmiur 单分子层吸附理论延伸到多分子层吸附，并假定第一层、第二层……直至无限多层，所有的吸附层都和气相建立吸附平衡，Brunauer、Emmett 和 Teller 导出吸附气体在临界温度下的吸附过程能够适用的 BET 方程。

3. BET 多分子层吸附理论

BET 吸附法的理论基础是多分子层的吸附理论。其基本假设是：在物理吸附中，吸附质与吸附剂之间的作用力是范德华力，而吸附质分子之间的作用力也是范德华力。

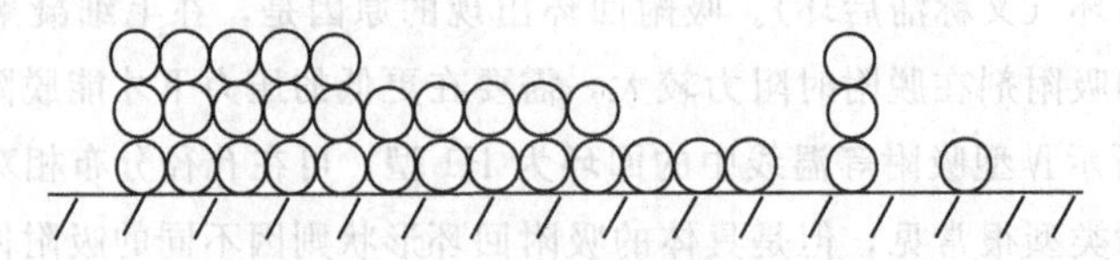

图 1-10-2　多分子层吸附示意图

图 1-10-2 是多分子层吸附示意图。当气相中的吸附质分子被吸附在多孔固体表面之后，它们还可能从气相中吸附其他同类分子，所以吸附是多层的，吸附平衡是动态平衡，第二层及以后各层分子的吸附热等于气体的液化热。根据此假设推导的 BET 方程式如下：

$$\frac{P}{V(P_0-P)}=\frac{1}{V_m C}+\frac{(C-1)P}{V_m C P_0} \tag{1-10-2}$$

式中　P——吸附平衡时吸附质气体的分压；

P_0——吸附平衡温度下吸附质的饱和蒸气压；

V——平衡时固体样品的吸附量（标准状态下）；

V_m——以单分子层覆盖固体表面所需的气体量（标准状态下）；

C——与温度、吸附热和催化热有关的常数。

由上式可以看出，BET 方程建立了单层饱和吸附量 V_m 与多层吸附量 V 之间的数量关系，为比表面积测定提供了很好的理论基础。由于 BET 方程是建立在多层吸附的理论基础之上，与许多物质的实际吸附过程更接近，因此测试结果可靠性更高。

实际测试过程中，通常实测 3～5 组被测样品在不同气体分压下多层吸附量 V，以 P/P_0 为 X 轴，$\frac{P}{V(P_0-P)}$ 为 Y 轴，由 BET 方程作图进行线性拟合，得到直线的斜率和截距，从而求得 V_m 值，计算出被测样品比表面积。

理论和实践表明，当 P/P_0 取点在 0.05～0.35 范围内时，BET 方程与实际吸附过程相吻合，图形线性也很好，因此实际测试过程中选点需在此范围内。由于选取了 3～5 组 P/P_0 进行测定，通常我们称之为多点 BET。当被测样品的吸附能力很强，即 C 值很大时，直线的截距接近于零，可近似认为直线通过原点，此时可只测定一组 P/P_0 数据与原点相连求出比表面积，称为单点 BET。与多点 BET 相比，单点 BET 结果误差会大一些。

氮气因其易获得性和良好的可逆吸附特性，成为最常用的吸附质。通过这种方法测定的比表面积称为等效比表面积，所谓“等效”的概念是指：样品的比表面积是通过其表面密排包覆（吸附）的氮气分子数量和分子最大横截面积来表征。实际测定出氮气分子在样品表面平衡饱和吸附量（V），通过不同理论模型计算出单层饱和吸附量（V_m），进而得出分子个数，采用表面密排六方模型计算出氮气分子等效最大横截面积，即可求出被测样品的比表面积。吸附剂的比表面积 S 可用下式计算。

$$S=n_{\lambda}\delta=\frac{V_m N_A \delta}{22400W} \tag{1-10-3}$$

式中　n_{λ}——以单分子层覆盖 1g 固体表面所需吸附质的分子数；

δ——1 个吸附质分子的截面积，$Å^2$；

N_A——阿伏伽德罗常数（6.022×10^{23}）；

W——固体吸附剂的质量，g。

以 N_2 作吸附质，在液氮温度时，1 个分子在吸附剂表面所占有的面积为 16.2 $Å^2$，则固体吸附剂的比表面积为

$$S=4.36\frac{V_m}{W} \tag{1-10-4}$$

这样，只要测出固体吸附剂质量 W 和单层饱和吸附量 V_m，就可计算试样的比表面积 S（m^2/kg）。

BET 理论对于多数吸附等温线在相对压力为 0.05～0.35 之间符合得很好，并且被公认为最简单可靠的确定固体比表面积的方法。

4. 气体吸附法测定孔径分布

气体吸附法孔径（孔隙度）分布测定利用的是毛细凝聚现象和体积等效代换的原理，即以被测孔中充满的液氮量等效为孔的体积。吸附理论假设孔的形状为圆柱形管状，从而建立毛细凝聚模型。由毛细凝聚理论可知，在不同的 P/P_0 下，能够发生毛细凝聚的孔径范围是不一样的，随着 P/P_0 值增大，能够发生凝聚的孔半径也随之增大。对应于一定的 P/P_0 值，存在一临界孔半径 R_k，半径小于 R_k 的所有孔皆发生毛细凝聚，液氮在其中填充，大于 R_k 的孔皆不会发生毛细凝聚，液氮不会在其中填充。临界半径可由凯尔文公式给出：

$$R_k=-0.414/\lg(P/P_0) \tag{1-10-5}$$

式中，R_k 为凯尔文半径，它完全取决于相对压力 P/P_0。

凯尔文公式也可以理解为对于已发生凝聚的孔，当 P/P_0 低于一定值时，半径大于 R_k 的孔中凝聚液将汽化并脱附出来。理论和实践表明，当 P/P_0 大于 0.4 时，毛细凝聚现象才会发生。通过测定出样品在不同 P/P_0 下凝聚氮气量，可绘制出其等温吸脱附曲线，通过不同的理论方法可得出其孔容积和孔径分布曲线。最常用的计算方法是利用 BJH（取自 Barrett、Joyner、Halenda 三位科学家的首字母）理论，通常称为 BJH 孔容积和孔径分布。

三、实验材料及设备

本实验采用 BET 吸附法原理制成的比表面积分析仪来测定材料的比表面积。所需仪器

为 Tristar3020 三站式比表面积分析仪 1 台（图 1-10-3），脱气站 1 台（图 1-10-4）。配件：烘箱，分析天平，超声波清洗机，杜瓦瓶。

检测样品：多孔碳材料，可选择活性炭（微孔活性炭、介孔活性炭）、碳纳米管、有序介孔碳等。

其他药品和耗材包括乙醇、丙酮、样品管、填充棒、试管刷等。

图 1-10-3　Tristar3020 比表面积分析仪

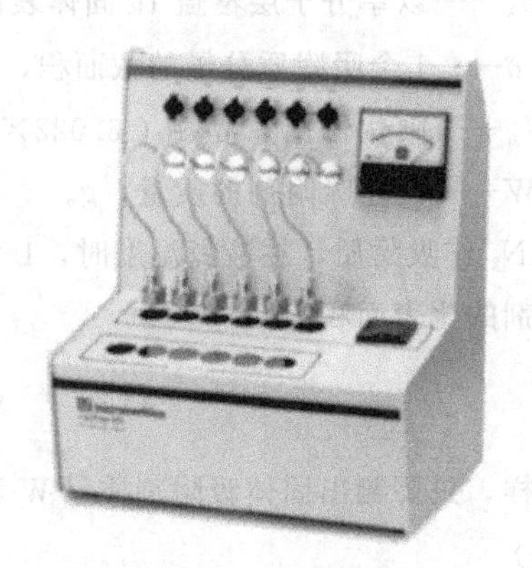

图 1-10-4　脱气站

四、实验步骤

本实验以液氮为吸附质，测定活性炭样品在 77K 温度下对氮气的吸脱附等温线。所有样品在测试前均在 200℃温度下真空脱气 3～6h。

1. 测试前准备

（1）清洗和标识样品管　样品管、填充棒应首先清洗干净和烘干。首先确认超声波池子内干净，加入约 500mL 热水，加入 5mL 洗涤灵或表面活性剂，将样品管和填充棒放入后超声清洗约 15min 取出。用专用毛刷清洗样品管内部。用酒精或丙酮清洗样品管，用蒸馏水或去离子水清洗样品管。把样品管和填充棒放到架子上，放入烘箱或真空烘箱，设定 110℃烘干 2h。待烘箱降温至室温后，取出样品管和填充棒。将塞子用干净的绸布擦净，安装在样品管上。将样品管和塞子对应进行标识。

（2）样品预处理　由于样品分析前状态无法控制，样品内部可能含有很多水分、有机质或腐蚀性物质。在分析前为了保证分析样品中的杂质不污染仪器，不损坏或腐蚀仪器管线，在上机分析前通常进行预处理。样品应放置在高温烘箱中，至少在 110℃下烘干 2h，若能放置在真空烘箱中烘干效果更好，样品自然冷却至室温，并在干燥器皿中保存。

2. 称量样品和样品管的质量

确定样品分析用量，以大于 0.1g 且不超过样品管底部的球形容积为宜（通常待分析样品能提供 40～120m^2/g 比表面积）。将样品管组件（包括样品管和塞子）同管托一起放在天平上称重，并记录样品管的空管质量。借助长颈漏斗，将样品倒入样品管内底部，称量含样品的样品管组件，并记录脱气前样品管总质量。

3. 样品脱气处理

操作视频

先把已称重的加了样品的样品管在脱气站脱气口安好并拧紧。把面板上开关扳至 VAC 抽真空位置。按温度设定键 set，设定加热温度并计时。加热温度的设置应根据所测材料的热学性质确定。脱气结束后将样品管转移至冷却口，冷却 10min。把面板上开关扳至 GAS 回填气体，时间约 10s。称量样品管总质量，减去空管质量，得到并记录脱气后的样品质量。

4. 测试准备操作

(1) 打开电脑和 Tristar3020 电源开关，仪器预热稳定 30min；双击 Tristar3020 软件图标，打开软件。

(2) 打开真空泵开关和氮气、氦气气瓶，设定气瓶压力为 0.1MPa。

(3) 在软件中针对不同的试样编辑分析文件并保存。

点击 File—Open—Sample information

采用约定的文件名称，点击 OK。出现“这是新的文件，你是否希望建立?”的提示，点击是 (Y)。在文件窗口中点击 Replace All，替代最近完成的同样样品分析文件。找到要替代的文件，点击 OK。点击保存 Save 后，点击 Close。

(4) 将待测样品管安装到分析站上。取下样品管口的橡皮塞，放入填充棒，将等温夹套套装在样品管上。推动夹套，使其一端靠近样品管底部“球泡”。将 P0 管套装到杜瓦瓶的盖子中心，盖子大口向上，小口向下。将样品管自下而上穿过盖子的孔，然后依次将螺母、O 圈套入样品管，再对接到分析站口上，拧紧螺母。样品管接入分析口后，顺着样品管向上滑动杜瓦瓶盖子，置于最上端。

(5) 在杜瓦瓶中加入液氮，液面距离瓶口约 5cm，并用十字架检查液氮液面位置。液面应接触十字架，但不超过标志孔。然后，将杜瓦瓶移放到分析站的电梯上。

(6) 合上安全门，待分析。

5. 样品分析

(1) 在 Unit1 菜单中选择开始分析 Sample Analysis，将出现对话窗口。

(2) 点击 Browse 选择要分析的文件，点击 OK。

(3) 确认安装到分析口上样品标识、样品质量等分析参数。

(4) 点击开始 Start 进行分析，自动完成分析。

6. 结果分析

产生结果报告并输出。从文件 Report 菜单选择产生报告 Start Report。在目的地 Destination 栏目用下拉箭头选择输出目的地，如果选择文件 Printer 为目的地，可以打印输出报告。如果选择文件 Screen 为目的地，可以输出报告至屏幕。选择文件名称，点击 OK。

分析吸附和脱附等温线数据，可作出材料的氮气吸脱附等温线［图 1-10-5（a）］，由分析结果得到试样的比表面积、孔容、孔径分布［图 1-10-5（b）］等参数，由吸附等温线的类型判断有关吸附剂孔结构、吸附热以及其他物理化学特征信息。其中，根据 BET 方程采用多点法，利用 $P/P_0=0.05\sim0.24$ 区域求取样品的比表面积 S_{BET}。采用一点法（取吸脱附等温线相对压力 $P/P_0=0.98$ 时的吸附量）计算样品的总孔体积 V_{total}。

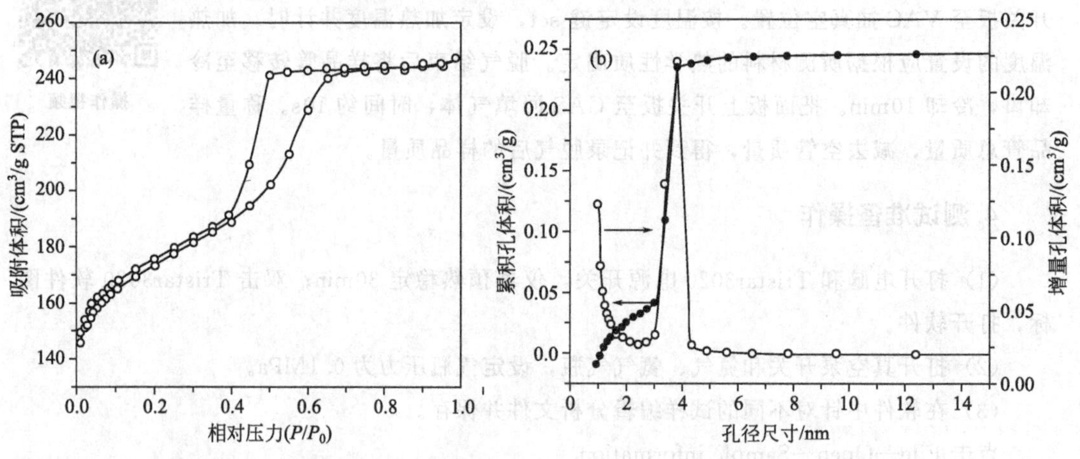

图 1-10-5　介孔材料氮气吸脱附等温线（a）和孔径孔容分布（b）示意图

五、注意事项

1. 在操作中勿用手触碰样品管和填充棒，以免将油脂沾在样品表面上。

2. 如果样品管不能立刻安装在分析口上，可以让它继续留在脱气口上，或者取下后用胶塞子堵上并塞紧，放在试管架上。

3. 安装填充棒时，将样品管和填充棒水平状态下放入，垂直向下安装填充棒可能会打碎样品管。

4. 在处理杜瓦瓶时一定要小心谨慎，穿戴保护用品，戴上防护镜和保温手套；往杜瓦瓶里加液氮时要缓慢少量加入，以减少杜瓦瓶的热冲击，同时防止液氮飞溅；请勿移开杜瓦瓶的保护盖，以免坚硬物体飞落入杜瓦瓶中，击碎它；请勿在杜瓦瓶的上方操作和移动一些坚硬的零件，防止掉落到杜瓦瓶中击碎它。

5. 杜瓦瓶液氮液面过低过高会导致测量误差。在分析前应当用十字架检查液氮液面，但不要超过标志孔。

6. 套入 O 圈时，要防止卡套从样品管上脱落到样品管底部，以免把样品管打碎。

六、思考题

1. 影响孔结构测试结果的因素有哪些？

2. 除了 BET 吸附法，还有哪些测试材料比表面积的方法？这些方法分别有什么特点？

3. 物理吸附与化学吸附本质的区别是什么？

4. 在一定的温度、压力下，为什么物理吸附都是放热过程？

5. 什么是吸附等温线？吸附等温线有哪些类型？

七、参考文献

[1] GB/T 19587—2017 气体吸附 BET 原理测定固态物质比表面积的方法.

[2] Gregg S J，Sing K S W. 吸附、比表面与孔隙率［M］. 高敬琮，等译. 北京：化学工业出版社，1989.

[3] Rouquerol F，Rouquerol J，Sing K. Adsorption by powders and porous solids-Principles，methodology and applications［M］. London：Academic Press，1999：1-110.

实验十一

磁控溅射制备 PZT 薄膜及显微分析

一、实验目的

1. 掌握磁控溅射法制膜的基本原理；

2. 了解多功能磁控溅射镀膜仪的设备原理、操作过程及注意事项。

二、实验原理

溅射一般在真空环境下进行，是指具有一定能量的入射粒子（通常为带正电的惰性气体离子）轰击靶材表面，并在与靶的碰撞过程中将动能传给靶材表面的原子或分子，使其获得能量逃离靶材表面。而逃逸的靶原子又可以和其他靶原子碰撞，形成级联反应过程。

1. 溅射的特点

（1）由于溅射粒子的平均动能远远高于靶材中原子的结合能，因此，可根据靶材调节溅射功率，一些高熔点金属也可以被溅射。

（2）溅射率指正离子轰击靶材时，每个正离子平均轰击出来的原子数。①溅射率与入射粒子能量有关，随着入射粒子能量增加，溅射率提高，原子平均逸出能量高。但当入射粒子能量继续增大到一定值时，入射粒子离子注入现象增强，溅射率下降。②溅射率与入射粒子质量有关，随着入射粒子质量增加，溅射率提高，原子平均逸出能量高。③溅射率与入射粒子方向和靶面法线方向的夹角有关，随着夹角增加，溅射率提高，原子平均逸出能量高。④溅射率与晶体结构相关，面心立方结构最易发生溅射，其次是体心立方结构，最难发生溅射的是六方密堆积结构。

（3）单晶靶由于焦距碰撞（级联过程中传递的动量愈来愈接近原子列方向），在密排方向上发生优先溅射，因此溅射过程存在明显择优取向；而多晶靶材溅射原子密度在空间分布上近似余弦分布。

（4）靶材存在与升华相关的某一温度，低于此温度时，溅射率几乎不变，高于此温度时，溅射率急剧增加。

2. 磁控溅射

通常的溅射方法，溅射效率不高。为了提高溅射效率，首先需要增加气体的离化效率。磁控溅射的工作原理是指电子在电场 E 的作用下，在飞向基片过程中与氩原子发生碰撞，使其电离产生出 Ar 正离子和新的电子；新电子飞向基片，Ar 离子在电场作用下加速飞向阴极靶，并以高能量轰击靶表面，使靶材发生溅射。在溅射粒子中，中性的靶原子或分子沉积在基片上形成薄膜，而产生的二次电子会受到电场和磁场作用，产生 E（电场）×B（磁场）所指的方向漂移。若为环形磁场，则电子被束缚在靠近靶表面的等离子体区域内，并且在该区域中电离出大量的 Ar 来轰击靶材，从而实现了高的沉积速率。随着碰撞次数的增加，二次电子的能量消耗殆尽，逐渐远离靶表面，并在电场 E 的作用下最终沉积在基片上。由于该电子的能量很低，传递给基片的能量很小，致使基片升温较低。因此，磁控溅射进行薄膜制备的特点是速度快，成膜温度低，对膜层损伤小，所成膜与基片间的黏附性好、致密度高，大面积镀膜仍能保证均匀性，且工艺可控性和重复性好。

磁控溅射技术可以分为直流磁控溅射法和射频磁控溅射法。在直流磁控溅射法中，阳极基片与阴极靶之间所加电压为直流电压，阳离子在直流电场的作用下轰击靶材。然而，若靶材为绝缘材质，在持续的离子溅射下靶材表面的离子电荷将逐渐积累，使得靶材表面电位升高，外加电压不能再使两极间的离子得到有效加速，两极间气体电离的概率减小，难以维持连续放电甚至使放电停止，形成“靶中毒”停止溅射。因此，该方法只能溅射导体材料，不适于绝缘材料。对于绝缘靶材或导电性很差的非金属靶材，可以用射频磁控溅射法（RF）进行溅射。值得注意的是，对于强磁性靶材而言，无法将外加磁场有效加到其表面，影响溅射效率，故而要将其加工成薄片以减弱其对外加磁场的影响。

三、实验材料及设备

主要化学药品和耗材包括靶材、硅片、丙酮、乙醇、气体（高纯氩气、高纯氧气）。

本实验所用设备为高真空磁控溅射仪（型号：MSP-620），设备主要由靶材、真空腔体、真空系统、气路系统、样品台、冷却系统、电源系统、报警系统等部分组成（见图 1-11-1）。

真空腔体为桶形立式结构，真空系统由机械泵和分子泵组成。设备靶材位于真空腔体顶部，样品台位于真空室底部，可对基片进行旋转、加热。气路系统采用质量流量计控制进气，常用的气源有高纯氩气和高纯氧气。设备的电源系统包含直流电源与射频电源，可根据靶材的材质进行选择。

本实验制备 PZT 薄膜，所用靶材为 PZT 靶材，利用射频电源完成实验。

设备的工作原理如下：

(1) 辉光放电

辉光放电是指在真空度极低的气体中，两电极之间加电压产生的气体放电的现象。向真空腔体中充入少量高纯氩气并逐渐提高两电极间电压，在磁控溅射刚刚开始的阶段，电极间仅有极少数电离粒子在电场的作用下做定向运动。当两极间电压不断升高，电离粒子的运动

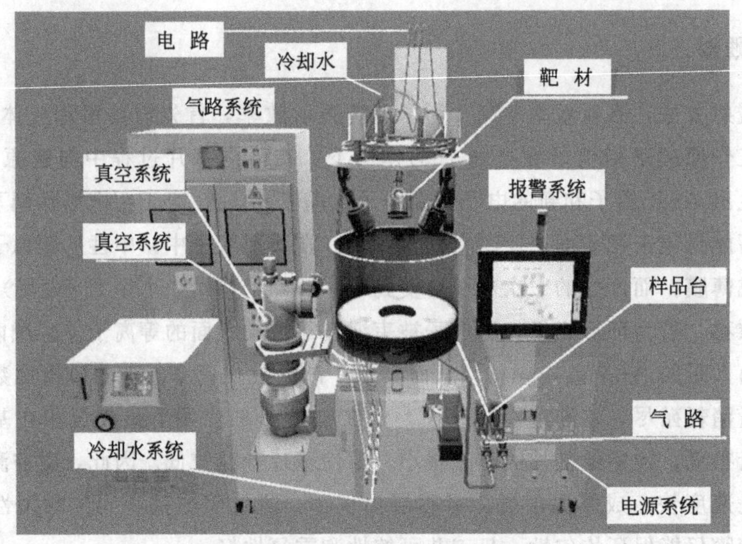

图 1-11-1 设备结构示意图

速度加快，两极间电流增加。当两极间电离粒子的运动速度达到极限时，电流达到饱和，此时电压升高将加剧电离粒子与靶材之间的碰撞，使靶材产生二次电子发射，而电子与气体的碰撞也将加剧，使得氩气发生电离。在碰撞过程中离子和电子数量激增，产生等离子体并发生放电击穿，放电电流增大而电压变化不大，形成汤生放电现象。随着气体电离度进一步增加，电路电流迅速增加，放电区向整个电极表面扩散，同时放电电压下降，放电气体发出明显辉光，此时为正常辉光放电阶段。随着电流的提高，辉光亮度继续提高，当辉光亮度充满电极间整个区域后，放电电压再次上升，进入异常辉光放电阶段，此时等离子体的面积大、分布均匀，可以开始镀膜。

(2) 溅射镀膜

溅射镀膜就是在真空中利用荷能粒子轰击靶表面，使被轰击出的粒子沉积在基片上的技术。阴极靶由镀膜材料制成，基片作为阳极，真空室中通入氩气或其他惰性气体，在阴极（靶）直流负高压或射频电压作用下产生辉光放电。电离出的氩离子轰击靶表面，使得靶原子溅出。由于靶原子在沉积在基片的过程中，不断与其他粒子发生碰撞，到达基片时的能力已经较低，因此对形成薄膜的损伤较小，且不会导致基片升温过高。

四、实验步骤

1. 磁控溅射制备功能薄膜

国家虚拟仿真实验教学课程共享平台

(1) 用超声波发生器清洗基片，清洗过程中加入洗液，基片清洗干净后在氮气保护下干燥。干燥后，将基片倾斜 45°观察，若不出现干涉彩虹，则说明基片已清洗干净。

(2) 检查水源、气源、电源正常后，打开冷却水循环装置（实际情况会在 10～30℃之间，设定为 20℃）。

(3) 打开真空系统电源，抽真空。首先用机械泵抽真空，室内气压达到 4 Pa 后，关闭机械泵，然后改用分子泵抽真空，使室内气压达到 4.5×10^{-3} Pa 以下。

(4) 关闭分子泵，机械泵仍然工作，开始充入 Ar 气体，关小机械泵阀门，使 Ar 气压在 $(5.5\sim6.0)\times10^{-1}$ Pa，完成开机流程。

(5) 开机箱总电源，主显示屏亮后开射频电源。

(6) 换靶材：关闭插板阀后关闭分子泵，打开充气阀，当真空腔处于大气状态时，在使用流程中点击开盖流程。一号靶材用来镀电极，三号靶材用来溅射 PZT，点击 D1、D3，打开遮挡金属板。用螺丝刀拧开两层护罩，更换结束后将金属保护罩拧回。

(7) 清洗底部溅射旋转盘，先用丙酮清洗，再用乙醇清洗。使用高温胶带将步骤 (1) 中清洗的基片固定在圆盘上。

(8) 关闭盖子，抽真空。

(9) 设置参数：

溅射功率可设置为以下之一：80 W、90 W、100 W、110 W、120 W。

压强可设置为以下之一：0.3 Pa、0.4Pa、0.5Pa、0.6Pa。

氩氧比设置为 90：2。

(10) 在两极之间加上电压，对基片进行溅射镀膜。

2. 薄膜检测与分析

分别利用 X 射线衍射仪和场发射电子扫描显微镜对不同溅射功率制备的薄膜进行结构及显微形貌测试。分析不同溅射功率对样品显微结构的影响。

五、注意事项

1. 实验之前必须打开循环水。

2. 分子泵开启前，确认机械泵已经开启；分子泵关闭后，需等待 15min，待分子泵完成降速过程后，再关闭机械泵。

3. 机械泵或分子泵不能抽大气，因此开启之前确保腔室密闭良好、充气阀未打开。

4. 插板阀允许打开指示灯开启时才能打开，灯未亮而强行打开会使插板阀损坏。此外，打开过程中若阻力较大也勿强行打开，以免损坏。

5. 实验结束后，真空腔抽真空，同时确保管道、泵腔中气体排净。

六、思考题

1. 磁控溅射的工作原理是什么？

2. 磁控溅射镀膜的适用范围是什么？

3. 磁控溅射技术有哪些分类？在应用中分别有什么特点？

4. 简述溅射率的影响因素。

5. 简述磁控溅射镀膜的优点。

七、参考文献

[1] 王福贞，武俊伟. 现代离子镀膜技术 [M]. 北京：机械工业出版社，2021.

[2] 方应翠. 真空镀膜原理与技术 [M]. 北京：科学出版社，2014.

[3] 李云奇. 真空镀膜 [M]. 北京：化学工业出版社，2012.

[4] 张以忱. 真空镀膜技术与设备 [M]. 北京：冶金工业出版社，2009.

[5] 郑伟涛. 薄膜材料与薄膜技术 [M]. 北京：化学工业出版社，2008.

器件设计与组装

实验一

太阳能电池设计训练

一、实验目的

1. 掌握太阳能电池和太阳能光伏发电系统的基本知识、工作原理及其特性；
2. 掌握基于太阳能电池供电系统的设计方法、系统的组成和关键参数的计算；
3. 能够根据给定条件设计出合理的典型性器件。

二、实验原理

能源与环境的可持续发展是目前世界所面临的首要问题之一，发展石油等化石能源的替代能源成为21世纪重要的能源策略。面对气候变化这一全人类的共同危机，中国向世界做出2030年前碳达峰、2060年前碳中和的庄严承诺，中国能源结构转型将面临极大挑战。光伏发电是将太阳能资源转换为洁净的可再生电能，具有无枯竭危险等优势，能有效减少二氧化碳排放，成为我国推进能源革命、应对气候变化、实现“碳达峰、碳中和”的重要途径之一。

1. 太阳能电池的结构及工作原理

太阳能电池是通过光电效应或者光化学效应直接把光能转化成电能的装置，又称为“光伏电池”。典型的晶体硅太阳能电池的结构如图2-1-1所示，由硅基底、P-N结结构、织构面、减反射层、导电电极与背面电极所组成。

太阳能电池的工作原理是基于光伏效应。当太阳光照射到电池上时，电池吸收光能，产生光生电子-空穴对。在电池的内建电场作用下，光生电子和空穴被分离，光生电子移向n端，光生空穴移向p端，光电池的两端出现异号电荷的积累，即产生“光生电压”，这就是光生伏特效应。若在内建电场的两端引出电极并接上负载，则负载中就有“光生电流”流过，得到可利用的电能，这就是太阳能电池的工作原理。

2. 太阳能电池种类

太阳能电池按照材料的不同，大致可分为以下几类：

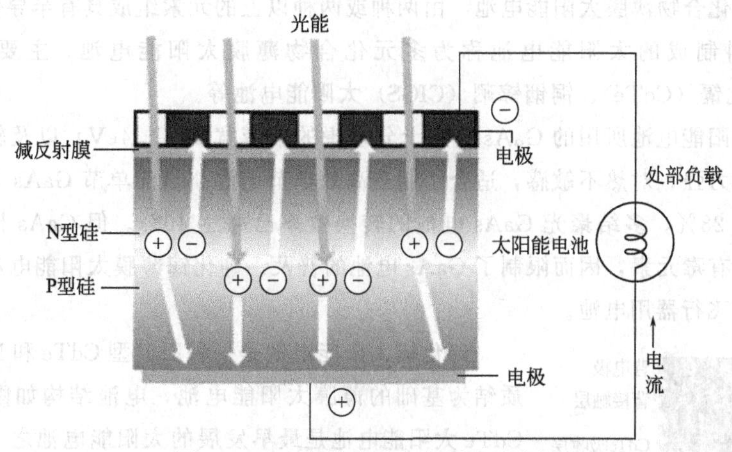

图 2-1-1　太阳能电池发电原理示意图

（1）硅太阳能电池　硅太阳能电池指以硅材料作为基体的太阳能电池，主要包括单晶硅太阳能电池、多晶硅太阳能电池、多晶硅薄膜太阳能电池、非晶硅薄膜太阳能电池等。

单晶硅太阳能电池是以高纯的单晶硅棒为原料的太阳能电池。单晶硅电池的电池转换效率高，稳定性好，但是成本较高。

多晶硅（poly-Si）太阳能电池指以多晶硅为基体材料的太阳能电池，兼具单晶硅电池的高转换效率和长寿命以及非晶硅薄膜电池的材料制备工艺相对简化等优点，其转换效率稍低于单晶硅太阳能电池，没有明显效率衰退问题，并且有可能在廉价衬底材料上制备，其成本远低于单晶硅电池，而效率高于非晶硅薄膜电池。

多晶硅薄膜太阳能电池是将多晶硅薄膜生长在低成本的衬底材料上，用相对薄的晶体硅层作为太阳能电池的激活层，硅使用量远较单晶硅少。不仅保持了晶体硅太阳能电池的高性能和稳定性，而且无效率衰退问题，并且可在廉价衬底材料上制备，成本远低于单晶硅电池，效率高于非晶硅薄膜电池，具有广阔的发展前景。

非晶硅薄膜太阳能电池是指用非晶硅材料及其合金制造的太阳能电池，亦称无定形硅太阳能电池，简称 a-Si∶H 太阳能电池。a-Si∶H 太阳能电池的制作工艺简单，在制备 a-Si∶H 薄膜的同时，就能制作 pin 结构。a-Si∶H 是用 SiH_4 的辉光放电分解法得到的，不仅原材料廉价，而且衬底材料可以是玻璃、不锈钢或塑料膜等，因而成本很低。此外，形成 a-Si∶H 的衬底温度低，约 200～300℃，大大降低了能耗。由于制备 a-Si∶H 太阳能电池采用气相反应，因而容易实现大面积化。若 a-Si∶H 太阳能电池采用多级或多层结构，就可以获得更高的开路电压和光电转换效率。做在玻璃上的非晶硅薄膜太阳能电池具有光穿透性，因此可以和建筑物集成为光伏建筑一体化。在同一功率的模块中，非晶硅薄膜太阳能电池全年的发电量比结晶硅太阳能电池高出 6%～8%。

非晶硅太阳能电池的最大缺点是转换效率较低，稳定性较差。实验室效率为 15%，生产中电池组件的稳定效率为 5.5%～7.5%。研究发现，引起效率低、稳定性差的主要原因是光致衰减影响。非晶硅电池长期被光照时，电池效率会明显下降，这就是所谓的 S-W 效应，即光致衰退效应。另外，它的光学带隙为 1.7eV，使得材料本身对太阳辐射光谱的长波区域不敏感，限制了它的转换效率。

（2）多元化合物薄膜太阳能电池　由两种或两种以上的元素组成具有半导体特性的化合物半导体材料制成的太阳能电池称为多元化合物薄膜太阳能电池，主要包括砷化镓（GaAs）、碲化镉（CdTe）、铜铟镓硒（CIGS）太阳能电池等。

砷化镓太阳能电池所用的 GaAs 具有十分理想的禁带宽度（1.4eV）以及较高的转换效率，抗辐射能力强，对热不敏感，适合于制造高效单节电池。目前单节 GaAs 太阳能电池的转换效率已达 28%，多结聚光 GaAs 电池的转换效率已高达 40%。但 GaAs 材料的价格昂贵，而且砷是有毒元素，因而限制了 GaAs 电池的普及。砷化镓薄膜太阳能电池自诞生以来主要作为空间飞行器用电池。

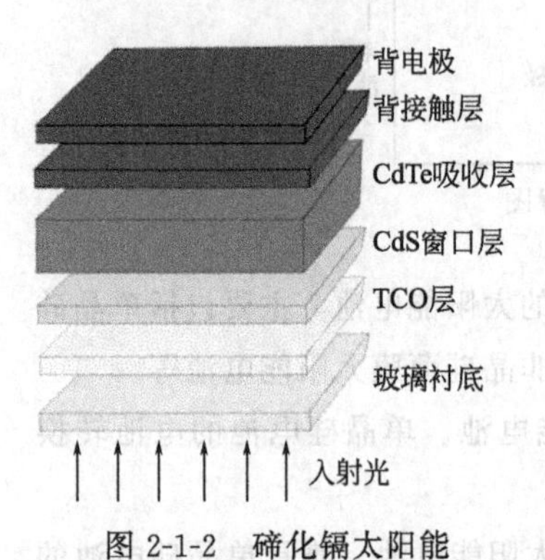

图 2-1-2　碲化镉太阳能电池结构示意图

碲化镉太阳能电池是一种以 P 型 CdTe 和 N 型 CdS 的异质结为基础的薄膜太阳能电池，电池结构如图 2-1-2 所示。CdTe 太阳能电池是最早发展的太阳能电池之一，其转换效率（已超过 16%）比非晶硅薄膜太阳能电池高，成本较单晶硅低。

碲化镉太阳能电池具有理想的禁带宽度，CdTe 的禁带宽度为 1.45eV，光谱响应和太阳光谱非常匹配。此外，CdTe 的光吸收率高，吸收系数在可见光范围高达 10^4cm^{-1} 以上，99% 的光子可在 1μm 厚的吸收层内被吸收。CdTe 薄膜太阳能电池的理论光电转换效率约为 30%，且电池结构简单，制造成本低，容易实现规模化生产。然而，由于碲原料稀缺，无法保证碲化镉太阳能电池不断增产的需求。镉作为重金属是有毒的，存在环境污染风险。

铜铟镓硒薄膜太阳能电池是以铜铟镓硒（CIGS）为吸收层的薄膜太阳能电池，主要由逐层沉积的背电极、吸收层、缓冲层、窗口层和顶电极构成，电池结构如图 2-1-3 所示。转换效率已达 20.4%，成品组件效率达 13%，是目前薄膜电池中效率最高的电池之一。

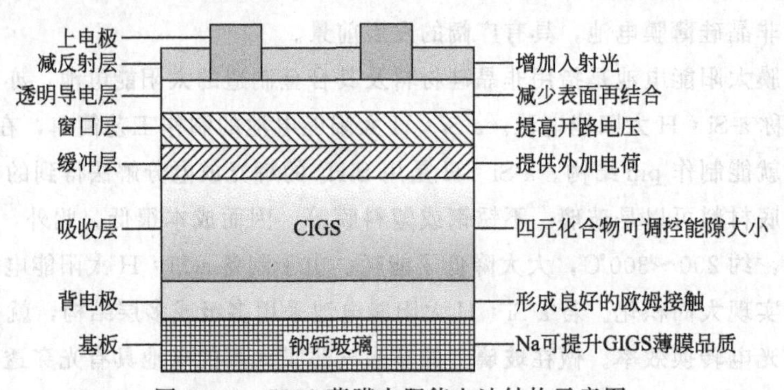

图 2-1-3　CIGS 薄膜太阳能电池结构示意图

CIGS 是直接带隙跃迁的材料，光吸收系数极高，为 $(1\sim5)\times10^5cm^{-1}$（Si 的 100 倍），是至今报道过的半导体中光吸收系数最高的。这种特性可以把厚度减至最少，即 CIGS 薄膜太阳能电池只需 2～3μm 厚的 CIGS 材料。而将 $CuInSe_2$ 中的 In 用 Ga 替代，能进行带隙裁减，是 CIGS 系相对于 Si 系和 CdTe 系的最大优势。CIGS 的另一个优势是它可以在玻璃基板上形成缺陷很少、晶粒巨大的高品质结晶，而这种晶粒尺寸是一般的多晶薄膜根本无法达到的。另外，对Si系半导体而言，Na等碱金属是避之唯恐不及的半导体杀手，而在CIGS系中，微量的Na会提高转换效率和成品率，因此使用钠钙玻璃作为CIGS的基板，除了成本低、膨胀系数相近以外，还有Na掺杂的考虑。$CuInGaSe_2$具有非常优良的抗干扰、抗辐射能力，没有光致衰退效应（SWE），使用寿命长。

但是由于CIGS薄膜材料是多元组成的，四种材料配比不易控制，多元晶体复杂，本征缺陷、杂质、错配等均可影响CIGS的性能。同时，与多层界面匹配困难，使得材料制备的精度要求、重复性要求和稳定性要求都很高。因此，材料制备的技术难度高。而且CIGS中的关键原料铟（In）的天然蕴藏量相当有限，这就制约了CIGS薄膜电池的大规模发展。另外，CIGS吸收层的制备必须克服许多技术难关，目前主要方法包括：共蒸发法、溅射后硒化法、电化学沉积法、喷涂热解法和丝网印刷法等。

制备性能优良的CIGS太阳能电池，要尽量提高电池器件短路电流、开路电压、填充因子等。由于CIGS吸收层优异的光电特性，其短路电流一般可达30～40mA/cm²。决定短路电流的另一个主要因素就是电池器件的串联电阻，主要由上下电极的体电阻、各层接触电阻构成。制备器件工艺中，主要需要控制CIGS吸收层化学成分比，优化背电极、缓冲层的制备工艺，包括各层之间的匹配。

作为异质结薄膜太阳能电池，由于电池本身材料和器件结构的复杂性，导致CIGS太阳能电池产业化进程缓慢。近年来出现的研究方向有干法沉积缓冲层、无Cd工艺和非真空低成本工艺。目前非真空法主要分为涂覆法和电沉积方法。涂覆法是将Cu-In-Ga-Se以一定的比例混合成纳米颗粒涂料，涂覆在衬底上，烘干后形成电池的吸收层。采用该工艺方法最具代表性的是IBM公司和Nanosolar公司。电沉积法是在酸性溶液中，以衬底为阴极沉积CIGS薄膜的方法。此外，CIGS可以在很薄的柔性衬底上成膜，制备的柔性CIGS薄膜太阳能电池在空间和地面都有应用前景。

（3）染料敏化太阳能电池　染料敏化太阳能电池（DSSC）是1991年由瑞士洛桑联邦理工学院实验室的M. Grätzel教授提出，主要由纳米多孔半导体薄膜、染料敏化剂、氧化还原电解质、对电极和导电基底等几部分组成，如图2-1-4所示。

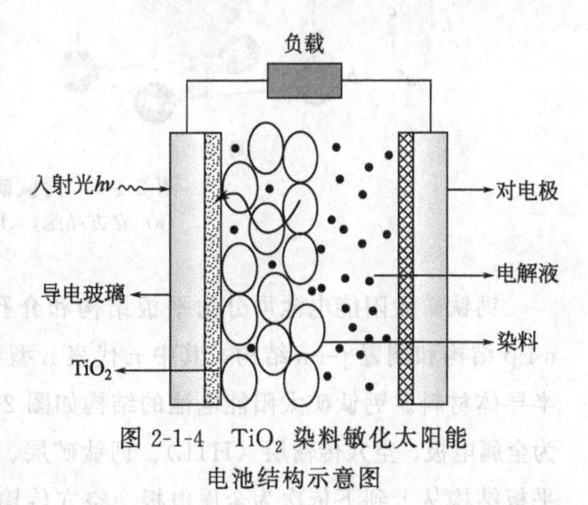

图2-1-4　TiO_2染料敏化太阳能电池结构示意图

染料敏化太阳能电池的工作原理是：当太阳光照射在染料敏化太阳能电池上，染料分子中基态电子被激发，激发态染料分子将电子注入纳米多孔半导体的导带中，注入导带中的电子迅速富集到导电玻璃面上，传向外电路，并最终回到对电极上。而由于染料的氧化还原电位高于氧化还原电解质电对的电位，这时处于氧化态的染料分子随即被还原态的电解质还原。然后氧化态的电解质扩散到对电极上得到电子再生，如此循环，即产生电流。

与传统的太阳能电池相比，染料敏化太阳能电池的使用寿命可达15～20年，而且由于结构简单、生产工艺简单，易于大规模工业化生产，制备耗能较少。染料敏化太阳能电池的生产成本较低，仅为硅太阳能电池的 1/5～1/10，生产过程中无毒无污染。但染料敏化太阳能电池也面临高效电极（光阳极和对电极）的低温制备和柔性化、廉价稳定的全光谱染料设计和开发、液体电解质的封装和高效固态电解质的制备及相关问题。

(4) 有机太阳能电池　有机太阳能电池（OPV）是由有机材料构成核心部分，基于有机半导体材料的光生伏特效应，通过有机材料吸收光子从而实现光电转换的太阳能电池。其工作原理是：有机半导体产生的电子和空穴束缚在激子之中，电子和空穴在界面（电极和导电聚合物的结合处）上分离。

有机太阳能电池具有成本低、重量轻、有机分子可设计性强、生产工艺简单、可实现大面积柔性太阳能电池制备的优点，但同时也有效率低、寿命短的缺点。

(5) 钙钛矿太阳能电池　钙钛矿太阳能电池是指利用钙钛矿型的有机金属卤化物半导体作为吸光材料的太阳能电池。钙钛矿型 ABX_3 晶体结构如图 2-1-5 所示，其中，A 离子处于立方晶体结构的八个顶角位置，一般是正一价的阳离子，例如有机甲胺离子 $CH_3NH_3^+$、有机甲脒离子 $NH_2CH=NH_2^+$ 和无机铯离子（Cs^+）等。B 离子处于立方体的体心位置，通常是正二价的金属离子，例如亚铅离子（Pb^{2+}）、亚锡离子（Sn^{2+}）和亚锗离子（Ge^{2+}）等。X 离子处于立方体的八个面心位置，大部分是负一价的卤素离子，例如氯离子（Cl^-）、溴离子（Br^-）和碘离子（I^-）等。在 ABX_3 晶体中，BX_6 构成正八面体，BX_6 之间通过共用顶点 X 连接，构成三维骨架，A 嵌入八面体间隙中使晶体结构得以稳定。

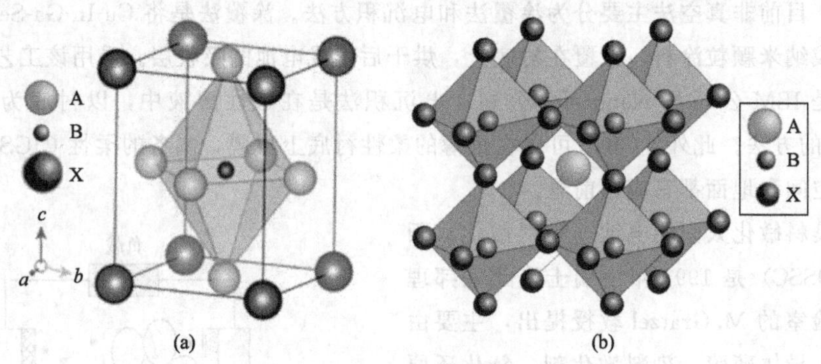

图 2-1-5　钙钛矿晶体结构示意图

(a) 立方晶胞；(b) BX_6 八面体堆积

钙钛矿太阳能电池可分为平板结构和介孔结构，平板结构和介孔结构也可以分为正式 n-i-p 结构和倒置 p-i-n 结构，其中 n 代表 n 型半导体，i 代表吸光层材料钙钛矿，p 代表 p 型半导体材料。钙钛矿太阳能电池的结构如图 2-1-6 所示。其中，n-i-p 介孔结构从上到下依次为金属电极、空穴传输层（HTL）、钙钛矿层、介孔层、电子传输层（ETL）、导电玻璃；n-i-p 平板结构从上到下依次为金属电极、空穴传输层、钙钛矿层、电子传输层和导电玻璃；p-i-n 平板结构从上到下依次为金属电极、电子传输层、钙钛矿层、空穴传输层和导电玻璃；p-i-n 介孔结构从上到下依次为金属电极、电子传输层、钙钛矿层、介孔层、空穴传输层和导电玻璃。

钙钛矿太阳能电池自 2009 年被提出以来取得了迅猛的发展，钙钛矿太阳能电池最高效率已达到 25.2%，未来仍有望突破，逼近 SQ 理论极限。钙钛矿太阳能电池由于光电转换效

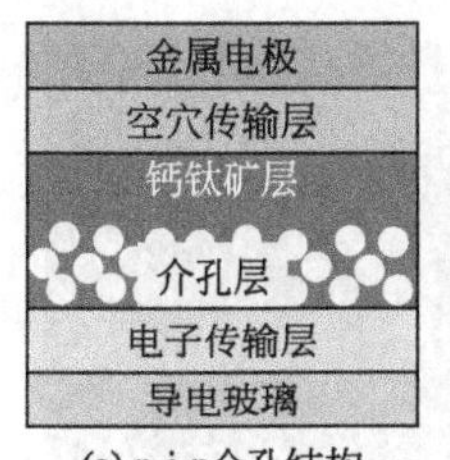

(a) n-i-p介孔结构

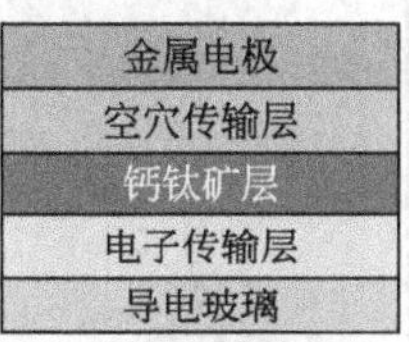

(b) n-i-p平板结构

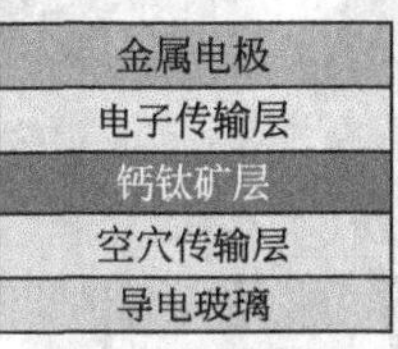

(c) p-i-n平板结构

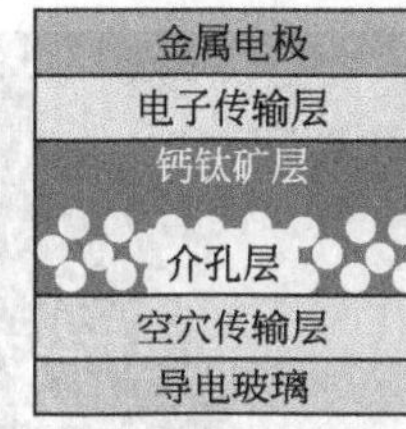

(d) p-i-n介孔结构

图 2-1-6　钙钛矿太阳能电池的典型结构

率高、成本低、工艺简单等一些优异性能而受到人们的广泛关注。目前钙钛矿太阳能电池面临的问题包括电池的稳定性、吸收层中含有可溶性重金属 Pb 等问题。此外，现今钙钛矿层应用最广的是旋涂法，难于沉积大面积、连续的钙钛矿薄膜，还需寻求替代方法进行改进，以期能制备高效的大面积钙钛矿太阳能电池。

3. 太阳能电池应用

（1）太阳能电池在照明领域的应用　太阳能光伏照明包括太阳能路灯、庭院灯、草坪灯、景观照明、手提灯、野营灯、登山灯、垂钓灯、节能灯、路灯标牌、广告灯箱照明、标志灯、信号灯、高空障碍灯、航标灯塔等，如图 2-1-7 所示。

(a) 太阳能路灯

(b) 不同类型庭院灯、草坪灯

图 2-1-7　太阳能电池在照明领域的应用

（2）太阳能电池在通信领域的应用　包括太阳能无人值守微波中继站、光缆维护站、广播/通信/寻呼电源系统、农村载波电话光伏系统、小型通信机、士兵 GPS 供电等，如图 2-1-8 所示。

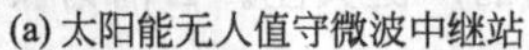

(a) 太阳能无人值守微波中继站

(b) 电信光缆维护站

图 2-1-8　太阳能电池在通信领域的应用

（3）太阳能电池在光伏发电领域的应用　太阳能发电系统是利用太阳能电池半导体材料的光伏效应，将太阳光辐射能直接转变为电能的一种新型的发电系统。光伏发电系统可分为集中式大型并网光伏发电系统（光伏电站）和分散式小型并网光伏发电系统（分布式并网光伏系统）。

大型并网光伏发电系统的主要特点是所发的电能被直接输送到电网上，由电网统一调配向用户供电，如图 2-1-9（a）所示。分散式小型并网光伏发电系统一般为住宅并网系统（BIPV 系统），住宅并网光伏发电系统（1～5kW）的主要特点是所发的电能直接分配到住宅（用户）的用电负载上，多余或不足的电力通过连接电网来调节。当太阳能电池输出电能不能满足负载要求时，由电网来进行补充；当其输出的功率超出负载需求时，将电能输送到电网中，如图 2-1-9（b）所示。

(a) 光伏高压并网电站（集中式大型并网光伏发电系统）

(b) 户用光伏发电系统（分散式小型并网光伏发电系统）

图 2-1-9　太阳能电池在光伏发电领域的应用

（4）太阳能电池在交通领域的应用　包括交通信号指示灯、太阳能汽车、太阳能电动车、太阳能游船和太阳能飞机等，如图 2-1-10 所示。

(a) 太阳能道路警示灯

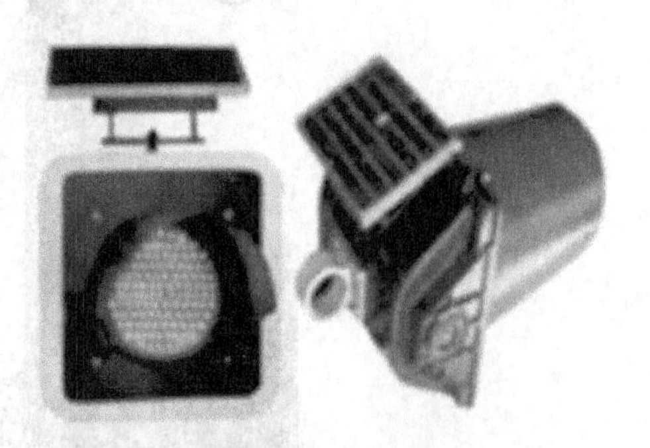

(b) 太阳能交通黄闪灯

(c) 太阳能汽车

(d) 太阳能飞机

图 2-1-10　太阳能电池在交通领域的应用

（5）太阳能电池在建筑领域的应用　包括太阳能光伏建筑一体化和太阳能光伏幕墙（如图 2-1-11），是将太阳能发电与建筑材料相结合，即建筑物与光伏发电的集成化，在建筑物的外围护结构表面上布设光伏阵列产生电力，使得未来的大型建筑实现电力自给。

（6）太阳能电池在农业领域中的应用　光伏农业就是将太阳能发电广泛应用到现代农业种植、养殖、灌溉、病虫害防治以及农业机械动力提供等领域的一种新型农业。

光伏农业主要类型：太阳能杀虫灯、新型太阳能生态农业大棚、太阳能光伏养殖场、新型农村太阳能发电站、太阳能污水净化系统和农用太阳能小产品等，如图 2-1-12 所示。

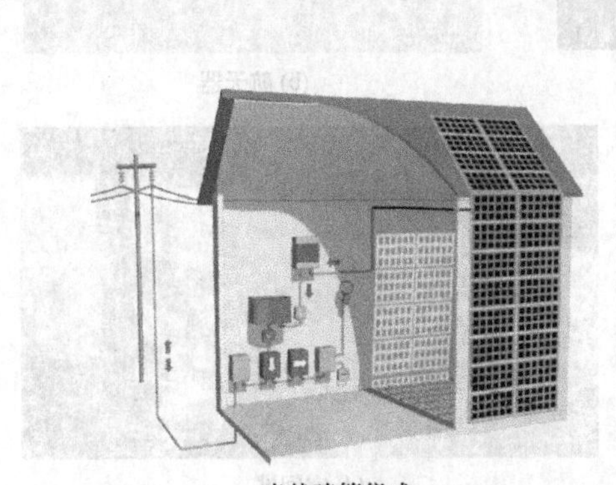

光伏建筑集成

太阳能电池瓦

(a) 太阳能光伏建筑一体化

(b) 太阳能光伏幕墙

图 2-1-11　太阳能电池在建筑领域的应用

(a) 光伏水泵

(b) 太阳能生态农业大棚

(c) 太阳能杀虫灯

图 2-1-12　太阳能电池在农业领域中的应用

(7) 太阳能电池在太空领域的应用　包括卫星、航天器、空间太阳能电站等，如图 2-1-13 所示。

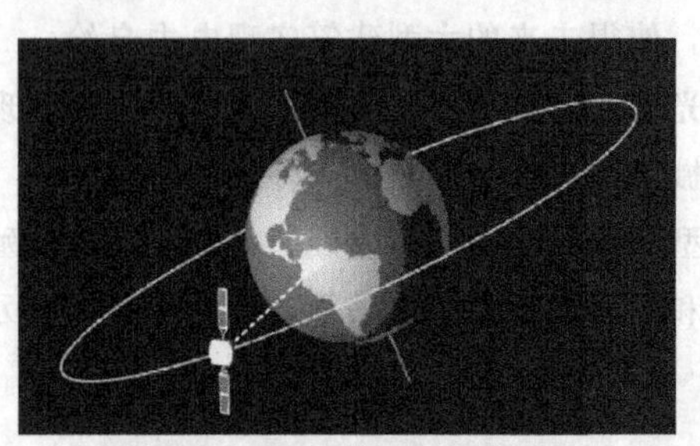

(a) 卫星

(b) 航天器

(c) 祝融号火星车

(d) 空间站

图 2-1-13　太阳能电池在太空领域的应用

（8）太阳能电池在其他领域的应用　太阳能光伏技术在电子商品及玩具方面广泛使用，包括太阳能收音机、太阳能钟、太阳能帽、太阳能手表、太阳能计算器、太阳能玩具车等。

三、太阳能电池器件设计要求

1. 主要设计内容

（1）太阳能光伏离网发电系统的设计：

① 学校体育馆光伏屋顶发电系统设计；

② 学校广场照明系统设计；

③ 学校灯光球场照明系统设计。

（2）基于太阳能电池供电的应用设计：

① 太阳能车载空调系统设计；

② 光伏水泵抽水系统设计；

③ 太阳能路灯系统设计；

④ 太阳能交通信号灯设计；

⑤ 太阳能帐篷设计；

⑥ 太阳能光伏充电车棚设计；

⑦ 太阳能杀虫灯设计；

⑧ 太阳能农业大棚设计；

……

2. 设计训练要求

（1）设计分小组进行，每个小组 3～5 人，从设计任务题目中任选 1 题或者自主选题。

（2）撰写设计报告书，要求内容翔实、文字简练通顺、层次分明、图表清晰、标题突出。

设计报告书内容包括：设计的目的及意义，所设计太阳能电池供电系统原理图、工作过程、系统组成器件选型关键参数的计算过程，参考文献等。

（3）设计报告书字数要求：2000～3000 字。

四、思考题

1. 简述太阳能电池的工作原理及特性。

2. 太阳能电池按照材料的不同分为哪几类？简述各自的特点和优缺点。

3. 简述太阳能电池发电的优缺点。

4. 太阳能光伏发电系统包括哪两个方面的设计？

五、参考文献

[1] Martin A Green. 太阳能电池工作原理、技术和系统应用 [M]. 狄大卫，曹昭阳，李秀文，等译. 上海：上海交通大学出版社，2010.

[2] 王文静. 太阳电池及其应用 [M]. 北京：化学工业出版社，2013.

[3] 肖立新，邹德春，王树峰，等. 钙钛矿太阳能电池 [M]. 北京：北京大学出版社，2016.

[4] 赵争鸣，刘建政，孙晓瑛，等. 太阳能光伏发电及其应用 [M]. 北京：科学出版社，2005.

[5] 杨金焕，于化丛，葛亮. 太阳能光伏发电应用技术 [M]. 北京：电子工业出版社，2009.

[6] 薛春荣，钱斌，姜学范，等. 太阳能光伏组件技术 [M]. 2 版. 北京：科学出版社，2015.

[7] 郭连贵. 太阳能光伏学 [M]. 北京：化学工业出版社，2012.

[8] 黄汉云. 太阳能光伏照明技术及应用 [M]. 2 版. 北京：化学工业出版社，2012.

实验二

燃料电池设计训练

一、实验目的

1. 掌握燃料电池的基本原理；
2. 掌握燃料电池的基本构造；
3. 掌握燃料电池关键材料知识；
4. 掌握核心器件的设计方法；
5. 能够根据给定条件完成燃料电池设计。

二、实验原理

在众多新能源中，氢能作为新能源具有能量密度高、绿色及可再生等特点，在实现碳中和的过程中将起到重要作用。而燃料电池，特别是以氢作为燃料的质子交换膜燃料电池（PEMFC），其能源转化效率理论上可高达83%，而且整个发电过程安静，产物为水，几乎没有污染物排放，具有可循环再生等优点。因此，燃料电池受到人们极大的关注，被认为是实现未来碳中和的重要抓手，西方发达国家纷纷投入巨资进行研发。

燃料电池也受到我国政府的高度重视，自"十一五"以来，已投入大量的资金进行研发，取得一些重要研究进展。其中，中国科学院大连化学物理研究所、武汉理工大学等院所，以及大连新源动力有限公司、上海神力科技有限公司等企业较早成为我国质子交换膜燃料电池的重要研发平台。自2000年以来，武汉理工大学长期开展了质子交换膜燃料电池研究，研发了基于三合一膜电极组件（CCM）的燃料电池膜电极，不仅实现了产业化，而且还大批量出口到美国等发达国家，成为全球六大膜电极生产基地之一，实现了燃料电池由瓦级到百千瓦级的技术提升，目前采用金属双极板电堆的体积功率密度已大于3kW/L。此外，还研发了多个型号的燃料电池轿车和中巴车等（图2-2-1）。

与国外特别是日本、美国和加拿大燃料电池技术相比，我国仍存在一定差距。以电堆为例，日本丰田汽车公司的Mirai燃料电池车的电堆体积功率密度已达到4kW/L水平，而我国仅为3kW/L左右。在耐久性方面，目前国际先进水平是5000h，而我国普遍在2000～

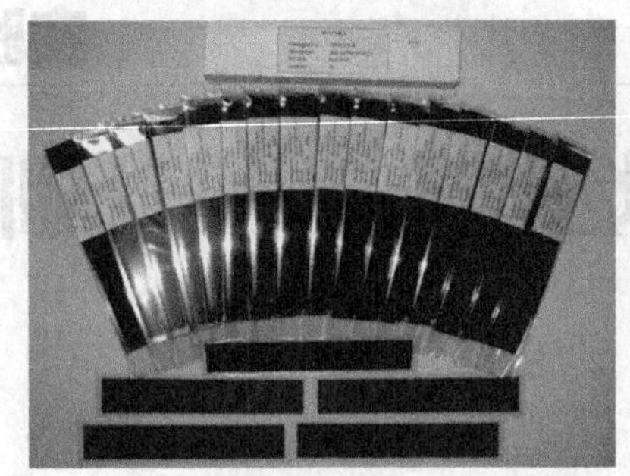

图 2-2-1　武汉理工大学研制的基于 CCM 的膜电极和燃料电池中巴车

3000h；在铂（Pt）催化剂用量方面，丰田的燃料电池车 Mirai 每辆车用铂 20g，约合 0.17g/kW，这与美国能源部（DOE）2020 年燃料电池汽车用铂量目标（0.125g/kW）已经很接近，而我国燃料电池车的铂用量普遍为 0.3～0.4g/kW 水平。

1. 燃料电池原理

燃料电池是一种将存在于燃料与氧化剂中的化学能直接转化为电能的发电装置。燃料和空气分别送进燃料电池，然后在催化剂催化作用下，在阳极和阴极分别发生氧化还原反应，将化学能直接转化为电能。对于一个氧化还原反应，如：

$$[O]+[R]\longrightarrow P \tag{2-2-1}$$

式中，[O] 代表氧化剂；[R] 代表还原剂；P 代表反应产物。

原则上可以把上述反应分为两个半反应，一个为氧化剂 [O] 的还原反应，另一个为还原剂 [R] 的氧化反应，若 e^- 代表电子，即有：

阳极反应 $$[R]\longrightarrow [R]^+ + e^- \tag{2-2-2}$$

阴极反应 $$[R]^+ + [O] + e^- \longrightarrow P \tag{2-2-3}$$

总反应 $$[R]+[O]\longrightarrow P \tag{2-2-4}$$

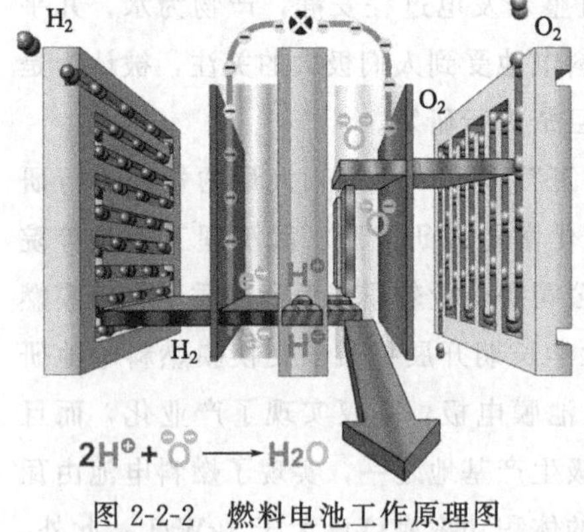

图 2-2-2　燃料电池工作原理图

以最简单的氢氧反应为例，对于电解质为阳离子交换型的氢燃料电池（如质子交换膜燃料电池、磷酸盐燃料电池等），如图 2-2-2 所示，在阳极侧，氢气经扩散到达阳极催化层，并在催化剂（通常为 Pt 基催化剂）的催化作用下发生氧化反应，氢气被分解为质子（H^+）和电子（e^-），并释放出热。电子由外电路经过负载流向阴极，质子则通过电解质传递到阴极催化层。在阴极侧，氧气（也可以是空气）进入阴极室并到达催化层，然后与阳极传递过来的质子和电子汇聚于催化剂表面发生氧还原反应。

阳极反应 $$H_2 \longrightarrow 2H^+ + 2e^- \tag{2-2-5}$$

阴极反应 $$1/2O_2 + 2H^+ + 2e^- \longrightarrow H_2O \tag{2-2-6}$$

总反应 $$H_2 + 1/2O_2 \longrightarrow H_2O \tag{2-2-7}$$

燃料电池与常规电池不同，它的燃料和氧化剂不是贮存在电池内，而是贮存在电池外部的贮罐中。当它输出电流并做功时，需要不间断地向电池内输入燃料和氧化剂并同时排出反应产物。因此，从工作方式上看，它更类似于常规的汽油或柴油发电机。由于燃料电池工作时要连续不断地向电池内送入燃料和氧化剂，所以燃料电池使用的燃料和氧化剂均为流体，即气体或液体。最常用的燃料为纯氢、各种富含氢的气体（如重整气）和某些液体（如甲醇水溶液）。常用的氧化剂为纯氧、净化空气等气体和某些液体（如过氧化氢和硝酸的水溶液等）。

燃料电池发电过程不涉及氢氧燃烧，因而不受卡诺循环的限制，能量转换效率高，发电时不产生环境污染和噪声污染，发电单元模块化，可靠性高，组装和维修都很方便。其优点包括：

（1）高效　燃料电池按电化学原理直接将化学能转化为电能，在理论上转化效率可达83%。但实际上，电池在工作时由于各种极化的限制，目前各类电池实际的能量转化效率均在40%～60%的范围内。若实现热电联供，燃料的总利用率可高达60%以上。

（2）环境友好　燃料电池可以富氢气体为燃料，富氢气体是通过矿物燃料来制取的。由于燃料电池具有高能量转换效率，其二氧化碳的排放量比热机过程减少40%以上，这对缓解地球的温室效应十分重要。由于燃料电池的燃料气在反应前必须脱除硫及其化合物，而且燃料电池是按电化学原理发电，不经过热机的燃烧过程，所以它几乎不排放氮的氧化物和硫的氧化物，减轻了对大气的污染。当燃料电池以纯氢为燃料时，它的化学反应产物仅为水，从根本上消除了氮的氧化物、硫的氧化物及二氧化碳等的排放。

（3）安静　燃料电池按电化学原理工作，运动部件很少。因此它工作时安静，噪声很低。实验表明，距离40kW磷酸燃料电池电站4.6m的噪声水平是60dB。而4.5MW和11MW的大功率磷酸燃料电池电站的噪声水平已经达到不高于55dB的水平。

（4）可靠性高　已商用的熔融碳酸盐燃料电池和磷酸盐燃料电池的运行均证明燃料电池的运行高度可靠，可作为各种应急电源和不间断电源使用。

然而，燃料电池也存在一些明显的不足。如对于质子交换膜燃料电池，需采用昂贵的Pt作为催化剂，导致电池成本居高不下，而且Pt基催化剂在燃料电池工作中会发生溶解、迁移、团聚或脱落，导致催化剂逐渐失活，降低了电池工作寿命。碱性燃料电池只能采用纯氧作为氧化剂，否则空气中的CO_2会与碱性电解质结合形成碳酸根离子或碳酸盐沉淀，严重影响电池性能。这些极大地限制了燃料电池的发展。磷酸盐燃料电池与熔融碳酸盐燃料电池需要在相对高的温度条件下工作，此时液体电解质的管理较困难。长期操作过程中，腐蚀和渗漏现象严重，降低了电池的寿命。固体氧化物燃料电池启动时间长，开机后需要长期的稳定运行，而且密封难度大。

2. 燃料电池构成

燃料电池主要由核心器件及其他部件组成。如图2-2-3所示，对于核心器件，主要有膜电极（MEA）和双极板（BP）。由于燃料电池所有的电化学反应均发生在MEA，因此，MEA又被称为燃料电池芯片。MEA主要由中间的聚电解质膜、两边的催化层及气体扩散层、密封件等构成。

其中，固体聚电解质膜主要是起传导离子的作用。催化层主要由金属催化剂和固体聚电

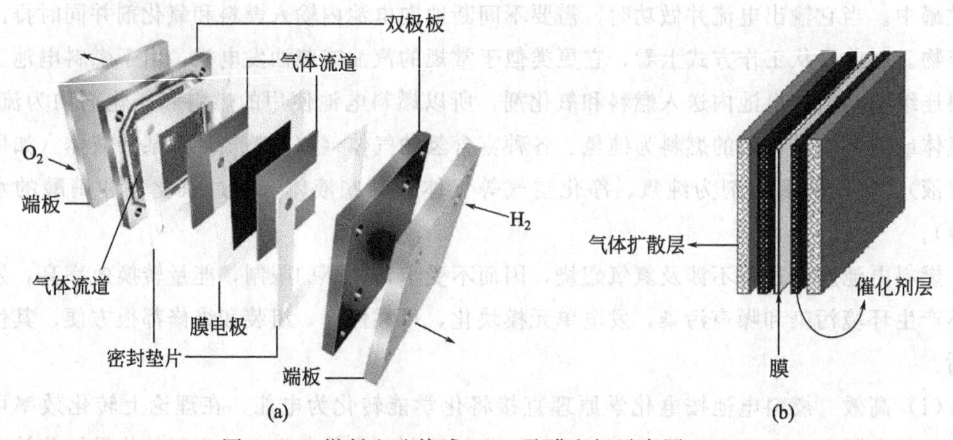

图 2-2-3 燃料电池构成（a）及膜电极示意图（b）

解质构成，对氢氧反应起到催化作用。气体扩散层基本上由表面涂敷有微孔层的碳纸构成，主要起到水气传输与分离的作用。密封圈通常为硅橡胶，主要起到防止水、气渗漏的作用。除了膜电极外，燃料电池的核心器件还包括双极板，其表面刻有沟槽，主要起到对流入反应气体的均匀分配及反应产物的输出作用。燃料电池其他部件还有端板、集流体和绝缘层等。端板主要起到集流及坚固电池的作用，而集流体则用于收集并对外输出电流，绝缘层主要是实现集流电与端面间的绝缘。

3. 燃料电池关键材料（以质子交换膜燃料电池为例）

（1）质子交换膜　目前常见的质子交换膜主要是全氟磺酸型质子交换膜（如 Nafion®系列膜），其价格较为昂贵。其次为新型复合质子交换膜和非氟聚合物质子交换膜（碳氢膜）等，其成本较低，但膜的寿命有限。

（2）催化剂　贵金属 Pt 及 Pt 基材料是目前最具有催化效率的催化剂，而且用量高，成为燃料电池成本高昂的一个重要原因。非贵金属催化剂研究已取得了一定进展，在碱性条件下其催化活性甚至高于贵金属 Pt 催化剂。但在酸性条件下，与 Pt 催化剂相比还有较大距离。

（3）气体扩散层材料　气体扩散层材质应用最多的是由聚丙烯腈（PAN）基碳纤维经无纺黏结而成的碳纤维纸（简称碳纸），厚度通常为 100～300μm。在燃料电池的实际应用过程中，为了防止水淹和加快反应气体的传递，还需要对碳纸进行 PTFE 疏水处理及附着水管理层。

（4）双极板　常见的双极板主要有石墨双极板、复合双极板和金属双极板等。从轻量化和提高电池体积/质量比功率考虑，金属双极板将是主要发展方向。但金属双极板表面容易发生化学腐蚀和电化学腐蚀，需要对双极板进行有效的镀层保护。

（5）密封件　燃料电池密封件应具有高化学稳定性和抗老化能力，一般以硅橡胶或氟橡胶等聚合物材料为主，此外，还包括聚烯烃类橡胶等材料。密封方式主要采用圈或垫形式。

（6）其他　由于端板需要有足够大的机械强度和刚度，通常选用不锈钢作为端板材料，而集流板一般选用铜板。通常采用适用于硬质金属接合且柔韧性较好的青稞纸及复合绝缘纸作为绝缘层。电池的紧固件包括螺栓紧固件和绑带紧固件等，前者由金属螺杆、螺母和垫片等组成，后者由钢带和弹簧垫圈等组成。

4. 燃料电池类型

按电解质的不同，燃料电池可划分为5种主要类型：质子交换膜燃料电池（PEMFC），包含直接甲醇燃料电池（DMFC）；碱性燃料电池（AFC）；磷酸盐燃料电池（PAFC）；熔融碳酸盐燃料电池（MCFC）；固体氧化物燃料电池（SOFC）（如表2-2-1所示）。质子交换膜燃料电池、碱性燃料电池、磷酸盐燃料电池通常在室温～220℃下运行，而熔融碳酸盐燃料电池和固体氧化物燃料电池一般在高温（650～1000℃）下运行。

表2-2-1　燃料电池类型

项目	质子交换膜燃料电池（PEMFC）	碱性燃料电池（AFC）	磷酸盐燃料电池（PAFC）	熔融碳酸盐燃料电池（MCFC）	固体氧化物燃料电池（SOFC）
电解质	固体聚合物质子导体	固体聚合物质子导体 碱性溶液	磷酸	熔融碳酸盐	氧化钇稳定的氧化锆陶瓷（YSZ）
燃料	氢/甲醇/甲酸/有机物	氢/醇	氢/沼气/煤气/天然气等	氢/煤气/天然气/生物燃料等	氢/煤气/天然气/生物燃料/煤等
氧化物	氧/空气	氧	氧/空气	氧/空气	氧/空气
催化剂	Pt基贵金属	贵金属/非贵金属（Ni、Ag）	Pt基贵金属	Ni或Ni合金	Ni基复合/YSZ
操作温度/℃	室温～100	80～120	150～220	约650	600～1000
转换效率/%	40～50	≤60	40～50	50～60	45～55

（1）质子交换膜燃料电池　常见的质子交换膜燃料电池主要有直接氢质子交换膜燃料电池、直接甲醇燃料电池及微生物燃料电池等。质子交换膜燃料电池的电解质为可传导阳离子的固体聚合物，通常是一些磺化高分子聚合物。其中最常见的是全氟磺酸离子聚合物（Nafion®），还有磺化聚醚醚酮（SPEEK）、磺化聚醚酮（SPEK）、磺化聚芳醚砜（SPES）等磺化芳香族聚合物，但较为少见。质子交换膜燃料电池具有操作温度低（室温～100℃）、启动速度快、能量转换效率高（40%～50%）等优势，而且采用氢作为燃料，反应产物仅为水，近乎零排放，具有清洁、环保和可循环利用等特点。因此，质子交换膜燃料电池具有非常广阔的应用场景，特别是在交通运输领域，具有较大的商业化前景。但质子交换膜燃料电池中的关键材料质子交换膜和催化剂成本较高，而且还存在稳定性差和催化剂易中毒等问题。

（2）碱性燃料电池　与质子交换膜燃料电池不同，碱性燃料电池（AFC）的电解质为碱性液体或固体碱性电解质，其在电解质内部传输的离子为氢氧根离子（OH^-）。碱性燃料电池是最早进入实用阶段和目前技术最成熟的燃料电池之一。与质子交换膜燃料电池相比，碱性电解液具有快速的反应动力学，因此碱性燃料电池可获得很高的能量转换效率。由于快速的氧还原反应，碱性燃料电池还可使用Ag或Ni替代Pt作为催化剂，加上使用廉价的电解液作为电解质，故该类型电池的生产成本相对较低。但碱性电解液具有高腐蚀性，循环电解液的利用增加了泄漏的风险。此外，还需要一个控制体系保持电解质浓度恒定。这些都会造成碱性燃料电池系统的复杂化，成本增高。

(3) 磷酸盐燃料电池　磷酸盐燃料电池的电解质为吸附于 SiC 上的 85% 的浓磷酸，其阴阳极上的反应以及总反应与质子交换膜燃料电池相同。由于磷酸盐燃料电池工作温度（150～220℃）要比质子交换膜燃料电池和碱性燃料电池的工作温度要高（表 2-2-1）。因此，其阴极上的氧还原反应速率较快。同时，由于工作温度高，其催化剂具有耐毒化的能力。因此，可以采用沼气、煤气、天然气等燃料重整制氢对磷酸盐燃料电池进行供氢。这些优点使磷酸盐燃料电池更能适应各种工作环境。但这种电池仍然需要使用 Pt 作为电催化剂，使电池成本难以降低；而且，在高温条件下，Pt 催化剂容易发生团聚；此外，磷酸也会有漏液问题。

(4) 熔融碳酸盐燃料电池　熔融碳酸盐燃料电池电解质为熔融碳酸盐，一般为碱金属 Li、K、Na、Cs 的碳酸盐混合物，隔膜材料是 $LiAiO_2$。该电池是一种高温电池（约 650℃），具有反应快、效率高（可高达 60%）、对燃料的纯度要求相对较低、燃料多样化（氢气、煤气、天然气和生物燃料等）、余热可以充分利用和电池构造材料价廉等诸多优点。但是，熔融碳酸盐燃料电池的 Li_2CO_3/K_2CO_3 混合电解质在使用过程中会烧损和脆裂。在高温条件下，长期运行过程中，液体电解质腐蚀和渗漏现象严重，降低了电池的寿命。

(5) 固体氧化物燃料电池　固体氧化物燃料电池是指使用氧化钇稳定的氧化锆（YSZ）等固体氧化物为电解质的燃料电池。由于固体氧化物在低温下氧电导率较低，该类型电池只能在 600～1000℃的高温下工作。由于工作温度高，因此该类型燃料电池催化剂的催化效率高。由于催化剂无须采用贵金属，而且可以直接采用天然气、煤气和烃类化合物作为燃料，这类电池成本较低。但由于操作温度较高，会因陶瓷体及金属联结体等电池组件的剧烈热胀冷缩导致电池爆裂和机械失效。

5. 燃料电池应用

燃料电池作为电池的一种，具有常规电池的基本特性，即可由多台电池按串并联的组合方式向外供电。因此，燃料电池既适宜用于集中发电，也可用作各种规格的分散电源和可移动电源。

质子交换膜燃料电池工作温度低、转化效率高、功率密度高、可快速启动且环境友好，并可按负载要求快速改变输出功率，是中小型电站、固定式（如通信基站）主备用电源、家用热电联供系统、电动车、不依赖空气推进的潜艇及飞行器的最佳动力源（图 2-2-4～图 2-2-6）。以甲醇为燃料的直接甲醇型燃料电池用于单兵电源、笔记本电脑电源及小型便携式电源等（图 2-2-7）。

以 KOH 为电解质的碱性燃料电池是最早获得应用的燃料电池，曾作为 Apollo 登月飞船的主电源（图 2-2-8），此外，在潜艇中也得到了应用。这些证明了碱性燃料电池的高效、高比能量和高可靠性。然而，碱性燃料电池的最大缺点是对燃料纯度要求太高而且不能使用含 CO_2 及 CO 的燃料气，从而限制了这类电池在地面上的应用。

以磷酸为电解质的磷酸盐燃料电池已相对成熟，主要用作分布式电站，并实现了商业化应用。至今，已有上百台美国 UTC 公司的 PC25（200kW）磷酸盐燃料电池作为分散电站在世界各地运行（图 2-2-9）。通常容量在 10～20MW 之间的，可安装在配电站；容量在 100MW 以上的，可以用于中等规模热电厂。该类型燃料电池可靠性好。

图 2-2-4　质子交换膜燃料电池汽车

图 2-2-5　质子交换膜燃料电池备用电源（美国 Relion 公司，装备有武汉理工大学膜电极）

图 2-2-6　德国 U214 型质子交换膜燃料电池潜艇

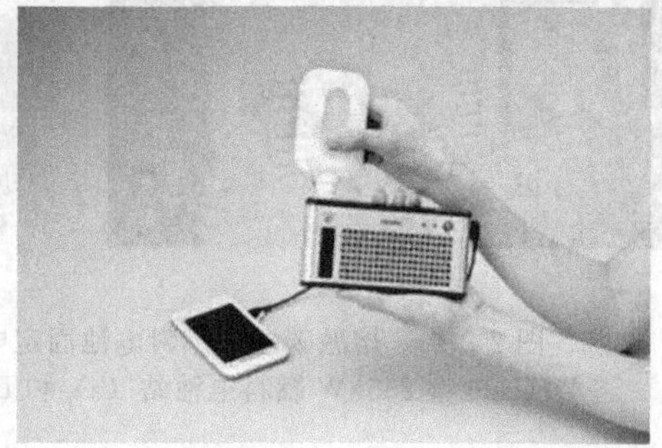

图 2-2-7　直接甲醇燃料电池作为移动电源

图 2-2-8 碱性燃料电池作为航天飞行器的电源

(a)

(b)

图 2-2-9 磷酸盐燃料电池固定电站：Toshiba-UTCPC25 型 200kW 燃料电池（a）；富士电工 100kW 燃料电池（b）

熔融碳酸盐燃料电池可采用净化煤气或天然气作燃料，适宜于建造区域性分散电站。将它的余热发电与利用均考虑在内，燃料的总热电利用效率可达 60%～70%。目前，熔融碳酸盐燃料电池在美国等国家已经进行了兆瓦级大规模的示范和应用，寿命基本上在四万小时以上（图 2-2-10）。韩国建成世界上 59MW 的电站，已经开始在韩国京畿道的工业园区示范应用。

(a)

(b)

图 2-2-10 熔融碳酸盐燃料电池固定电站：美国 FuelCell Energy 公司 DFC300 型 255kW 燃料电池站（a）和 DFC 3000 型 2.8MW 燃料电池（b）

由于高温型燃料电池产生出电能之前需要较长的加热过程，因而这种燃料电池不能应用于要求在短时间内频繁启动的各种实用装置。因此，固体氧化物燃料电池可与煤的气化构成联合循环，特别适宜于建造大、中型电站（图 2-2-11）。如将余热发电也计在内，其燃料的总效率可达 70%～80%。

(a)

(b)

图 2-2-11　固体氧化物燃料电池：Siemens Westinghouse 型的 100kW（a）和 220kW 燃料电池（b）

三、燃料电池设计训练要求

1. 主要设计内容

在了解燃料电池的工作原理、器件及相关材料的功能后，可着手进行燃料电池的设计。对于不同类型燃料电池，其反应机制及结构会有微小差别，在设计时需要统筹考虑。

（1）燃料电池的基本原理　掌握各种燃料电池类型，特别是目前研究最为广泛的质子交换膜燃料电池（PEMFC）的工作原理。

（2）燃料电池单电池的构成　掌握燃料电池的结构及组成，包括器件及关键材料。对于核心器件，主要有膜电极（MEA）和流场板（双极板）等；关键材料则有聚电解质膜、催化剂、碳纸、双极板、密封材料及端板等。其中，由于膜电极和流场板等器件的重要性，需要对其进行单独设计。

（3）膜电极设计　膜电极是燃料电池电化学反应的重要场所，是燃料电池的核心。因此，膜电极的好坏直接决定了燃料电池的性能。膜电极设计主要包括组成设计、结构设计及尺寸设计等，具体设计需要参考燃料电池类型、燃料类型、电池用途及工作环境等。

（4）燃料电池流场设计　燃料电池运行过程中，都会伴随着水气两相流，即流体中同时存在着液态水（液态燃料）和反应气体（如氢气、氧气或空气，以及反应后产生的气体，如 N_2、CO_2 等）。这就要求双极板的流场设计能够快速、均匀地实现两相流的传输。

2. 关键技术

燃料电池是一个多尺度、动态复杂系统，燃料电池设计具有系统性和复杂性，需要熟悉并掌握燃料电池专业知识，对燃料电池有一个系统、整体了解。

燃料电池反应原理虽然简单，但实现燃料电池高效发电，需要对燃料电池进行细致的设计，包括水管理、热管理、气管理、三相界面设计及膜电极和流场设计等。细节决定成败，如果缺失其中的一环，燃料电池就不能发电或发电效率低下。

3. 设计原则与步骤

主要采用先整体后细节的方法。具体设计步骤如下：

(1) 燃料电池宏观设计

a. 燃料电池反应过程及工作原理图设计。图中应包含反应物、反应产物、反应热的排出，在阴极与阳极间穿梭的离子（质子或氢氧根）及外电路电子的迁移，另可考虑阴极增湿的情形。

b. 燃料电池结构图设计。图中应包含离子交换膜、阴阳极（催化层）、气体扩散层、流场板、密封件、绝缘层、端板、外电路、负载等部分。重点标出膜电极的构成，包括离子交换膜、催化层、气体扩散层（气体扩散层由多孔碳纸和微孔层构成，其中微孔层又由炭黑和聚四氟乙烯混合物构成）。

(2) 燃料电池核心器件设计

a. 膜电极设计。膜电极（MEA）是燃料电池的最核心部件，根据组件的不同及需要，可分别有 MEA7、MEA5 及 MEA3（CCM）三种类型（图 2-2-12）。设计过程不可缺少固体电解质膜及其两边的催化层。通常示意图中膜电极的阴、阳极严格来说结构是不对称的。这是因为阳极催化与阴极催化相比，其反应动力学快，Pt 需求量少，催化层相对较薄。此外，由于阴、阳极两侧水含量不同，微孔层的厚度也会有一定差别。

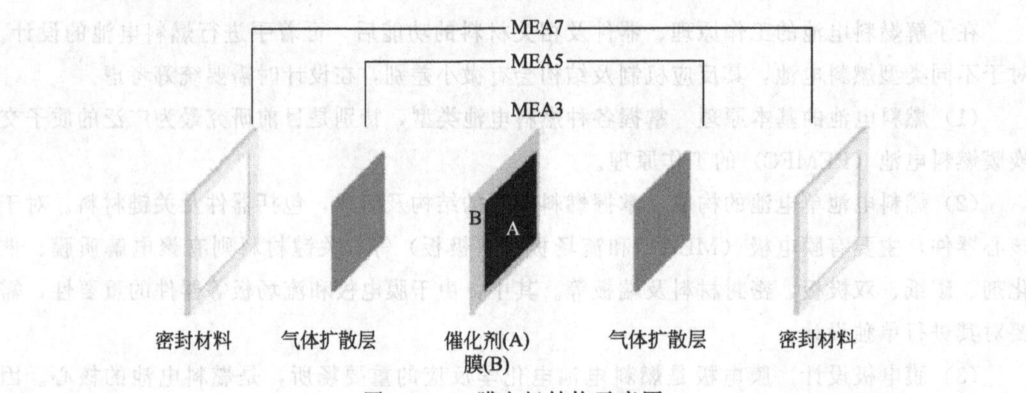

图 2-2-12 膜电极结构示意图

本设计主要针对质子交换膜燃料电池。膜电极电化学活性面积统一规定为 $25cm^2$（5cm×5cm），即催化层面积为 $25cm^2$，中间的膜要比催化层宽出 1～2cm。为了便于密封框密封，气体扩散层尺寸与催化层相同。膜通常选用杜邦公司的 Nafion 系列产品。对于氢燃料电池，通常选用 Nafion 112 膜（厚度为 50μm）或 111 膜（厚度为 25μm）；对于直接甲醇燃料电池，为了减少甲醇溶液渗透，通常选用较厚的 Nafion 117 膜（厚度为 175μm）。

对于氢燃料电池，所使用的阴极和阳极催化剂均为商业 Pt/C 催化剂。其中，Pt 为纳米颗粒，粒径为 2～6nm，担载在纳米炭黑颗粒（平均粒径为 40～50nm）表面，Pt 载量为 20%（质量分数）。对于直接甲醇燃料电池，其阳极催化剂为有抗 CO 中毒功能的 PtRu 合金，阴极催化剂为 Pt/C。除了 Pt 金属催化剂，催化层还需要加入全氟磺酸树脂（如 Nafion）作为质子导体，以构建更多的三相界面。通常，Pt/C 与全氟磺酸树脂用量为 3∶1。

由于氧还原反应动力学较氢氧化反应缓慢，因此阴极侧的 Pt 用量通常为阳极侧的 3～5 倍。气体扩散层由经 PTFE 疏水的碳纸和水管理层构成，以便进行有效的水气分离与运输。

b. 流场设计。主要是设计双极板表面的流场图。应以尽量降低压差、提高可加工性及简单实用为原则。如图 2-2-13 所示，流场的开槽率、槽的宽度与深度及岸的宽度、流场的形状（如直通形、蛇形、交指型等流道）及气体（包含水）的设计通常与额定工况下工作电流密度和电压要求及电压降、水热管理等实验参数有关。

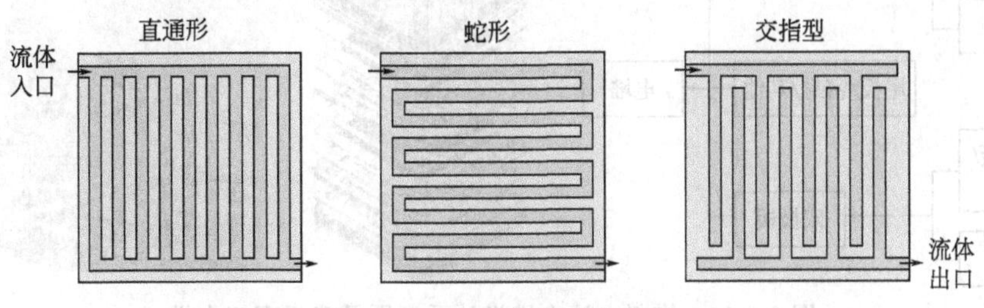

图 2-2-13　双极板流道设计图

研究表明，双极板的槽宽、槽深通常分别为 0.4～1.0mm、0.4～0.8mm，而且槽与岸的宽度基本相同。流场形状的选择取决于风机能提供的压力及水热管理等工况。对于直通流道，由于压降小，风机能耗小，但液态水不容易排出器件，会导致堵水现象发生。对于蛇形流道，其流道较曲折，压降大，有利于水排出，但风机能耗大。交指型流道由于进口和出口通道的末端是封闭的，迫使反应物气体依靠强制对流向周围流道扩散，有利于提高气体利用率和带走大部分扩散层中滞留的水分，降低了膜电极水淹的可能性，但强制对流也会带来很大的压降损失。此外，还应该考虑到，直通流道由于反应气体输运距离较短，会使一些燃料还未来得及扩散到气体扩散层中就被排出，导致燃料电池效率降低。而蛇形流道气体通道较长，燃料的利用率会有一定程度的改善。这就需要设置好氢气/空气的过量系数（实验条件下，氢气过量系数通常为 1.5，空气为 2～2.5）。

对于甲醇或乙醇燃料电池，进入阳极端的燃料主要是液体，排出的是 CO_2 和水。甲醇或乙醇燃料电池由于体积较小，通常不使用风机来提供入口压力，而是通过自呼吸来排水，在流道设计上应考虑更加容易排水的方案。

(3) 燃料电池单电池组装　以质子交换膜燃料电池为例，将上述设计好的单个膜电极、流场板等核心器件，密封件、集流板、绝缘片和端板等与其他部件进行组装就可以获得燃料电池单电池。单电池的主要作用是对研发的核心器件及其他相关材料的性能进行测试和技术验证。单电池活性面积通常为 $25cm^2$，流场板流道可以采用直流道或蛇形流道，或二者相结合的方案。可选聚四氟乙烯材质作为密封框，选用铜板作为集流体，选用柔韧性较好的青稞纸作为绝缘层，不锈钢作为端板材料。通过紧固件紧固电池后对电池进行检漏，然后将燃料电池放到电池测试台架进行测试。

(4) 燃料电池堆设计　电堆作为燃料电池对外功率输出的核心，其成本约占燃料电池系统总成本的 40%～62%。所以，电堆的设计与开发对燃料电池推广应用至关重要。在设计之前，首先要考虑燃料电池的具体应用场景（如燃料电池车）及性能指标，以确定燃料电池电堆设计的边界条件。然后，开展电堆的详细设计过程，包括模拟计算、燃料电堆各组件

（端板、集流板、绝缘板、密封件、双极板、气体扩散层、MEA及紧固件）的选材、尺寸以及膜电极数量、电堆封装方式等（图 2-2-14）。电堆设计者应深谙燃料电池原理和相关部件的属性或性能，能通过模拟计算结果优化电堆设计，同时控制成本，并综合考虑工艺的可实施性。

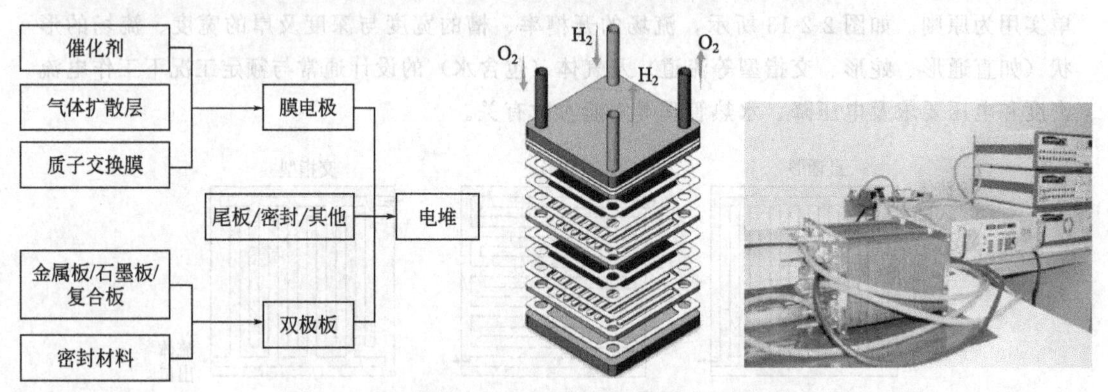

图 2-2-14　燃料电池电堆设计示意图及武汉理工大学实际组装的 5kW 质子交换膜燃料电池电堆

（5）负载设计　根据燃料电池的类型及用途（如燃料电池电动汽车、摩托车、自行车、移动电源、固定电站、飞行器、照明、备用电源等）选择适合其应用的负载。

以燃料电池驱动的电动车为例，将燃料电池（堆）放入到上述汽车中，作为发电机提供电力（图 2-2-15）。由于燃料电池发电是直流电，因此需要进行 DC-AC 转换及调高电压为负载供电。此外，燃料电池要想成为发电机，原则上除了燃料电池堆，还需要考虑辅助系统，如氢循环系统、空气循环系统、水热管理系统及电控系统等。

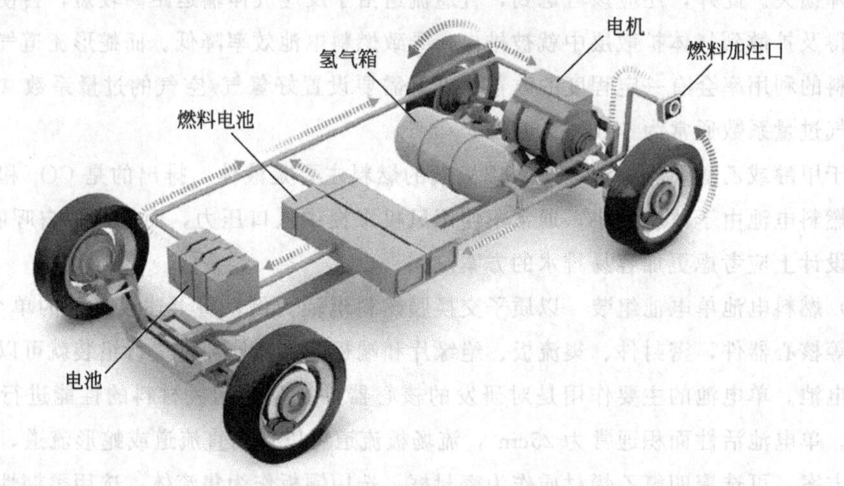

图 2-2-15　燃料电池电动车设计

4. 设计训练要求

（1）设计分小组进行，每个小组 3～5 人，从设计任务题目中任选 1 题。

（2）按照分配的设计任务，独立思考，按时完成课程设计报告书（说明书/使用书）及图纸。

（3）设计报告书字数要求：2000～3000 字。

四、思考题

1. 燃料电池类型，除了按电解质和电池工作温度划分，还有哪些划分方法？

2. 燃料电池与锂离子电池相比有什么优缺点？作为电动车，未来你看好哪一种动力源？

3. 实验室现有充足的膜电极，其功率密度为 1.0 W/cm^2，催化剂活性面积为 $200cm^2$（10cm×20cm），Pt 载量为 0.4mg/cm^2（阴极为 0.3mg/cm^2，阳极为 0.1mg/cm^2）。现有充足的带有水管理层（微孔层）的气体扩散层，带蛇形流场的金属双极板，以及密封件和端板等部件。如果你接到研制 1kW 以氢为燃料的质子交换膜燃料电池任务，请设计一个 1kW 的燃料电池堆。

五、参考文献

[1] 衣宝廉. 燃料电池：原理·技术·应用 [M]. 北京：化学工业出版社，2003.

[2]（日）石井宏毅. 图说燃料电池原理与应用 [M]. 北京：科学出版社，2003.

[3]（美）詹姆斯·拉米尼，安德鲁·迪克斯. 燃料电池系统：原理·设计·应用 [M]. 北京：科学出版社，2006.

[4]（美）奥海尔，等. 燃料电池基础 [M]. 北京：电子工业出版社出版，2007.

[5]（美）Colleen S. Spiegel. 燃料电池设计与制造 [M]. 北京：电子工业出版社，2008.

[6] 章俊良，蒋峰景. 燃料电池：原理·关键材料和技术 [M]. 上海：上海交通大学出版社，2014.

[7] 曹殿学，王贵领，吕艳卓. 燃料电池系统 [M]. 北京：北京航空航天大学出版社，2019.

[8] 钱斌，王志成. 燃料电池与燃料电池汽车 [M]. 2 版. 北京：科学出版社，2021.

实验三

新型储能器件设计训练

一、实验目的

1. 掌握新型储能器件的基本知识、工作原理及其特性；
2. 了解储能器件的制造技术，掌握典型器件的基本结构；
3. 掌握电化学储能器件的设计方法、系统的组成；
4. 能够根据给定条件确定关键参数，设计出合理的典型器件。

二、实验原理

1. 新型储能器件概述

随着现代文明的不断发展，人类对能源的需求不断增加，能源供应系统中能量转换和能量存储两大主要组成部分需要具有更加可靠、廉价、高效和环境友好等特点，也是目前人类生存，科技发展，文明进步所面临的主要问题。在过去的半个世纪内，小到便携式储电器件，再到生活必需各类型二次电池，甚至于超大规模的储电系统，都在储能方面取得了飞跃式的发展，尤其是在超级电容器和锂离子电池方面，让人耳目一新。

锂离子电池是一种兼具高能量密度和高功率密度，同时不失优异的循环稳定性的储能器件。同样，超级电容器也因为其优点而备受关注。然而传统的锂离子电池和超级电容器都是刚性的，而且实际应用的锂离子电池质量较大，同时二者的电极制备也都是采用活性材料、导电剂、黏合剂混合涂抹干燥压片的方法，容易造成电极材料和集流体分离，影响电化学性能，甚至剥落的电极材料会渗透分离导致短路和热流失，从而产生严重的安全隐患。

然而，现代社会中高科技产品的设计对储能器件不仅仅满足于提高容量这一单纯的要求，还需要实现柔性、可弯折、可折叠、可拉伸的功能，同时还要考虑资源丰富性、安全性、环境友好性等一系列问题。所以，对储能材料与器件的探索还要继续深入，同时发展其他资源丰富以及环境友好的储能系统也是必要的。

2. 新型储能器件的分类及其工作原理

(1) 锂离子电池　锂离子电池是一种可充电电池，由三个部分组成：正极、负极、电解质。其主要依靠锂离子在正极和负极之间移动来工作。其反应机理如图 2-3-1 所示，在充放电过程中，Li^+在两个电极之间往返嵌入和脱出：充电时，Li^+从正极脱出，经过电解质，嵌入负极，负极处于富锂状态；放电时则相反。

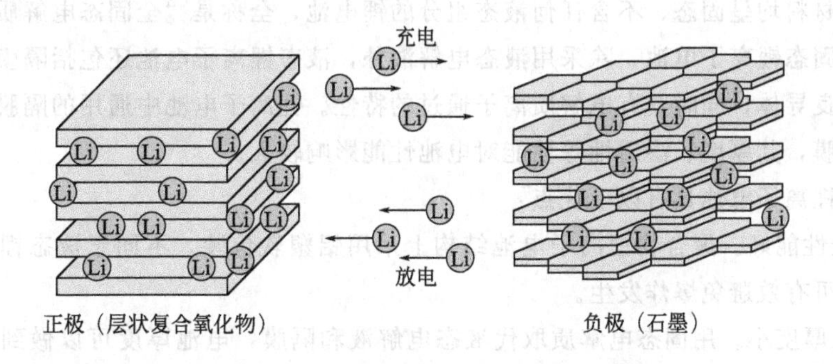

图 2-3-1 锂离子电池工作原理示意图

锂离子电池按照外形分类，可分为纽扣式、方形和圆柱形（图 2-3-2）。电池的外形尺寸、重量是锂离子电池的重要指标，直接影响电池的特性。

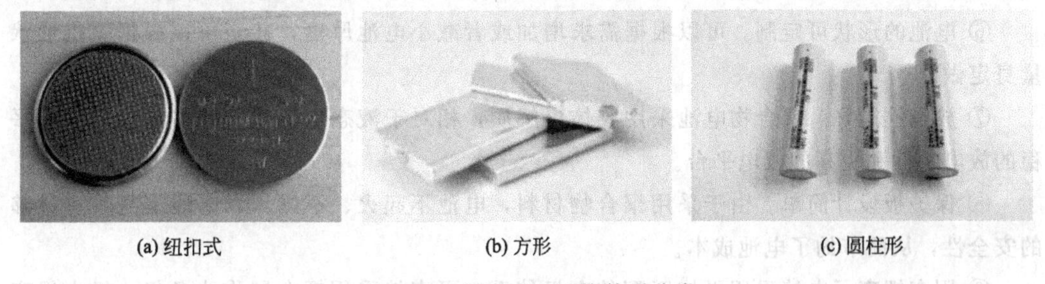

图 2-3-2 锂离子电池按外形分类

圆柱形的型号用 5 位数表示，前两位表示直径，后两位表示高度，如 18650 型，即 $\phi18\times65$；方形的用 6 位数字表示，前两位为电池厚度，中间两位为电池的宽度，最后两位为电池的长度，如 083448，即 $8\times34\times48$。

电解质可用固态、胶态高分子电解质或液态电解液。根据电解质形态不同，锂离子电池可分为固态锂离子电池和液态锂离子电池（见图 2-3-3）。

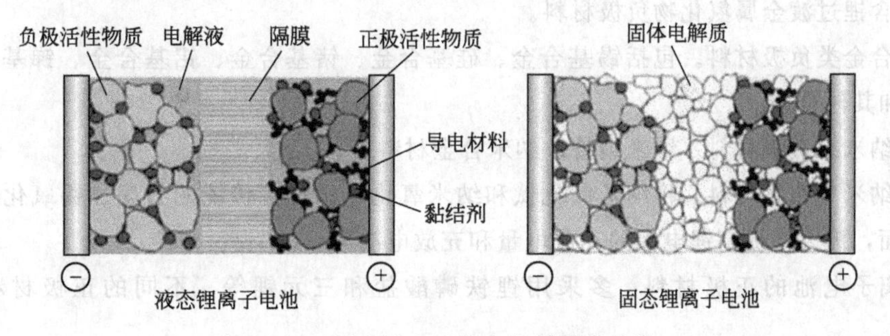

图 2-3-3 锂离子电池按电解质形态分类

固态锂离子电池即通常所说的聚合物锂离子电池，是在液态锂离子电池基础上开发出来的新一代电池。聚合物锂离子电池的主要构造中至少有一项或一项以上采用高分子材料，目前常用于电解质或正极材料。其中“全固态锂电池”是一种在工作温度区间内所使用的电极和电解质材料均呈固态、不含任何液态组分的锂电池，全称是“全固态电解质锂电池”。

不同于固态锂离子电池，除采用液态电解液外，液态锂离子电池还包括隔膜组分。隔膜是电子的非良导体，同时具有电解质离子通过的特性。锂离子电池中通用的隔膜是聚丙烯和聚乙烯微孔膜，其厚度、渗透性等性能对电池性能影响较大。

聚合物锂离子电池具有以下优点：

① 安全性能好。聚合物锂离子电池结构上采用铝塑软包装，不同于液态锂离子电池的金属外壳，可有效避免爆炸发生。

② 电池厚度小。用固态电解质取代液态电解液和隔膜，电池厚度可以做到1mm以下，符合时尚手机的需求方向。

③ 重量轻。其重量相较于相同容量规格的钢壳锂电池轻40%，较铝壳电池轻20%。

④ 电池容量大。聚合物电池较同等尺寸规格的钢壳电池容量高10%～15%，较铝壳电池高5%～10%。

⑤ 内阻小。内阻可以做到35Ω以下，可以极大降低电池的自耗电，延长待机时间。

⑥ 电池的形状可定制。可以根据需求增加或者减小电池厚度，甚至可以根据手机形状量身定做。

⑦ 放电性能好。聚合物电池采用胶体电解质，相对于液态电解质，胶体电解质具有平稳的放电特性和更高的放电平台。

⑧ 保护板设计简单。由于采用聚合物材料，电池不起火、不爆炸，电池本身具有足够的安全性，从而节约了电池成本。

⑨ 固态锂离子电池采用更加匹配的电极体系，可直接采用锂金属作为负极，极大提高电池的能量密度。

锂离子电池的负极材料包括：

① 碳负极材料。实际用于锂离子电池的负极材料基本上都是碳素材料，如人工石墨、天然石墨、中间相碳微球、石油焦、碳纤维、热解树脂碳等。

② 锡基负极材料。锡基负极材料可分为锡的氧化物和锡基复合氧化物两种。锡氧化物是指各种价态金属锡的氧化物。

③ 含锂过渡金属氮化物负极材料。

④ 合金类负极材料。包括锡基合金、硅基合金、锗基合金、铝基合金、锑基合金、镁基合金和其他合金。

⑤ 纳米级负极材料。纳米碳管、纳米合金材料。

⑥ 纳米氧化物材料。将纳米氧化钛和纳米氧化硅添加在传统的石墨、锡氧化物或碳管纳米里面，极大地提高锂电池的充放电量和充放电次数。

锂离子电池的正极材料：多采用锂铁磷酸盐和三元锂等。不同的正极材料对照见表2-3-1。

表 2-3-1 锂离子电池部分正极材料的工作电压和能量数据

正极材料	电压（*vs.* Li^+/Li）/V	理论比容量/（A·h/kg）
$LiCoO_2$	3.7	273
$Li_2Mn_2O_4$	3.7	148
$LiFePO_4$	3.2	170
$Li_xMn_2O_4$	2.8	210
V_2O_5	2.7	440
$LiNi_{0.8}Co_{0.1}Mn_{0.1}O_2$	3.5	280

目前主要的锂离子电池中，主要考量依据是重量容量或者体积容量，在有些地方忽视了其他重要的性能参数，比如说环保性。如果电池本身带有有毒有害的元素，那么即便是能量密度再高，也是要慎之又慎地去使用和应用。从目前来看，最为重要的是提高单体能量密度的同时，兼顾安全性和环保性。

锂离子电池的优点在于：

① 容量大，工作电压高，更能适应长时间的通信联络。

② 荷电保持能力强，允许工作温度范围宽，高温放电性能优于其他各类电池。

③ 循环使用寿命长，具有长期使用的经济性。

④ 安全性高、可安全快速充放电。

⑤ 无记忆效应，可重复使用。

⑥ 体积小、重量轻、比能量高。

但是锂离子电池也具有以下缺点：

① 内部阻抗高。由于电解液多采用有机溶剂，其电导率相对于水溶液电解液低。

② 工作电压变化大，但同时有利于检测剩余电量。

③ 成本高，须特殊的保护电路，防止过充。

④ 与一般电池的相容性差。

目前商用化的锂离子电池由于采用了可燃的有机物作为液体电解质，其在电池滥用及发生事故导致热失控的情况下存在重大安全隐患。采用固态电解质替代有机可燃液体电解质是未来锂离子电池发展的一个主流趋势，但如何解决固态替换液态电解质所带来的一系列科学和技术问题，仍是一个巨大挑战。

（2）超级电容器　超级电容器是一种新型的电能存储器件。与传统电容器相比，超级电容器具有更高的比电容；而相对于二次电池，则具有更高的比功率，可瞬间释放特大电流。所以超级电容器在各种储能领域（例如风力发电、储能轨道客车以及混合动力客车的启动系统等）都得到了很好的应用，已成为国内外清洁能源的研究热点。

自 1740 年，莱顿瓶的出现标志着电容器储能的开始。1879 年，亥姆霍兹发现了金属电极表面的离子分布状态，随后 Gouy-Chapman-Stern 提出双电层模型。1971 年，Conway 发现了“赝电容”（见图 2-3-4）。而后，20 世纪 90 年代初期，超级电容器作为研究热点引起了世界各国的广泛关注，具有更高能量密度的非对称电容器和混合型超级电容器应运而生。

2000年以后，对于超级电容器的研究进一步发展深入，研究成果层出不穷，使其成为储能领域的重要部分崭露头角，具有广阔的发展前景。

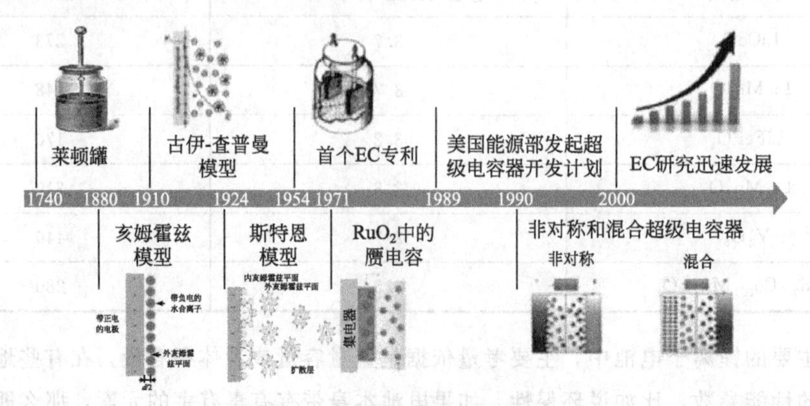

图 2-3-4　超级电容器发展史

从储存机理上看，超级电容器可主要分为双电层电容器（简称 EDLC）、法拉第赝电容器两类。法拉第电容比双电层电容要大很多，而双电层电容的循环稳定性更为出色。目前，一般的超级电容器的电容会同时包含双电层电容和法拉第电容，以结合两者优点。

① 双电层电容器。双电层电容由正、负极化电极和电解质组成，其中两极化电极为离子和电子混合导体，电解质为离子导体。电极和电解液之间形成的界面双电层用以存储能量。双电层理论认为，当对电极施加电场后，电极表面便会从溶液中吸附阴、阳离子，这些离子在电极表面形成了界面双电层结构，从而产生电容效应。

当导电的电极材料浸没在导离子的电解质中时，在充电过程中，电解液中的离子（即阳离子和阴离子）与符号相反的同浓度电荷被物理吸附在电极与电解质的界面附近，电容存储在电极材料与电解液之间定向分布的电荷中；在放电过程中，离子从电极表面脱附，返回到电解液中。

双电层超级电容器材料应具有高比表面积、高电子电导率、化学稳定性好等特点。一般来讲，双电层超级电容的电极材料主要是碳基材料，包括活性炭、纳米级碳、石墨烯等。其中，活性炭已是应用最广泛的电容器电极材料。

碳基材料作为电容器电极材料的优势在于它们具有高电子电导率，电化学稳定性和热稳定性好，具有开放的多孔结构，比表面积高，此外因储量丰富而成本低廉。碳基材料中石墨烯具有层状结构，在保留活性炭原有优势的同时进一步提高了材料的电导率，是极佳的双电层电容器材料。

但由于碳基材料的表面利用率低及孔隙分布不均等问题，造成其比电容低，需要通过改善工艺路线等方式，开发出具有孔隙均匀、分散性好、润湿度高的碳基材料。此外，碳基材料作为电容器电极材料时，能量密度低是目前实际生产应用的瓶颈，需要通过扩大材料比电容、扩大电解液电化学窗口等方式加以改善。

② 法拉第赝电容器。赝电容也称法拉第电容，主要是通过在外加电压作用下，电解液中的离子在材料表面吸附/脱附或嵌入/脱出的过程中与材料发生快速的氧化还原反应，从而引起材料价态的转变，通过电荷转移以实现能量储存（见图 2-3-5）。赝电容不仅在电极表

面，而且可在整个电极内部产生，因而可获得比双电层电容更高的电容量和能量密度。在相同电极面积的情况下，赝电容可以是双电层电容量的10～100倍。

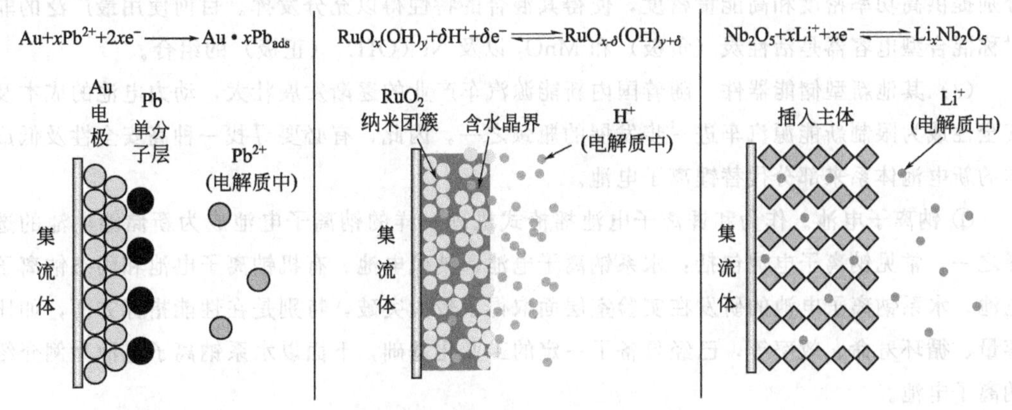

图 2-3-5 法拉第赝电容器原理图

目前赝电容电极材料主要为一些金属氧化物和导电聚合物。在金属氧化物电极材料方面，主要使用的是一些过渡金属氧化物，如MnO_2、V_2O_5、RuO_2、IrO_2、NiO_2、WO_3、PbO_2、Co_3O_4和$SrRuO_3$等。另外，过渡金属的硫化物也可用于超级电容器电极。而导电聚合物是一种常见的电导率和电化学活性比较高的赝电容器电极材料，其主要包括聚吡咯(PPy)、聚苯胺（PANI）、聚噻吩（PTh）及其衍生物。

金属氧化物作为电容器电极材料时，由于金属氧化物在适当的电压窗口下会发生快速可逆的氧化还原反应，但不涉及相变和结构不可逆的转化，反应速率快，有着高电容和高能量密度，其理论比容量和能量密度方面是碳材料的10～100倍。而且，电化学性能稳定，有着优良的循环稳定性。金属氧化物基电容器目前研究最为成功的电极材料主要是氧化钌。但同时，由于贵金属的资源有限、成本过高，因而贵金属氧化物的使用受到一定限制。寻找较廉价的材料降低成本是金属氧化物电容器的研究内容之一。此外，金属氧化物本身电子传导性较差，导致其速率性能无法满足高功率密度的需要。

相比于金属氧化物，金属硫化物有着更高的导电性和电化学活性。然而，金属硫化物在大电流密度下反应速率较慢，循环稳定性不佳。

导电聚合物在1976年被发现，而被应用于超级电容器则是始于20世纪90年代中期。其主要原理是在充放电过程中，掺杂产生的氧化-还原反应使电荷高效率地储存于超级电容器的聚合物电极上。导电聚合物作为电容器电极材料时，储量丰富、成本较低、易于合成，适合大规模生产。同时，导电聚合物种类繁多，能为不同种类的电容器提供更多选择。但是需要注意到，电荷进入导电聚合物内部发生反应，由于在充放电过程中伴随着导电聚合物链条持续溶胀和收缩过程，通常导致离子载体扩散能力不足，循环稳定性较差，功率密度较低，阻碍其实际应用。

③ 混合型电容器。混合型超级电容器的存储机制主要是由双电层电容器和法拉第赝电容器的机制相结合。双电层电容器和法拉第赝电容器互相弥补了彼此的限制特性，因而这类组合具有更高的工作电位和电容量，能量密度是传统电容器、双电层电容器和法拉第赝电容器的2～3倍。

混合型电容器的电极可以是对称的，也可以是不对称的。一般而言，不对称的电极通常表现出更好的电化学性能以及更好的循环稳定性，这是由于电容型电极和赝电容电极可以分别提供高功率密度和高能量密度，使得其混合的特性得以充分发挥。目前使用最广泛的非对称混合型电容器是活性炭（负极）和 MnO_2 以及 $Ni(OH)_2$（正极）的组合。

(3) 其他新型储能器件　随着国内新能源汽车产业的逐渐发展壮大，动力电池的成本及安全性成为限制新能源汽车进一步发展的瓶颈之一。因此，有必要寻找一种高安全性及低成本的新电池体系来部分代替锂离子电池。

① 钠离子电池。作为和锂离子电池摇椅式机理一样的钠离子电池成为新储能电池的选择之一。常见钠离子电池包括：水系钠离子电池、钠硫电池、有机钠离子电池和固态钠离子电池。水系钠离子电池的研发在实验室层面取得了较大突破，特别是在性能指标方面，如比容量、循环寿命、效率等，已经具备了一定的工业化基础，下面以水系钠离子电池为例介绍钠离子电池。

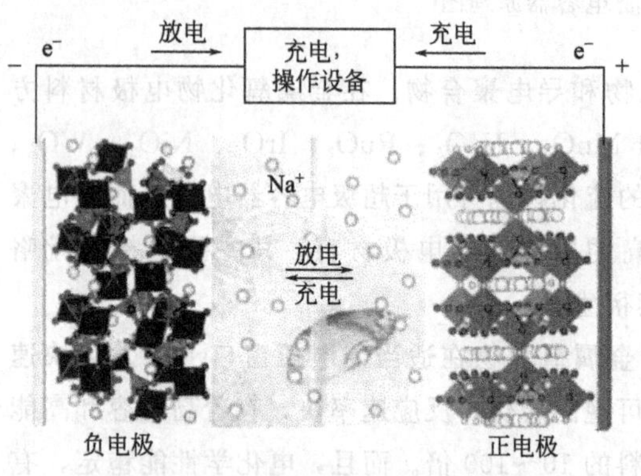

图 2-3-6　水系钠离子电池工作原理

水系钠离子电池的原理如图 2-3-6 所示。在充电过程中，钠离子在内电路中从正极脱出，经过电解质嵌入负极，而电子在外电路中由正极运动到负极。放电过程则恰好相反，钠离子从负极脱出，经过电解质运动到正极，而电子经过外电路到达负极。在整个充放电过程中，电解质提供了钠离子的传输通道。

水系钠离子电池负极材料包括活性炭、普鲁士蓝类似物、普通氧化物、有机物、钛磷基氧化物等。水系钠离子电池的正极材料包括过渡金属氧化物、聚阴离子化合物、普鲁士蓝类似物、有机电极材料。水系钠离子电池的电解质毋庸置疑采用水作为溶剂，盐一般采用硫酸钠、硝酸钠、高氯酸钠、乙酸钠等钠盐。为了抑制水分解过程中的析氢、析氧等副反应，以及电极材料在水体系中的溶解，研究者们开发出了高浓度电解质，可以降低水的电化学活性，从而扩大电化学稳定性窗口，提高能量密度。

水系钠离子电池由于使用水溶液电解液代替有机电解液，中性电解质无酸碱污染，本质上解决了有机电解液易燃等安全性问题。而且资源丰富，价格低廉，离子电导率高，即使是大尺寸、高厚度的电极，也能实现较高效率和能量密度。水系钠离子电池不易燃，不易爆，不易腐蚀，不含危险和有毒物质，可以作为标准品进行运输。同时，其维护成本低，不需要定期维护。相比锂电池，水系钠离子电池的生产工序简单，对环境没有氧气、水分、洁净度等要求，容易实现低成本制备，容错率高。

但是水系钠离子电池的电化学窗口窄。水的热力学电化学分解窗口在 1.23V 左右，为了避免发生水的分解反应，同时考虑动力学方面因素，水系钠离子电池的电压通常为 1.5V，最高一般不超过 2V。此外，水系钠离子电池正、负极材料开发难度大。为了防止水分解而发生析氢、析氧等副反应，许多高电位的嵌钠正极材料和低电位的嵌钠负极材料都不适合用于水系钠离子电池，正、负极材料开发难度较大，需要不断加强技术创新。

目前，钠离子电池已逐步开始了从实验室走向实用化的阶段，国内外已有超过20家企业正在进行钠离子电池产业化的相关布局，并且取得了重要进展。

② 锌离子电池。近年来，大量研究工作致力于发展高性能的锌金属电池，尤其是水系锌离子电池，归因于锌金属具有较高理论容量（820mAh/g）与合适的还原电位（−0.76V*vs.* 标准氢电极）。通常来说，水系锌离子电池由锌金属负极、能储存锌离子的正极材料以及中性到弱酸性的水系电解液组成。水系锌离子电池的正极材料通常为隧道结构或层状结构，锌离子能可逆地在正极材料中嵌入和脱出，也能在金属锌负极表面可逆地沉积和溶解。充电时，锌离子从正极材料中脱出，在金属负极表面沉积；放电时，金属锌氧化溶解产生锌离子，嵌入正极材料中。水系锌离子电池储能机理如图 2-3-7 所示。

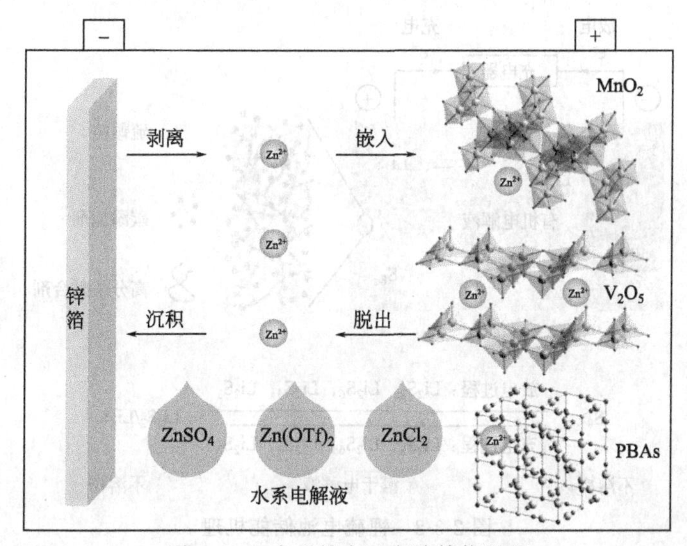

图 2-3-7　水系锌离子电池储能机理

水系锌离子电池的负极材料主要是锌金属，然而其作为负极时，在充放电过程中锌离子的沉积/溶解过程往往会形成大量锌枝晶，对锌片表面进行修饰能一定程度上降低锌枝晶的产生，提高析氢电位，并避免副产物的产生。水系锌离子电池的正极材料主要包括以二氧化锰为代表的锰基材料，以五氧化二钒为代表的钒基材料以及普鲁士蓝类似物材料。目前水系锌离子电池主要以 $ZnSO_4$、$Zn(CF_3SO_3)_2$、$ZnCl_2$、ZnF_2、$Zn(NO_3)_2$、$Zn(TFSI)_2$、$Zn(CH_3COO)_2$ 和 $Zn(ClO_4)_2$ 等无机锌盐作为电解质。

水系锌离子电池的优点有金属锌储量大、易于制备、价格便宜、毒性小、性质稳定、不易燃烧；它的缺点也比较突出，包括正极材料在水系电解液中的溶解，锌负极表面枝晶生长和腐蚀，以及电解液电化学窗口窄等。

水系锌离子电池与成熟的锂离子电池和铅酸电池技术相比，尚有一定差距，但其安全、环保、低成本的特性引发了研究人员的关注。进一步提高容量、循环稳定性和库仑效率，将使水系锌离子电池具有更为广阔的应用前景。

③ 锂硫电池。锂硫电池的一般结构及反应机理如图 2-3-8 所示，通常由正极、隔膜、有机电解液以及负极组成。正极材料中活性物质一般为硫单质，并复合一些碳材料等高导电性的物质作为导电剂。负极通常采用金属锂，可以使锂硫电池具有较高的工作电压。锂硫电池

的电化学总反应可以写为：

$$S_8 + 16Li \rightleftharpoons 8Li_2S$$

但是锂硫电池的实际电化学反应并非如此简单，会发生很多步反应。放电过程中会生成 Li_2S_8、Li_2S_6、Li_2S_4、Li_2S_3 四种可溶性多硫化物，直至最后生成不溶物 Li_2S 和 Li_2S_2，充电过程则反之。锂硫电池在充放电过程中会发生固相与液相之间的转变，该相变过程的反应动力学缓慢，导致电池的倍率性能较差。此外，充放电过程中会产生链状的多硫化锂，其极易溶解在醚类电解液中，并在浓度梯度的作用下在电池内部来回穿梭，即发生“穿梭效应”，将会使得电池库仑效率降低、循环性能变差，此外还会导致严重的活性物质损失以及过充现象发生。

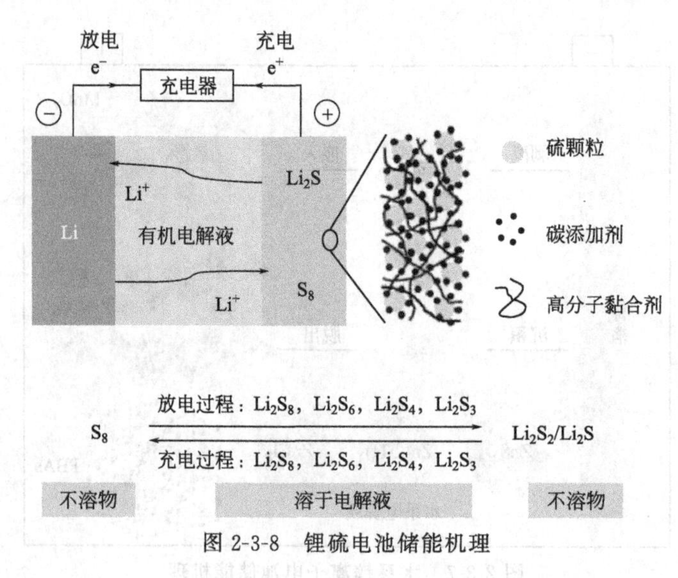

图 2-3-8　锂硫电池储能机理

锂硫电池由于其能量密度高、电极材料地壳储量丰富以及环境友好等优势极有可能在将来代替现有的锂离子电池。但是现有的锂硫电池面临着电极材料导电性差、多硫化物穿梭严重以及充放电期间正极体积变化大等问题，极大地制约了锂硫电池的商业化发展。

④ 锂空气电池。非质子锂-空气电池由金属锂负极、含锂离子有机电解液、多孔催化的空气正极（空气中组分，比如 O_2 和 CO_2 作为活性物质）构成，$Li-O_2$ 电池结构如图 2-3-9 所示。$Li-O_2$ 电池工作原理如下（放电时）：

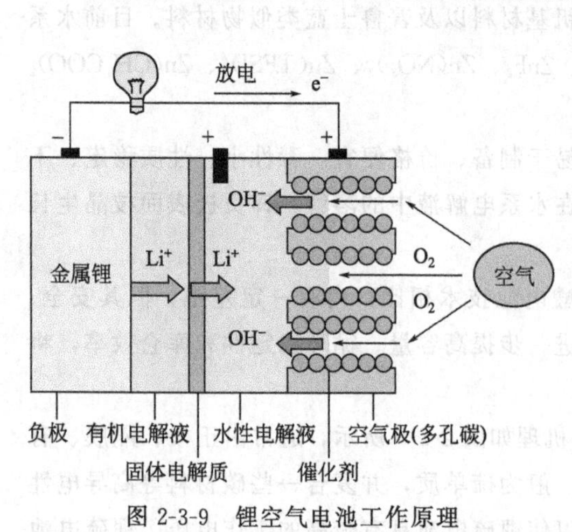

图 2-3-9　锂空气电池工作原理

a. 金属锂负极失去电子转变为 Li^+，电子通过外电路到达多孔工作正极；

b. 溶解在电解液中的 O_2 在正极得到电子，发生 Li^+-ORR 反应，产生超氧自由基（O_2^-）；

c. O_2^- 结合电解液中 Li^+ 生成超氧化锂（LiO_2）；

d. LiO_2 经过化学歧化反应或电化学反应生成放电产物 Li_2O_2。

根据所用电解液的类型，锂-空气电池可分为四种类型：非水锂-空气电池、水性锂-空气电池、混合锂-空气电池和固态锂-空气电池。非水锂-空气电池由锂金属电极，带有活性材料的多孔空气电极以及由锂盐在非质子传递溶剂中制成的电解质组成。水性锂-空气电池基本上由锂电极和与含水电解质的多孔空气电极以及它们之间的固态隔膜组成，用非水电解质代替聚合物缓冲层则形成混合非水或水性系统。典型的固态锂-空气电池包含锂电极、固态电解质膜以及多孔空气电极。

近年来，锂-氧气电池和锂-二氧化碳电池因理论能量密度高和绿色环保等特点而被广泛研究。其中，锂-二氧化碳还可以固定二氧化碳，将其转化为化学能，缓解温室效应。然而影响锂-空气电池性能好坏的因素较多，所以还不能够实体化应用。锂-空气电池性能的好坏主要受正极的材料、厚度，电池的压强，电池中电解质的种类及含量等影响，它的产业化还需要研究者的不懈努力。

3. 新型储能器件的应用

（1）储能器件在交通运输领域的应用　新一代的锂离子电池因其无污染、少污染、能源多样化的特征在电动车、电动汽车等行业得到了大力的发展（如图 2-3-10 所示）。

图 2-3-10　储能器件在交通运输领域的应用

（2）储能器件在家用电子设备领域的应用　储能器件有着轻便、环保等优点，家用电子设备中，手表、CD 唱机、移动电话、MP3、MP4、照相机、摄影机、各种遥控器、剃须刀、手枪钻、儿童玩具等都广泛地使用储能器件（见图 2-3-11）。

图 2-3-11　储能器件在家用电子设备领域的应用

(3) 储能器件在照明设备领域的应用　储能器件在照明领域常常作为应急电源使用，如图 2-3-12 所示。

图 2-3-12　储能器件在照明设备领域的应用

(4) 储能器件在国防领域的应用　在国防军事领域，储能器件涵盖了陆（单兵系统、陆军战车、军用通信设备、机器人战士）、海（潜艇、水下机器人）、空（战机、无人战机）、天（卫星、飞船）等诸多领域，逐渐成为现代和未来军事装备不可或缺的重要能源（见图 2-3-13）。

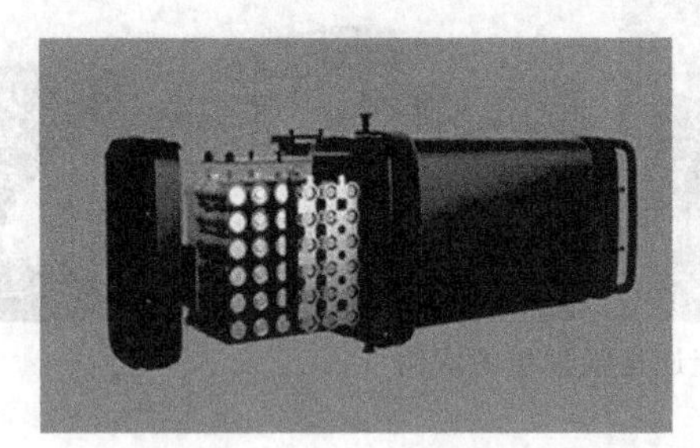

图 2-3-13　储能器件在国防领域的应用

(5) 储能器件在智能电网及储能系统的应用　智能电网的发展离不开新的关键技术支撑，电池储能作为一种快速灵活的能量存储方式（如图 2-3-14），日渐走向成熟，并成为新一代智能电网的关键性技术。

图 2-3-14　储能器件在智能电网及储能系统的应用

(6) 储能器件在航天领域的应用　神舟七号伴随卫星曾开创载人航天首次使用锂电的历史，而天舟一号电源分系统则采用了 3 机组锂离子蓄电池组（见图 2-3-15）。

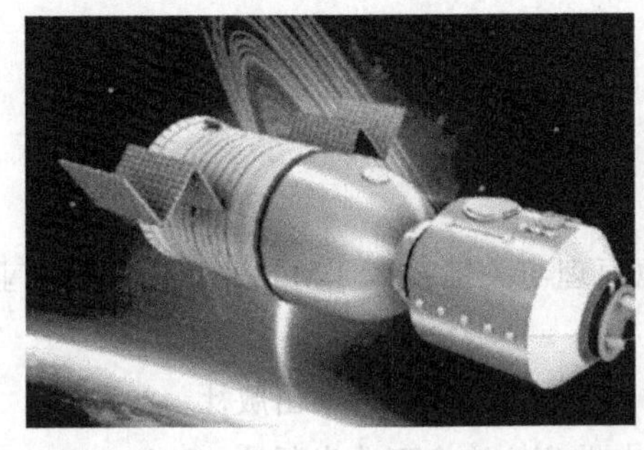

图 2-3-15　储能器件在航天领域的应用

三、新型电化学储能器件设计要求

1. 主要设计内容

（1）基于电池系统（锂、钠、钾、锌、锂硫、锂空等）的设计

① 设计一种电池结构以改善金属负极枝晶生长的问题；

② 设计一种可穿戴的柔性电池；

③ 设计一种拥有良好界面接触的固态电池；

④ 设计一种电极材料的微观结构提高电解液-电极的接触面积；

……

（2）基于超级电容器系统的设计

① 设计一种电极材料结构减轻电极在充放电过程中的体积变化；

② 设计一种具有良好导电性的混合型超级电容器；

……

2. 设计要求

（1）设计分小组进行，每个小组 3～5 人，从设计任务题目中任选 1 题或者自主选题。

（2）撰写设计报告书，要求内容翔实，文字简练通顺，层次分明，图表清晰，标题突出。设计报告书内容包括：设计的目的及意义、所设计新型电化学储能器件系统的原理图、工作过程、系统组成器件选型关键参数的计算过程、参考文献等。

（3）设计报告书字数要求：2000～3000 字。

四、思考题

1. 简述超级电容器和电池的本质区别。

2. 简述电池系统以及超级电容器系统的工作原理及特性。

3. 锂离子电池相比于其他电池的优势有哪些？

4. 简述超级电容器的分类及优缺点。

五、参考文献

[1] 黄可龙，王兆翔，刘素琴. 锂离子电池原理与关键技术 [M]. 北京：化学工业出版社，2008.

[2] 梁广川. 锂离子电池用磷酸铁锂正极材料 [M]. 北京：科学出版社，2013.

[3] 连芳. 电化学储能器件及关键材料 [M]. 北京：冶金工业出版社，2019.

[4] 曾荣，张爽，邹淑芬，等. 新型电化学能源材料 [M]. 北京：化学工业出版社，2019.

[5] 张会刚. 电化学储能材料与原理 [M]. 北京：科学出版社，2020.

[6] 胡勇胜. 钠离子电池科学与技术 [M]. 北京：科学出版社，2020.

[7] 王凯，李立伟，黄一诺. 超级电容器及其在储能系统中的应用 [M]. 北京：机械工业出版社，2020.

[8] 魏颖. 超级电容器关键材料制备及应用 [M]. 北京：化学工业出版社，2018.

实验四

光纤光栅传感器设计训练

一、实验目的

1. 了解并掌握光纤光栅传感原理；

2. 了解并掌握光纤光栅传感主要物理效应与性能；

3. 能够根据给定条件设计光纤光栅传感器。

二、实验原理

光纤光栅传感技术采用光作为信号的传输载体，使用光的波长作为检测参量，具有抗电磁干扰，数值量检测，可实现波分、时分、空分复用，以及集传输传感于一体等众多特有的性能，基于该技术开发的传感器件在工程中得到了广泛的应用。本设计项目将简要介绍光纤光栅及其传感原理，并进行传感器件设计。

光纤传感技术的发展起源于光纤通信技术，在通信中出现温度、应变等环境因素变化时，光纤中传输光的参数也发生变化，如光强、相位、频率、偏振态等，利用这些特征可研制各种光纤传感器。

光纤根据材料的不同，有玻璃光纤、塑料光纤；根据光纤纤芯内折射率分布的不同有梯度光纤、阶跃光纤等。其结构如图 2-4-1 所示。

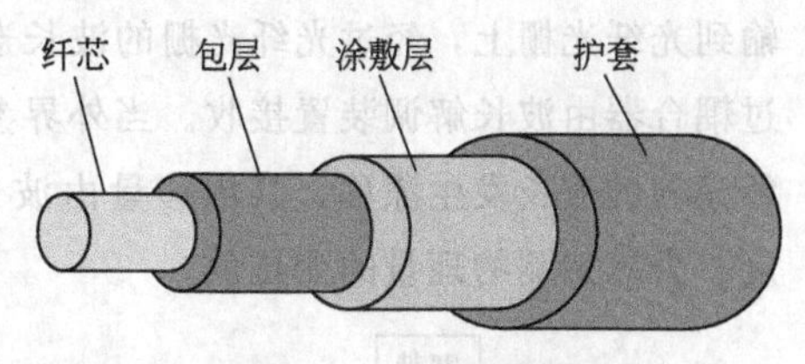

图 2-4-1　光纤结构图

标准光纤尺寸规格是：单模光纤纤芯 9μm，包层外径 125μm；多模光纤纤芯 50μm，涂覆层外径 250μm。

光纤光栅是利用掺锗光纤的光敏性——外界入射光子和纤芯内锗离子相互作用引起折射率的永久变化，在纤芯内形成光栅，其作用实质是在纤芯内形成一个窄带的滤波或反射镜。光纤光栅是一种典型的波长型调制光纤无源器件，是光纤纤芯内介质折射率呈周期性变化的一种光纤无源器件，可有选择性地反射某一波长附近的光，其他光则无损耗地透过。光纤 Bragg 光栅是最简单、最具有代表性的一种光纤光栅，其折射率调制深度和光栅周期都是常数，本实验相关内容皆以 Bragg 光栅为例进行。

光纤光栅传感器是用光纤光栅作敏感元件的功能型传感器，它除了具有普通光纤传感器体积小、重量轻、耐腐蚀、抗电磁干扰、使用安全可靠等性能外，还具有其独特的优点：波长调制实现数字量检测，抗干扰能力强；测量对象广泛，易于实现多参数传感测量；具有较强的复用能力，系统容量大，传输传感天然耦合，易于构成传感网络等。

1. 传感原理

（1）光纤光栅传感的基本原理　当一束中心波长为 λ 的宽光谱光经过光纤光栅时，被光栅反射回一单色光 λ_B，如图 2-4-2 所示。

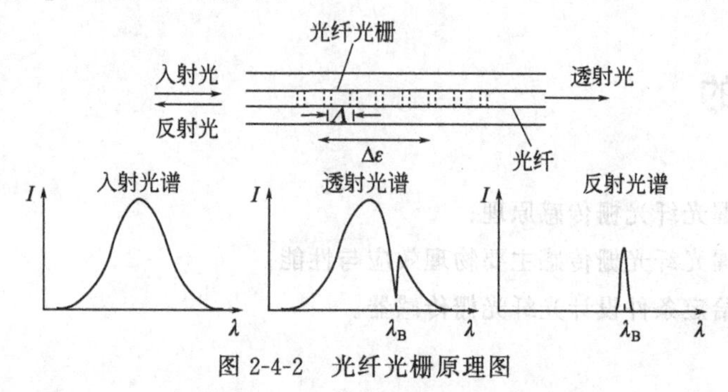

图 2-4-2　光纤光栅原理图

反射光的中心波长 λ_B 与光栅的折射率变化周期 Λ 和有效折射率 n_{eff} 的关系式为

$$\lambda_B = 2n_{eff}\Lambda \tag{2-4-1}$$

所有引起光纤光栅波长漂移的外界因素中，温度和应变是最直接的参量。温度和应变的变化引起光纤光栅折射率变化周期 Λ 和有效折射率 n_{eff} 发生变化，从而使光栅的中心波长 λ_B 发生漂移。压力、位移、振动等光纤光栅传感器大多是通过不同的结构封装，把待测参量转换成应变的变化进行测量。所以，只要弄清了温度和应变的传感原理，也就清楚了其他各种传感器的检测原理。

本实验项目中所述光纤光栅的波长，即指光栅反射光的中心波长 λ_B。

光纤光栅传感器检测原理如图 2-4-3 所示，由宽带光源发出的宽带光信号经过耦合器传输到光纤光栅上，经过光纤光栅的波长选择后，一组不同波长的窄带光被反射，反射光再经过耦合器由波长解调装置接收。当外界参量发生扰动时，如温度的变化、受力的变化等，光纤光栅的波长发生漂移，其漂移量由波长解调装置测出，通过波长的变化量可获得外界温度、力等待测物理量的变化值。

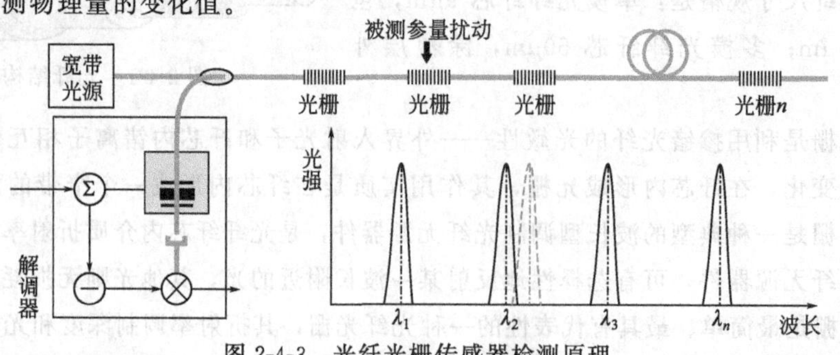

图 2-4-3　光纤光栅传感器检测原理

(2) 应变传感理论　为了简化理论模型，本实验设计仅对光纤光栅轴向受力情况下的传感模型进行阐述。

根据光纤方程（2-4-1），应变引起光纤光栅波长的变化的表达式为

$$\Delta\lambda_B = 2n_{eff}\Delta\Lambda + 2\Delta n_{eff}\Lambda \tag{2-4-2}$$

式中，$\Delta\Lambda$ 为光纤在外力作用下光栅周期的增量；Δn_{eff} 为光纤光栅的弹光效应。

均匀轴向受力是指光纤光栅进行轴向的拉伸或压缩，根据虎克定律的一般形式：

$$\begin{bmatrix}\sigma_1\\ \sigma_2\\ \sigma_3\\ \sigma_4\\ \sigma_5\\ \sigma_6\end{bmatrix} = \begin{bmatrix}\lambda+2\mu & \lambda & \lambda & 0 & 0 & 0\\ \lambda & \lambda+2\mu & \lambda & 0 & 0 & 0\\ \lambda & \lambda & \lambda+2\mu & 0 & 0 & 0\\ 0 & 0 & 0 & \mu & 0 & 0\\ 0 & 0 & 0 & 0 & \mu & 0\\ 0 & 0 & 0 & 0 & 0 & \mu\end{bmatrix} \cdot \begin{bmatrix}\varepsilon_1\\ \varepsilon_2\\ \varepsilon_3\\ \varepsilon_4\\ \varepsilon_5\\ \varepsilon_6\end{bmatrix} \tag{2-4-3}$$

式（2-4-3）中 λ、μ 可由材料弹性模量 E 和泊松比 ν 表示

$$\lambda = \frac{\nu E}{(1+\nu)(1-2\nu)} \tag{2-4-4}$$

$$\mu = \frac{E}{2(1+\nu)} \tag{2-4-5}$$

这样可得到光栅波长变化量的表达式

$$\Delta\lambda_B = 2\Lambda\left(\frac{\partial n_{eff}}{\partial L}\Delta L + \frac{\partial n_{eff}}{\partial a}\Delta a\right) + 2\frac{\partial \Lambda}{\partial L}\Delta L n_{eff} \tag{2-4-6}$$

式中，ΔL 为光纤纵向的变化量；Δa 为光纤横向直径的变化量；$\frac{\partial n_{eff}}{\partial L}$ 为弹光效应；$\frac{\partial n_{eff}}{\partial a}$ 为波导效应。

由于波导效应引起的光栅波长变化较小，这里就不再讨论。仅考虑弹光效应产生的结果。略去复杂的推导过程可得到

$$\frac{\Delta\lambda_B}{\lambda_B} = \left\{-\frac{n_{eff}^2}{2}[(p_{11}+p_{12})\nu - p_{12}] - 1\right\}|\varepsilon| \tag{2-4-7}$$

设有效弹光系数 $P_e = -\frac{n_{eff}^2}{2}[(p_{11}+p_{12})\nu - p_{12}]$，可得光纤光栅由弹光效应引起的轴向应变灵敏度系数 K_ε 的表达式为

$$K_\varepsilon = 1 - P_e = \frac{\Delta\lambda_B}{\lambda_B\varepsilon} \tag{2-4-8}$$

对于掺锗石英光纤 $p_{11}=0.121$，$p_{12}=0.27$，$\nu=0.17$，$n_{eff}=1.456$，可得 $p_e\approx0.22$，即 $K_\varepsilon\approx0.78$。对于 1550nm 光栅，由式（2-4-8）可得一个微应变引起的光栅波长的漂移量为 $\Delta\lambda_B\approx K_\varepsilon\lambda_B\Delta\varepsilon\approx0.78\times1.55\times1\approx1.21$pm。

综上所述，光纤光栅波长的漂移与光栅受到的轴向应变成线性关系，对于1550nm 的光栅，一个微应变引起的光栅波长变化约为 1.21pm。

(3) 温度传感理论　温度对光纤光栅的作用主要有两个方面，一是热胀冷缩引起的光栅

栅距的变化，二是由于温度变化产生的光栅折射率的变化，称为热胀冷缩效应和热光效应，由表达式（2-4-2）可得

$$\frac{d\lambda_B}{dT}=2\left(\frac{n_{eff}d\Lambda}{dT}+\frac{\Lambda dn_{eff}}{dT}\right) \tag{2-4-9}$$

令 α 为热胀冷缩效应系数，ξ 为热光效应系数，即

$$\frac{d\Lambda}{dT}=\alpha\Lambda \tag{2-4-10}$$

$$\frac{dn_{eff}}{dT}=\xi n_{eff} \tag{2-4-11}$$

将表达式（2-4-10）、式（2-4-11）代入式（2-4-9）得

$$\frac{d\lambda_B}{dT}=2(n_{eff}\alpha\Lambda+\Lambda\xi n_{eff})=2\Lambda n_{eff}(\alpha+\xi) \tag{2-4-12}$$

把表达式（2-4-1）代入式（2-4-12）得

$$\frac{d\lambda_B}{dT}\times\frac{1}{\lambda_B}=(\alpha+\xi)=K_T \tag{2-4-13}$$

式中，K_T 为光纤光栅的温度灵敏度系数，通常对掺锗的石英光纤，$\alpha\approx0.5\times10^{-6}℃^{-1}$，常温下 $\xi\approx7.0\times10^{-6}℃^{-1}$，由此估算出常温下光纤光栅的温度灵敏度系数 $K_T\approx7.5\times10^{-6}℃^{-1}$。对于1550nm光栅，温度每变化1℃引起的光栅波长的漂移量为 $\Delta\lambda_B\approx K_T\lambda_B\Delta T\approx7.5\times10^{-6}\times1550000\times1\approx11.625$（pm）。

综上所述，光纤光栅波长的漂移与温度的变化成线性关系，对于1550nm的光栅，温度每变化1℃引起的光栅波长变化约为11.625pm。

（4）应变温度传感理论　通过以上传感理论可知，应变和温度分别作用于光栅时，光纤光栅波长的变化与应变和温度的变化有较好的线性关系，没有考虑应变和温度的交叉影响，关于这一点不是本实验的重点，这里就不做详细的推导论证，只引入应变和温度交叉影响的相关结论。

在测量范围不大、温度变化不大的情况下，应变和温度交叉影响对测量结果可以忽略不计，在温度和应变的共同作用下，光纤光栅波长变化量的表达式如下：

$$\frac{\Delta\lambda_B}{\lambda_B}=(\alpha+\xi)\Delta T+(1-P_e)\Delta\varepsilon \tag{2-4-14}$$

根据表达式（2-4-14）可知，温度和应变都能引起光纤光栅波长的变化。因此，怎么区分哪些波长的变化是由温度引起的和哪些波长变化是由应变引起的，是实际应用中必须解决的一个问题，也是一个难点。

2. 光纤光栅的制作方法

光纤光栅的制作方法主要有内部写入、干涉、逐点写入和相位掩膜板写入等方法，其中相位掩膜板写入法具有工艺简单、重复性好、成品率高等优点，应用最为普遍。

（1）内部写入法　内部写入法的写入原理是基于光敏光纤材料折射率的光敏性，将波长为 λ 的基模激光从光敏光纤的一端耦合到光纤中，经光纤另一端端面的反射，入射激光和反射激光相干形成驻波，光敏光纤的折射率发生周期性变化，形成周期与驻波一致的光栅。

这种制作方法是最早被使用的，可得到反射率大于90%的光栅，但其要求光敏光纤具有较高的光敏性，同时只能得到与基模激光波长一样的光栅，在制作光栅传感器上使用价值有限，应用受到很大局限。

(2) 干涉法　干涉法是利用干涉仪原理将入射紫外激光分成两束，两束激光重新组合形成干涉场来侧面照射光敏光纤，光敏光纤的折射率发生周期性改变，形成光纤光栅。干涉法制作光栅的方法主要有分振幅干涉法和分波前干涉法。

分振幅干涉法利用分光镜将紫外激光分成两束，通过两组反射镜以一定的夹角对光纤进行照射，得到周期与入射光波长 λ 和入射角 θ 相关的光栅，其周期为

$$\Lambda=\lambda/(2\sin\theta) \tag{2-4-15}$$

把式（2-4-15）代入式（2-4-1）得到光栅波长的表达式为

$$\lambda_B=n_{eff}\lambda/\sin\theta \tag{2-4-16}$$

这种方法克服了内部写入法得到的光栅波长受 λ 的局限，可以通过 θ 的改变得到不同波长的光纤光栅，其缺点是受写入机械振动和光路扰动的影响较大，难以得到高质量的光纤光栅。

分波前干涉法利用棱镜干涉仪产生干涉，优化了分振幅干涉法的分光光路，激光在棱镜中传输，不受空气扰动的影响，同时机械装置的减少也大大降低了振动带来的影响。缺点是采用棱镜改变 θ 的大小，可调大小和灵活性较差，同时还要求照射激光具有较好的空间相干性。

(3) 逐点写入法　逐点写入法是利用紫外激光，沿光纤长度方向等间距照射，使得光纤轴线方向折射率形成周期性的变化，制成光纤光栅。

逐点写入法制作光栅非常灵活，除了制作布拉格光栅外，还可以制作其他多种光栅，如啁啾光栅、长期光栅等。其缺点是光栅制作周期长，微小的等间距移动控制困难造成光栅周期误差大，制作方法适用性较差。

(4) 相位掩膜板写入法　相位掩膜板写入法是利用掩膜板在紫外激光的照射下产生的衍射条纹，对光敏光纤进行曝光，导致光纤折射率周期性变化形成光栅，如图2-4-4所示。这种方法的关键器件是相位掩膜板。相位掩膜板是采用电子束平板印刷术或全息曝光蚀刻于硅片表面的透射型相位光栅（周期为 Λ），是一种特殊的光学衍射元件。在紫外激光垂直照射时，其产生的衍射条纹的周期为 $\Lambda/2$。

理想的相位掩膜板应使相位光栅的零级衍射为零，正负一级衍射最大。当紫外光垂直照射到相位掩膜器上时，在掩膜板后面衍射条纹对光敏光纤进行曝光，得到周期为 $\Lambda/2$ 的光纤光栅。

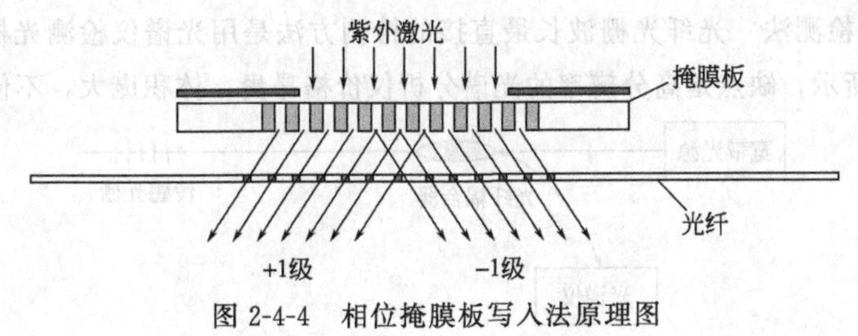

图 2-4-4　相位掩膜板写入法原理图

这种方法制作光栅的波长不依赖于入射光波长，只与相位掩膜板的周期有关，对激光的相干性要求很低。该方法大大简化了光纤光栅的制作过程，提高了成栅的效率和光栅的质量，是目前制作光栅的主要方法。

3. 光纤光栅的基本参量

(1) 光栅波长　光栅波长是指光纤光栅反射谱中尖峰的中心波长，是绝大多数光纤光栅传感器最基本的检测参量，光栅波长检测的准确度决定传感器检测的精度。由式 (2-4-14) 可知，光栅的峰值波长随着应变和温度的改变而改变，当温度升高或应变增大时，光栅的峰值波长变大，反之就变小。光纤光栅传感器的波长窗口由光纤光栅以及其解调仪器决定。大多数光纤光栅传感器工作在 50nm 窗口范围内，例如 15 系列光栅的窗口范围为 1520～1570nm，13 系列光栅的窗口范围为 1285～1325nm。

(2) 光栅带宽　光栅带宽是指光纤光栅反射峰的宽度。理论上光栅的带宽越小测量精度越高，但从实际的制作工艺水平和可行的精度来看，最合理的值应该在 200～300pm 之间，通常取 250pm。常用的光栅解调仪器的峰值检测算法是在假设光栅带宽为 250pm 和谱形为光滑的高斯型基础上设计出来的。

(3) 反射率　光纤光栅的反射率越高，返回到测量系统的光强就越大，而且反射率越高，带宽就越窄，光栅越稳定。反之，如果反射率越小，噪声对其影响就越大，对于波长解调仪器的性能要求就越高，对检测精度的影响就越大。为了获得较好的检测精度和工作性能，推荐光栅反射率应该大于 90%。在提高光栅反射率的同时，也要同时考虑光栅的边模抑制，反射率决定信号强度，边模抑制决定了信噪比。

(4) 光栅的长度　光栅的长度决定了光栅传感器测量点的精度、封装方法等，理论上光栅的长度越短，测量点越精确。但在实际制造光栅时要综合考虑光栅的各种参数。光栅越短，反射率越低，带宽越宽，其反射率和带宽很难达到要求。对于 0.25nm 的带宽，推荐光栅的物理长度应为 10mm，这个长度适合于大多数应用。

4. 常用的光纤光栅解调技术

信号的解调是测试系统的关键技术，光纤光栅波长的精确解调，实质就是对光栅传感器监测对象物理量变化的精确测量，决定整个测试系统的性能和准确性。一般要求其满足生产成本低、波长分辨率高、测量重复性（或稳定性）好、监测窗口范围宽以及使用寿命长等要求。根据光栅解调仪器的工作原理，常用的解调方法有：光谱仪检测法、可调谐滤波法和基于波长扫描激光器的解调方法等。

(1) 光谱仪检测法　光纤光栅波长最直接的检测方法是用光谱仪检测光栅的反射光的波长，如图 2-4-5 所示，缺点是高分辨率的光谱分析仪价格昂贵，体积庞大，不便于工程应用。

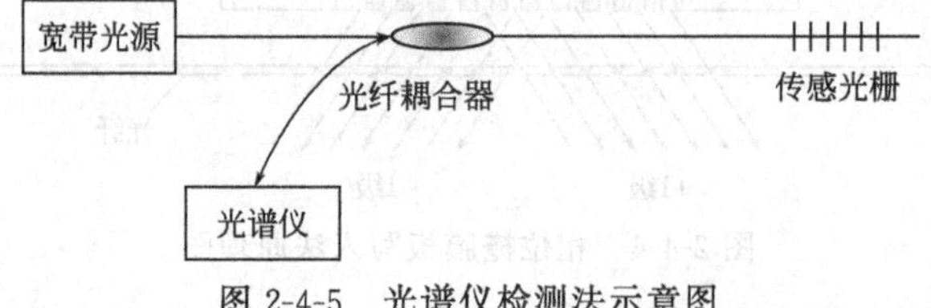

图 2-4-5　光谱仪检测法示意图

（2）可调谐匹配光栅滤波法　可调谐匹配光栅滤波法是用一个可调谐匹配光栅去跟踪传感光栅的波长变化，进行匹配滤波得到传感光栅波长的方法。匹配光栅在伺服驱动系统的作用下跟踪传感光栅的波长变化，通过伺服系统驱动信号的匹配值来获得传感光栅的波长，从而获得被测应变、温度等待测参量的变化。

可调谐匹配光栅滤波法又分为反射型和透射型两种。反射型由于检测的是匹配光栅的反射光，而当匹配光栅与传感光栅完全匹配时光强最弱，所以该方法对光敏器件的要求较高，容易受到外界因素的影响。为了解决这个问题，Davis 等人提出了透射型匹配光栅滤波法，其原理如图 2-4-6 所示，该方法克服了反射式的缺点。因此，实际中常用透射型。

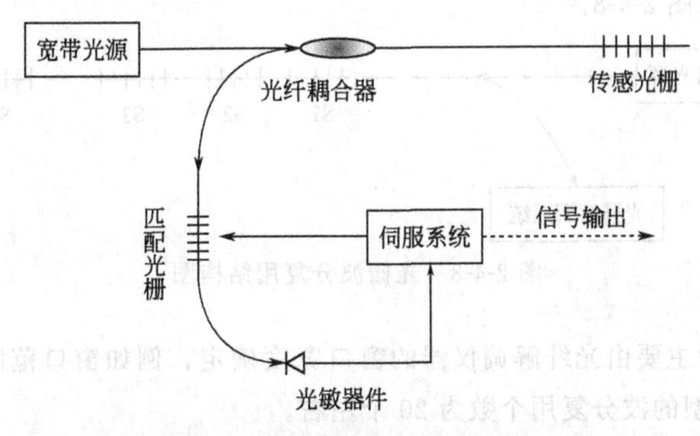

图 2-4-6　透射型匹配光栅滤波法原理图

（3）可调谐光纤法布里-珀罗腔滤波器法　可调谐光纤法布里-珀罗腔（F-P 腔）滤波器法的原理与可调谐匹配光栅滤波法类似，就是把匹配光栅换成了 F-P 腔。宽带光源发出的光被传感光栅反射回来后，经耦合器进入可调谐 F-P 腔中，F-P 腔出射光接到光敏探测器上。构成 F-P 腔的两个高反射镜一个固定，另一个可移动且可被一个压电陶瓷驱动，如图 2-4-7 所示。给压电陶瓷施加一个扫描电压，压电陶瓷产生伸缩，从而改变 F-P 腔的腔长，使透过 F-P 腔的光的波长发生改变。若 F-P 腔的透射波长与传感光栅的波长正好匹配，则 F-P 腔出射光光强最强，此时压电陶瓷施加的电压就对应传感光栅的波长。

该方法的优点是探测波长范围宽，缺点是高精度的 F-P 腔制造工艺复杂，成本很高，另外，滤波损耗也较大。

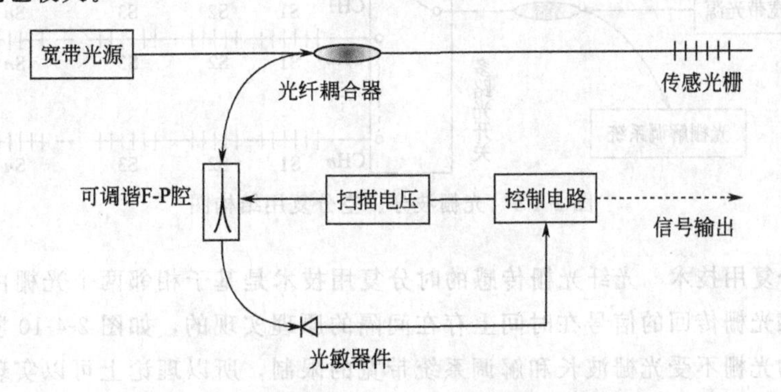

图 2-4-7　可调谐光纤 F-P 腔滤波器法原理图

5. 光纤光栅的复用技术

光纤光栅的复用技术可以使多个光栅共用一个传输通道和一个解调系统。目前，主要采用的复用技术有波分复用（WDM）、空分复用（SDM）、时分复用（TDM）以及它们的组合复用。

（1）波分复用技术　由于光纤光栅传感采用的是波长调制，而且各种解调原理的光栅解调系统都有一定的窗口宽度，这样就为波分复用提供了可能。波分复用技术就是把不同波长的光栅传感器按一定的带宽间隔合波到一个光路里，有效利用光栅解调系统通道的技术。波分复用技术是光纤光栅传感网络中最基本的复用技术，在实际应用中得到了广泛的使用。光栅波分复用结构图见图 2-4-8。

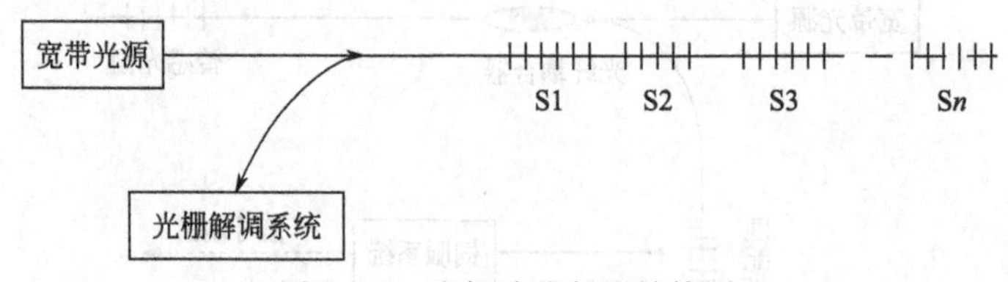

图 2-4-8　光栅波分复用结构图

波分复用的数量主要由光纤解调仪器的窗口宽度确定，例如窗口范围为 1520～1570nm 的 15 系列光栅，典型的波分复用个数为 20 个左右。

波分复用的特点：复用受波长窗口宽度限制，复用效率不高，但可实现高频测量，既可用于静态测量也可用于动态测量。

（2）空分复用技术　空分复用技术也是光纤光栅传感网络最常用的技术，其关键器件是光开关。光开关是通信、信息处理和计算机等领域的常用器件，可以实现光信号在空间上的切换，实现光栅传感的空分复用。

典型的光纤光栅空分复用传感网络如图 2-4-9 所示（为波分、空分的混合复用），每个通道可接的光栅传感器的数量由波分复用确定。目前的技术，光开关的复用通道数量可达 100 个以上。

空分复用的特点：复用不受波长带宽限制，复用效率较高，可用于构建较大规模的传感网络，缺点是解调速度受到制约。

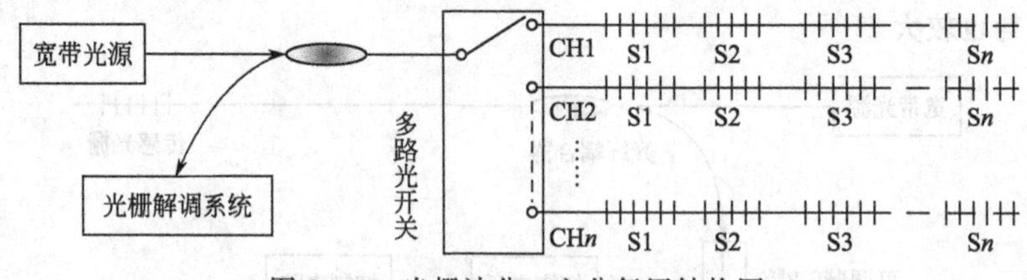

图 2-4-9　光栅波分、空分复用结构图

（3）时分复用技术　光纤光栅传感的时分复用技术是基于相邻两个光栅由于光程的不同，致使传感光栅传回的信号在时间上存在间隔的原理实现的，如图 2-4-10 所示。由于时分复用技术的光栅不受光栅波长和解调系统带宽的限制，所以理论上可以实现同一光路上更多光栅的复用。但实际应用中随着光栅数量的增多，线路信号清晰度和信噪比下降，限制了复用的数量。

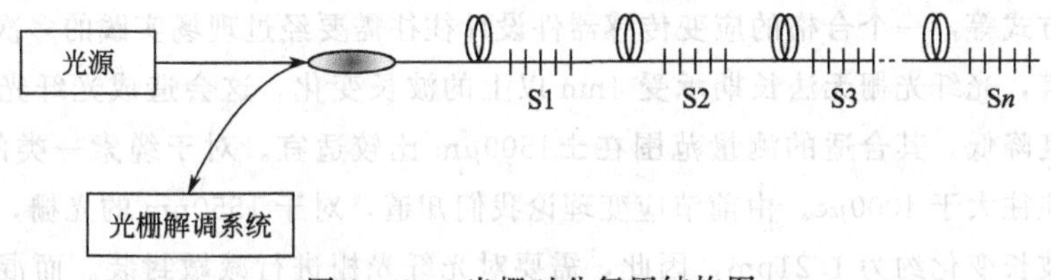

图 2-4-10　光栅时分复用结构图

(4) 波分、空分、时分混合复用技术　波分、空分、时分混合复用技术是结合了三种光栅复用技术，组成的大规模的复用传感网络，见图 2-4-11。

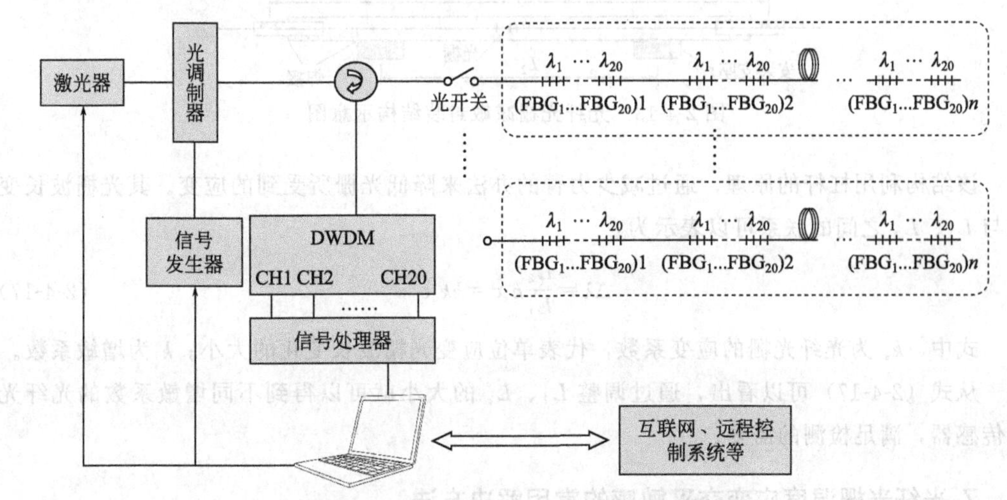

图 2-4-11　波分、空分、时分混合复用结构图

6. 光纤光栅的敏化与封装

从前面的阐述，我们知道应变、温度的变化都可引起光栅周期和折射率发生变化，从而使光栅的波长发生一定量的漂移。然而，在实际使用中，裸光栅不仅应变、温度灵敏度都较低，而且也容易损坏，故需要对其进行适宜敏化和封装。

在光纤光栅传感器件的设计中，光栅的敏化和封装是相辅相成的，需要统一规划处理，这样既实现了传感器件的功能要求，又对裸光栅进行了保护，使其在使用环境、测量精度以及使用寿命等方面都达到要求。

(1) 温度传感器的敏化与封装　温度传感器的敏化与封装结构形式主要有管式、片式、嵌入式，封装材料和结构形式一般由使用场景确定。

图 2-4-12 是温度传感器典型的封装结构，光纤与载体的连接一般采用胶粘，特殊情况下也有采用无胶粘结构。无胶粘结构一般是在光纤表面镀金属膜，然后再与载体材料进行焊接。

(2) 应变传感器的敏化与封装　应变传感器的敏化与封装要比温度传感器复杂很多，其载体材料和结构除了要考虑其使用场景外，还要考虑其测量范围、精度、温度的交叉敏

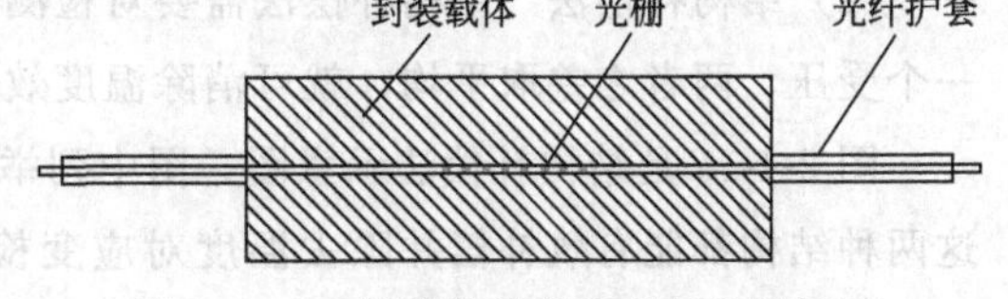

图 2-4-12　温度传感器典型封装结构图

感以及安装方式等，一个合格的应变传感器件设计往往需要经过现场实践的多次检验。

一般而言，光纤光栅无法长期承受 4nm 以上的波长变化，这会造成光纤光栅的损坏或寿命的大幅度降低，其合适的测量范围在 $\pm 1500\mu m$ 比较适宜。对于缆索一类的测量对象，其工作应变往往大于 $4000\mu\varepsilon$。由前节应变理论我们知道，对于 1550nm 的光栅，一个微应变引起的光栅波长变化约为 1.21pm，因此，需要对光纤光栅进行减敏封装。而混凝土结构能承受的拉应变一般相对较少，为提高检测精度则需要进行增敏性封装。

光纤光栅的减敏封装方法很多，图 2-4-13 是管式结构应变传感器的典型减敏封装结构。

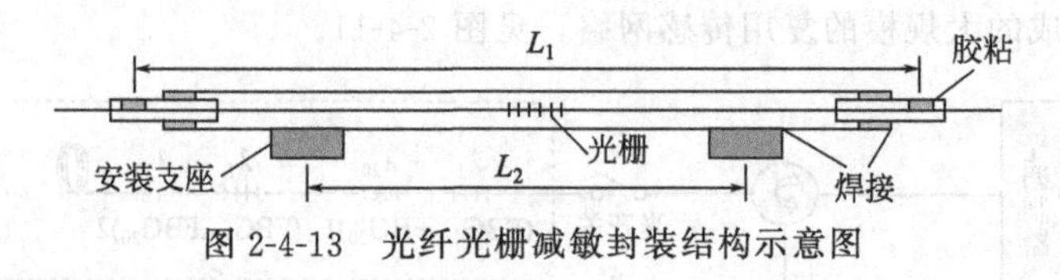

图 2-4-13　光纤光栅减敏封装结构示意图

该结构利用杠杆的原理，通过减少力臂的办法来降低光栅所受到的应变。其光栅波长变化与 L_1、L_2 之间的联系可以表示为：

$$\Delta\lambda=\frac{L_2}{L_1}k_\varepsilon\varepsilon=kk_\varepsilon\varepsilon \tag{2-4-17}$$

式中，k_ε 为光纤光栅的应变系数，代表单位应变光栅波长变化的大小；k 为增敏系数。

从式（2-4-17）可以看出，通过调整 L_1、L_2 的大小就可以得到不同增敏系数的光纤光栅传感器，满足检测的需要。

7. 光纤光栅温度应变交叉敏感的常用解决方法

对于光纤光栅温度应变交叉敏感问题，工程上最常用解决方法主要有温度补偿和结构补偿两种。

（1）温度补偿法　温度补偿是在应变传感器安装时，附带安装一个温度检测补偿传感器，补偿光栅两端处于自由状态，不受力的作用，且补偿光栅与应变检测光栅处于相同的温度环境中，这样就可以补偿应变传感器的温度效应。这种方法比较简单，工程中应用比较广泛，缺点是补偿效果不够理想。温度补偿法示意图如图 2-4-14 所示。

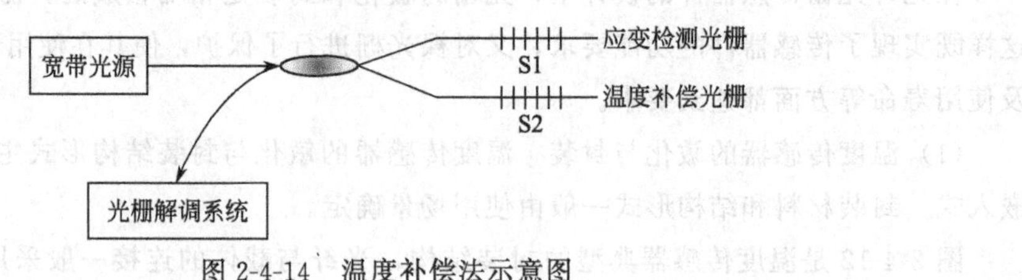

图 2-4-14　温度补偿法示意图

（2）结构补偿法　结构补偿法需要对检测光栅成对设计，在外界力的作用下，一个受拉一个受压，两者之差取平均，就可消除温度效应。

图 2-4-15 是结构补偿法示意图，图中列举了两种结构——悬臂梁结构和桥式平衡结构。这两种结构都能有效补偿并除去温度对应变检测的影响效应，比温度补偿法补偿的效果要好，缺点是传感器结构相对比较复杂。

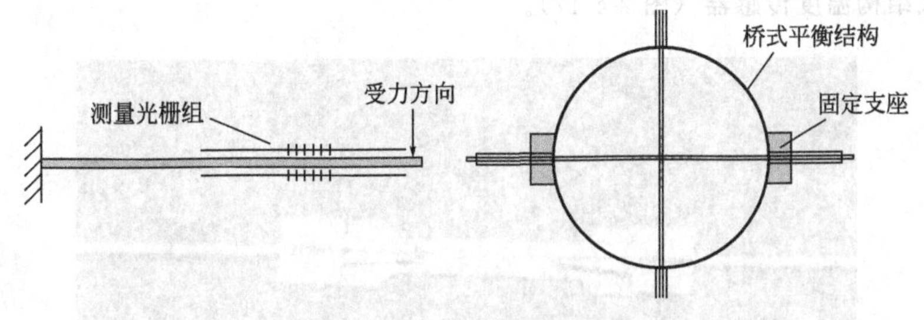

图 2-4-15　结构补偿法示意图

其补偿原理表述如下：

检测光栅 1 在温度、应变的交叉敏感下，波长的变化可表示为：

$$\Delta\lambda_1=\Delta\lambda_{T1}+\Delta\lambda_{\varepsilon1} \tag{2-4-18}$$

检测光栅 2 在温度、应变的交叉敏感下，波长的变化可表示为：

$$\Delta\lambda_2=\Delta\lambda_{T2}+\Delta\lambda_{\varepsilon2} \tag{2-4-19}$$

其中光栅 1 受拉，光栅 2 受压，且两个测量光栅都处于相同的温度环境中，根据结构形式可得：

$$\Delta\lambda_{T1}=\Delta\lambda_{T2},\Delta\lambda_{\varepsilon1}=-\Delta\lambda_{\varepsilon2} \tag{2-4-20}$$

合并式（2-4-18）～式（2-4-20）得：

$$\Delta\lambda_{\varepsilon}=\Delta\lambda_1-\Delta\lambda_2=\Delta\lambda_{\varepsilon1}+\Delta\lambda_{\varepsilon2} \tag{2-4-21}$$

从表达式可以看出，施加在悬臂梁上的力只与应变产生的波长变化有关，而与温度产生的波长变化无关，从而消除了温度应变的交叉敏感问题。

三、光纤光栅传感器件设计训练要求

利用了解的光栅传感原理进行光纤光栅传感器件的设计。

（1）温度传感器　在光栅传感器件中，光纤光栅温度传感器是最常用、最重要的传感器，从前节的阐述可知，它不仅可以用于各种环境下的温度测量，而且还是其他检测不可缺少的温度补偿依据。下面是几种典型的光栅温度传感器：

① 裸光栅传感器（图 2-4-16）。

图 2-4-16　裸光栅传感器

② 片式结构温度传感器（图 2-4-17）。

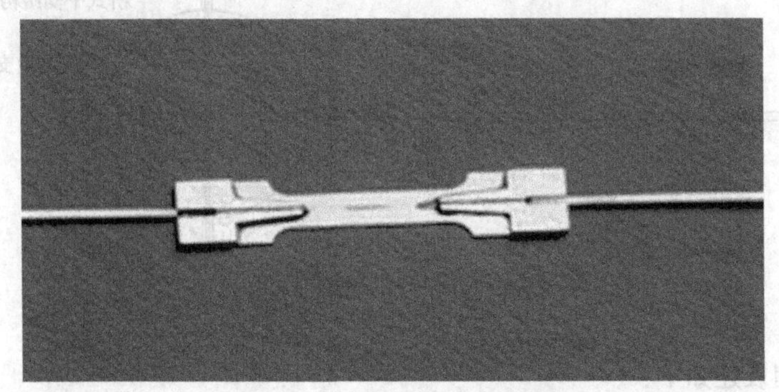

图 2-4-17 片式结构温度传感器

③ 管式结构温度传感器（图 2-4-18）。

图 2-4-18 管式结构温度传感器

一般的光栅温度传感器由光纤光栅、温度敏感铠装材料、传输光纤组成。由于光纤的热胀冷缩效应系数较低，单独作为传感器使用时，敏感度系数较低，影响测量精度，一般都需要把其封装在热胀冷缩效应系数较高的材料上。

由温度传感理论知：

$$\Delta\lambda_B=(\alpha+\xi)\lambda_B\Delta T \tag{2-4-22}$$

式中，α 为光纤热胀冷缩效应系数；ξ 为光纤热光效应系数。

如果选用的载体材料的 α 远大于光纤的 α，则可以提高传感器的温度敏感系数，也就提高了传感器测量的精度。其波长变化的表达式可近似为：

$$\Delta\lambda_B=(\alpha_z+\xi)\lambda_B\Delta T \tag{2-4-23}$$

式中，α_z 为载体材料的热胀冷缩效应系数。

设计任务 1

① 测试对象假定

测试对象：金属、混凝土、聚合物、物体内部、表面等。

测试范围：－20～100℃。

测试精度：≤±0.5℃（假定波长解调精度≥5pm）。

② 设计要求

外观要求：除了不使用裸栅，其外观、形状、装配方式不限。

传输光纤护套外径 ϕ3mm，长度不限。

光纤光栅外径 ϕ0.25mm，长度不限。

明确器件主要由哪些元件组成，并画出元件设计图、装配图。

③ 传感器使用说明编写

说明传感器的使用对象范围、测量范围、测量精度、使用环境、安装方式以及使用中的注意事项等。

利用不同材料热敏感系数的不同，设计不同材质的光栅温度传感器，并估算其温度敏感系数，使用1550波长的光栅，温度每变化1℃，其对应的波长变化是多少。

(2) 光纤光栅应变传感器　在光栅传感器件中，光纤光栅应变传感器和温度传感器一样是最常用、最重要的传感器，几乎所有材料、结构的受力特性检测评估都要使用，是材料、结构性能评估的最基础检测依据。

下面是几种典型的光栅应变传感器：

① 裸栅（图2-4-19）。

图2-4-19　裸栅应变传感器

② 片式（图2-4-20）。

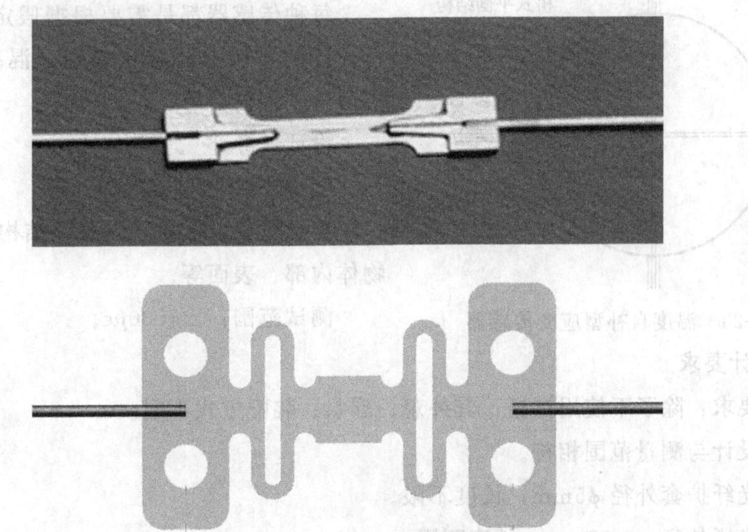

图2-4-20　片式应变传感器

③ 二维片式（图2-4-21）。

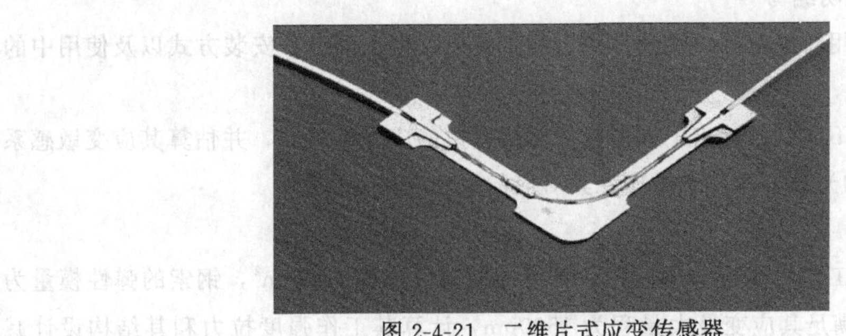

图2-4-21　二维片式应变传感器

④ 管式（图 2-4-22）。

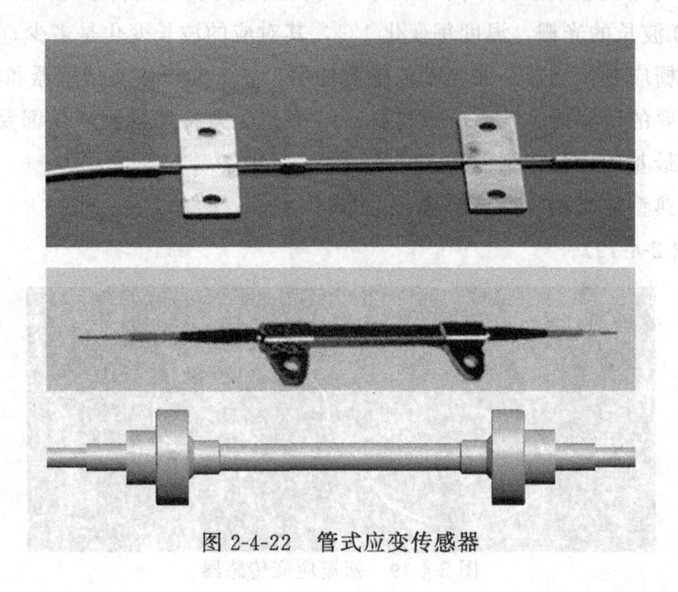

图 2-4-22　管式应变传感器

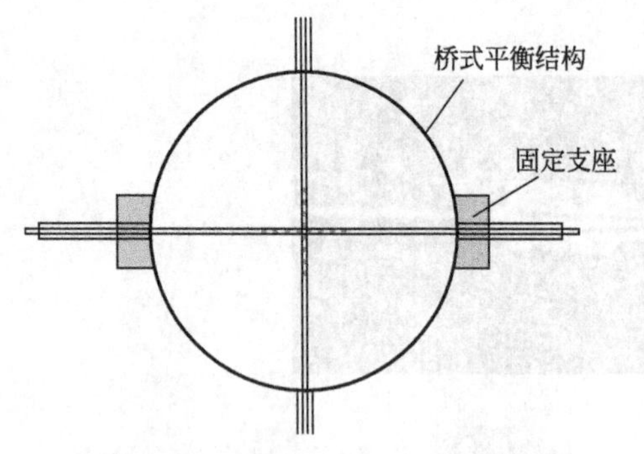

图 2-4-23　温度自补型应变传感器

⑤ 温度自补型（图 2-4-23）。

每种传感器都是需要根据假定的检测对象进行设计的，如金属结构表面、混凝土结构表面、混凝土结构内部等。

设计任务 2

① 测试对象假定

测试对象：金属、混凝土结构、聚合物结构，物体内部、表面等。

测试范围：±1500$\mu\varepsilon$。

② 设计要求

外观要求：除了不使用裸栅，其外观、形状、装配方式不限。

结构设计与测量范围相符。

传输光纤护套外径 ϕ5mm，长度不限。

光纤光栅外径 ϕ0.25mm，长度不限。

明确器件主要由哪些元件组成，并画出元件设计图、装配图。

③ 传感器使用说明编写

说明传感器的使用对象范围、测量范围、测量精度、使用环境、安装方式以及使用中的注意事项等。

利用结构设计的不同，设计出不同应变敏感度系数的应变传感器，并估算其应变敏感系数，使用 1550 波长的光栅，每一个微应变其对应的波长变化是多少。

【例 2-4-1】

已知钢索的设计工作强度为 1000MPa，钢索的横截面积为 150mm^2，钢索的弹性模量为 2.0×10^5 MPa。为了满足其应变最大量程为 1500pm，计算其工作强度拉力和其结构设计减敏系数为多少?

解:

其正常工作强度拉力$=1000\text{MPa}\times150\text{mm}^2=1000\times10^6\text{N/m}^2\times150\times10^{-6}\text{m}^2$

$=150000\text{N}=150\text{kN}$

应变$=1000\text{MPa}/2.0\times10^5\text{MPa}=5000\times10^{-6}=5000\mu\varepsilon$

由应变传感理论知,对于 1550nm 的光栅,一个微应变引起的光栅波长变化约为 1.21pm。

所以减敏系数 $K=(5000\mu\varepsilon\times1.21\text{pm}/\mu\varepsilon)/1500\text{pm}\approx4$。

(3) 光纤光栅位移传感器　位移传感器的使用在工程上也比较多见,其主要应用的是应变检测原理,通过一定的机械结构把应变转换成位移,最常用的结构有简支梁和悬臂梁,其中悬臂梁结构是最简单最常用的。

在前面温度与应变交叉敏感问题的解决办法中我们已提到过悬臂梁结构,并知道:

$$\Delta\lambda_\varepsilon=\Delta\lambda_1-\Delta\lambda_2=\Delta\lambda_{\varepsilon1}+\Delta\lambda_{\varepsilon2} \tag{2-4-24}$$

图 2-4-24 为典型的位移传感器原理图。令物体产生的位移量为 ΔL,单位位移与波长变化量 $\Delta\lambda_\varepsilon$ 的关系系数为 K_λ,这样可得出

$$\Delta L=K_\lambda\Delta\lambda_\varepsilon \tag{2-4-25}$$

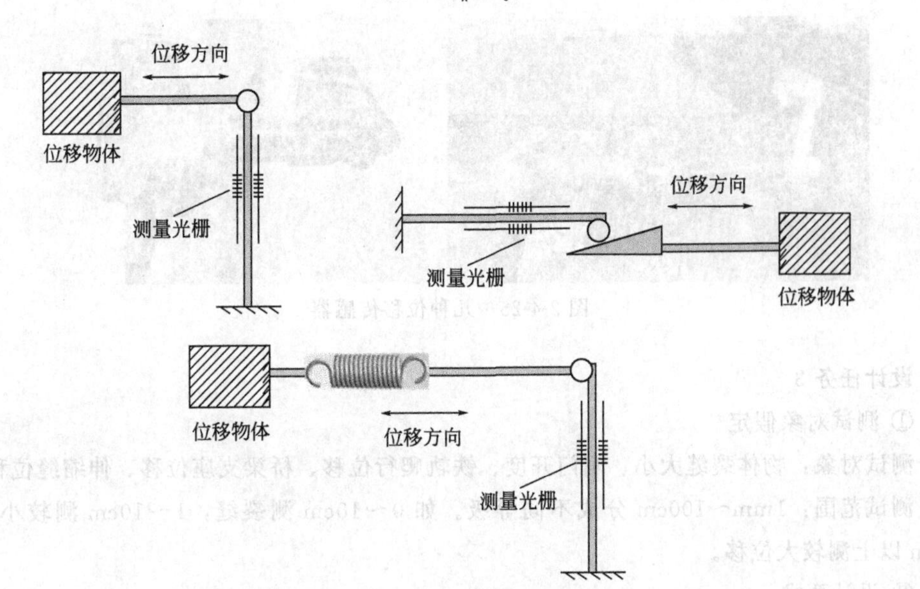

图 2-4-24　光纤光栅位移传感器原理图

合并式 (2-4-24)、式 (2-4-25) 得:

$$\Delta L=K_\lambda\Delta\lambda_\varepsilon=K_\lambda(\Delta\lambda_{\varepsilon1}+\Delta\lambda_{\varepsilon2}) \tag{2-4-26}$$

同理,该物体的位移量只与应变产生的波长变化有关,而与温度产生的波长变化无关,消除了温度的影响,保证了传感器的检测精度。

这类传感器,单位位移与波长变化量之间的关系系数 K_λ 由设计决定,然后通过测试标定得到精确的 K_λ 值系数。

图 2-4-25 示出几种位移传感器。

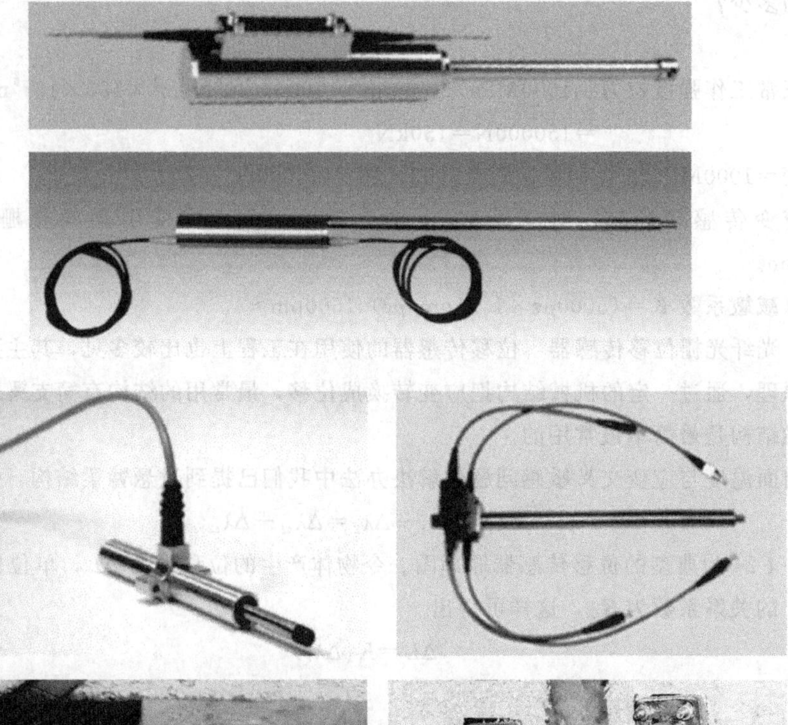

图 2-4-25　几种位移传感器

设计任务 3

① 测试对象假定

测试对象：物体裂缝大小、闸门开度、铁轨爬行位移、桥梁支座位移、伸缩缝位移等。

测试范围：1mm～100cm 分成不同等级。如 0～10cm 测裂缝，1～10cm 测较小位移，10cm 以上测较大位移。

② 设计要求

外观要求：其外观、形状、装配方式不限。

结构设计与测量范围相符。

传输光纤护套外径 ϕ5mm，长度不限。

光纤光栅外径 ϕ0.25mm，长度不限。

明确器件主要由哪些元件组成，并画出元件设计图、装配图。

③ 传感器使用说明编写

说明传感器的使用对象范围、测量范围、测量精度、使用环境、安装方式以及使用中的注意事项等。

利用结构设计的不同，设计出不同 K_λ 值系数的位移传感器，并估算其 K_λ 值大小。

(4) 光纤光栅测力环　测力环有多种名称，也可称为穿心式拉力检测传感器，主要用于缆索拉力的长期在线监测，为缆索健康运行和维护保养提供依据。

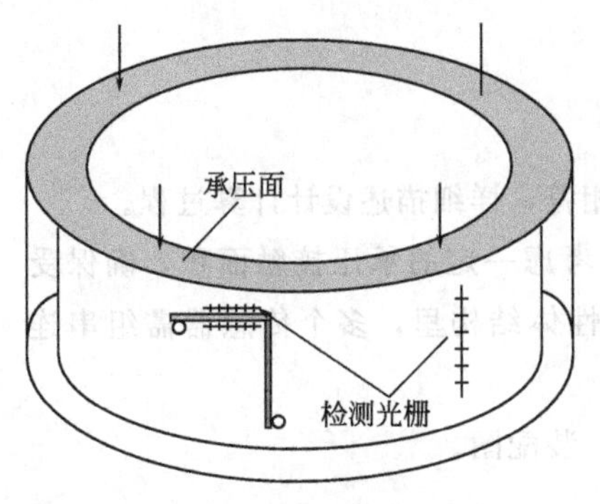

图 2-4-26　光纤光栅测力环结构示意图

典型的光纤光栅测力环的结构如图 2-4-26 所示，主要由弹性体、悬臂变形结构、光纤光栅组成。光栅粘贴在悬臂变形结构悬臂梁的上下两个面上，每个测力环上悬臂变形结构的数量根据缆索尺寸、缆索拉力大小等因素确定，一般为 4～6 组，需光栅 4～6 对，每对中两个光栅波长间距一般为 2nm，每对之间波长间距一般为 4nm，最大承载情况下的波长变化为 1nm 左右。

在使用中，测力环安装于锚垫板和锚板之间，缆索安装调试完成后受到的张拉力 F 作用在光纤光栅测力环上，测力环受到同等大小的压力 N，压力 N 分布在测力环的四周使弹性体产生压缩变形，变形量通过悬臂变形结构传递到光栅上，致使一侧的光栅压缩，另一侧拉伸。通过检测传感光栅波长的变化量就可以得到缆索张拉力 F 的大小。由于每对光栅所处环境相同，光学特性相近，温度对它们影响相同，可补偿环境温度变化的影响，张拉力 F 和光栅波长 λ 的关系可表达如下

$$F = k\,\frac{1}{n}\sum_{1}^{n}\Delta(\lambda_{i-1} + \lambda_{i-2}) \tag{2-4-27}$$

式中，$\Delta\lambda$ 为测力环传感光栅受力前后的波长差；n 为传感光栅的组数；k 为测力环的出厂标定系数，代表单位波长变化时缆索拉力的变化。

这种传感器采用弹性体接触式传递缆索的拉力，比较直接、可靠，测量精度也较高，由武汉理工大学光纤传感技术国家工程实验室研发的光纤光栅测力环，已在多座桥梁的长期健康监测系统中进行了应用。但这种结构形式决定了光纤光栅测力环的安装方式，因此，它仅适用于新建桥梁，或既有桥梁的缆索换索工程中使用。

【例 2-4-2】

已知钢索的设计工作强度为 3150kN，钢索通过直径 250mm（测力环内径），测力环壁厚设计 15mm，外径 280mm，弹性体弹性模量为 2.0×10^5 MPa，求弹性体微应变。

解：

弹性体横截面积＝(140×140－125×125)×3.14≈12488 (mm^2)

弹性体所受应力＝3150000N÷12488mm^2≈252MPa

弹性体微应变＝252MPa÷(2.0×10^5)MPa×100000≈1260$\mu\varepsilon$

如直接在弹性体上安装裸栅传感器，对于 1550nm 的光栅，其：

光栅波长变化＝1260×1.21＝1524.6 (pm)。

设计示例见图 2-4-27。

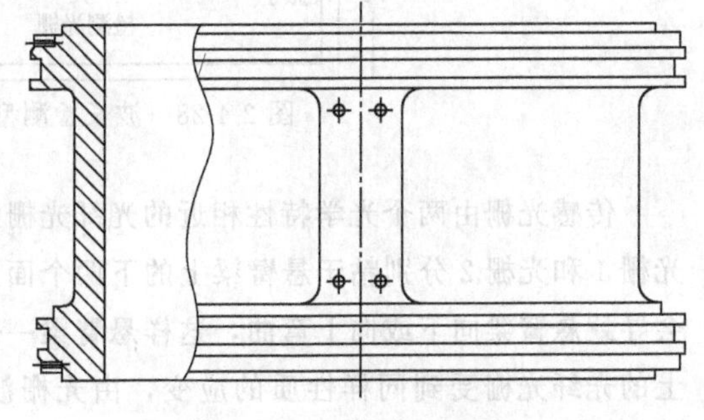

图 2-4-27　设计示例图

设计任务 4

① 测试对象假定

工作张拉力：5000～8000kN。

钢索通过直径（测力环内径）：300～400mm。

弹性体材料采用：40CrNiMo。

② 设计要求

设计弹性体内径，受压壁厚，结构设计与测量范围相符，详细描述设计计算过程。

高度统一为 200mm，设计其外形尺寸。设计时，要考虑一定的承压接触面积，确保受压时不出现弹性体压偏、失稳，光栅传感器需隐藏在弹性体结构里，多个传感器需组串连接，一根尾纤输出。

明确器件主要由哪些元件组成，并画出元件设计图、装配图。

③ 传感器使用说明编写

说明传感器的使用对象范围、测量范围、测量精度、使用环境、安装方式以及使用中的注意事项等。

(5) 光纤光栅振动传感器　结构动力特性检测的主要目的是测定在环境激励作用下结构的动力特性参数，如结构的固有频率、阻尼系数和振型等。动力特性参数是结构的基本特征，它们只与结构本身的固有性质，如结构的组成形式、刚度、质量分布和材料等有关，与外界环境条件无关。其测量结果不仅可用来分析结构在荷载作用下的安全营运状态，而且可以用来验证设计理论，为结构维护保养的决策提供科学依据，促进结构相关设计理论的发展。

现有的光纤光栅振动传感器，主要有基于时间应变检测的波长检测型光纤光栅振动传感器和基于时间光强检测的光强检测型光纤光栅振动传感器。通过实时数据检测，得到时间、波长或光强的波形曲线，然后进行 FFT 分析，求出结构动力特性的相关参数。

① 波长检测型光纤光栅振动传感器。波长检测型光纤光栅振动传感器主要有悬臂结构和桥式结构。图 2-4-28 是悬臂梁式光纤光栅振动传感器的结构示意图，其结构主要由悬臂梁、振子、传感光栅、护套和光纤连接器组成。

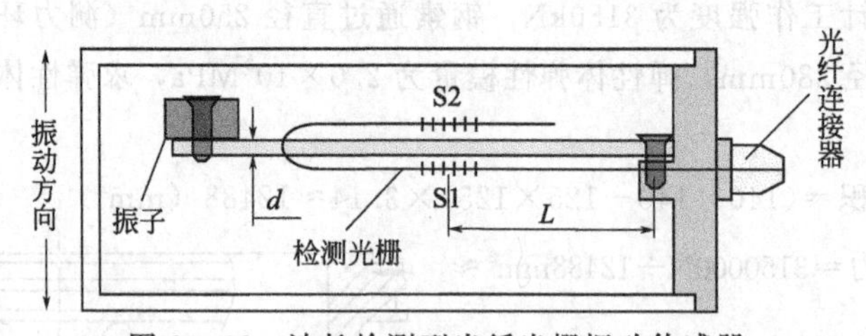

图 2-4-28　波长检测型光纤光栅振动传感器

传感光栅由两个光学特性相近的光纤光栅组成，两个光栅的波长间距一般为 2nm 左右。光栅 1 和光栅 2 分别粘于悬臂梁上的下两个面上。当振子在环境激励的作用下产生振动时，会导致悬臂梁向下或向上弯曲，这样悬臂梁一侧的材料被拉伸，另一侧被压缩，粘于悬臂梁上的光纤光栅受到同样性质的应变，由光栅波长与应变的表达式（2-4-14）可得到如下表达式。

$$\frac{\Delta\lambda_1}{\lambda_1}-\frac{\Delta\lambda_2}{\lambda_2}=[(\alpha_1+\xi_1)\Delta T_1-(\alpha_2+\xi_2)\Delta T_2]+[(1-P_{e1})\cdot\Delta\varepsilon+(1-P_{e2})\Delta\varepsilon] \tag{2-4-28}$$

由于光栅 1 和光栅 2 的光学特性相近，同时两个光栅所处环境条件一样，两个传感光栅波长变化的差值 $\Delta\lambda$ 可以简化为：

$$\Delta\lambda=\frac{\Delta\lambda_1}{\lambda_1}-\frac{\Delta\lambda_2}{\lambda_2}=2(1-P_e)\Delta\varepsilon \tag{2-4-29}$$

该结构振动传感器结构简单，制作工艺不复杂，适用于中低频振动信号的检测。由于采用简单的悬臂梁结构，在光栅波长信号的检测中可能会出现光谱展宽，甚至啁啾等现象，从而产生较大的测量误差。通过采用等力臂梁结构可以克服这些问题，提高检测精度。

图 2-4-29 是桥式光纤光栅振动传感器的结构示意图，其结构主要由传感光栅复合材料、振子、限位导向装置、护套和光纤连接器组成。传感光栅复合材料由两个光学特性相近的光纤光栅与金属或有机材料复合组成，两个光栅的波长间距一般为 2nm 左右。在材料复合时，光栅 1 和光栅 2 分别位于振子的上下两段上。当振子在环境激励的作用下产生振动时，会导致传感光栅复合材料的拉伸或压缩，从而实现对被测对象振动参数的检测。

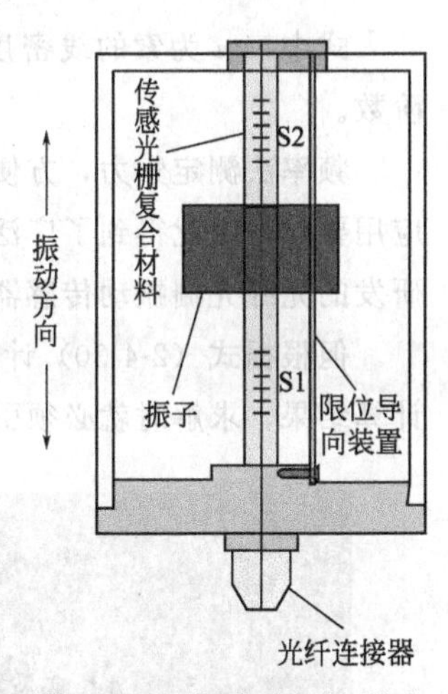

图 2-4-29　桥式波长检测型光纤光栅振动传感器

与悬臂梁式传感器相比，该结构振动传感器结构较为复杂，制作工艺要求也高。通过改变传感光栅复合材料的载体材料，可以检测不同频率的振动信号，检测频率范围较宽，可以用于高频振动信号的检测。

② 光强检测型光纤光栅振动传感器。图 2-4-30 是光强检测型光纤光栅振动传感器的结构示意图，其结构主要由主梁、辅梁、传感光栅、匹配光栅和光纤耦合器组成。

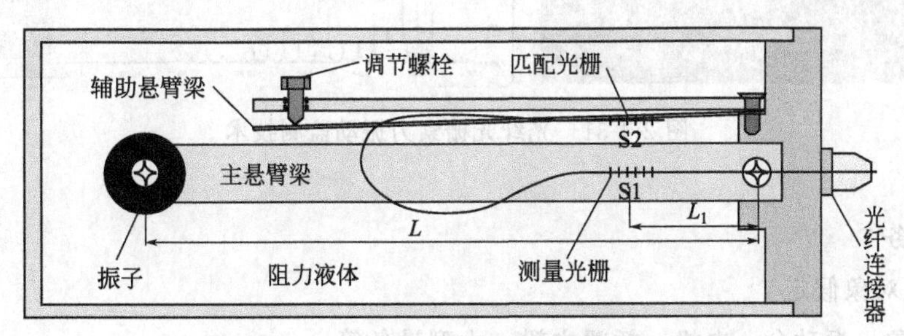

图 2-4-30　光强检测型光纤光栅振动传感器

主悬臂梁（简称主梁）与振子组成一个受迫振动体系，传感光栅粘贴在主梁上，当振动体系在环境激励的作用下产生振动时，会导致悬臂梁向下或向上弯曲，这样悬臂梁一侧的材料被拉伸或压缩，粘于悬臂梁的上光纤光栅受到同样性质的应变，这种振动产生的周期性应变，导致传感光栅的中心波长发生周期性改变。匹配光栅粘贴在辅助悬臂梁（简称辅梁）上，通过辅梁挠度调节装置可以改变匹配光栅的波长，使之与传感光栅的波长相匹配。宽带光源发出的光经由光纤耦合器传播到传感光栅，经光栅反射后再经过耦合器传播到匹配光栅，经过匹配光栅滤波后透射光由光电检测装置接收。

通过辅梁挠度调节装置调整匹配光栅的波长，使传感光栅的波长处在匹配光栅透射谱的线性区域。当传感光栅的反射光通过匹配光栅时，利用匹配光栅透射谱的线性区域滤波，光敏管接收到的光强随着传感光栅中心波长的变化而变化，从而实现光纤光栅波长信号到光强信号的调制，实现对被测对象振动参数的检测。

[例 2-4-3]：光纤光栅索力振动传感器。

检测原理是利用振动传感器，获取缆索在环境激励下的振动信号，经过信号处理后得到缆索的自振频率，然后根据自振频率与索力的关系计算得到索力。其表达式为：

$$T = 4ml^2 \frac{f_n^2}{n^2} \tag{2-4-30}$$

式中，m 为索的线密度；l 为斜拉索长度；f_n 为第 n 阶的自振频率；n 为弦振动的阶数。

频率法测定索力，方便灵活、适应工况多、设备可重复使用，测量精度基本能满足工程应用要求，因此得到了广泛使用，图 2-4-31 是武汉理工大学光纤传感技术国家工程实验室研发的光纤光栅振动传感器在武汉某桥索力监测中的应用情况。

但根据式（2-4-30）计算的索力，过于简化，计算存在一定的误差，如需得到较准确的计算结果，求解时就必须引入合适的边界条件，具体的求解分析过程可参见相关文献。

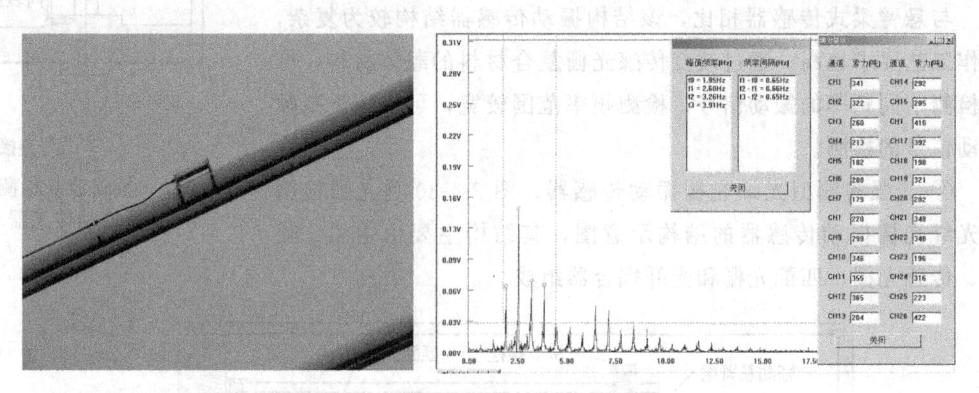

图 2-4-31　光纤光栅索力振动监测技术

设计任务 5

① 测试对象假定

测试对象：振动台、电机、桥梁主梁、大型设备等。

检测频率：0.5～100Hz。

② 设计要求

检测原理：匹配滤波。

其外观、形状、装配方式不限。

结构设计与测量范围相符。

传输光纤护套外径 ϕ5mm，长度不限。

光纤光栅外径 ϕ0.25mm，长度不限。

明确器件主要由哪些元件组成，并画出元件设计图、装配图。

③ 传感器使用说明编写

说明传感器的使用对象范围、测量范围、测量精度、使用环境、安装方式以及使用中的注意事项等。

外观示例见图 2-4-32。

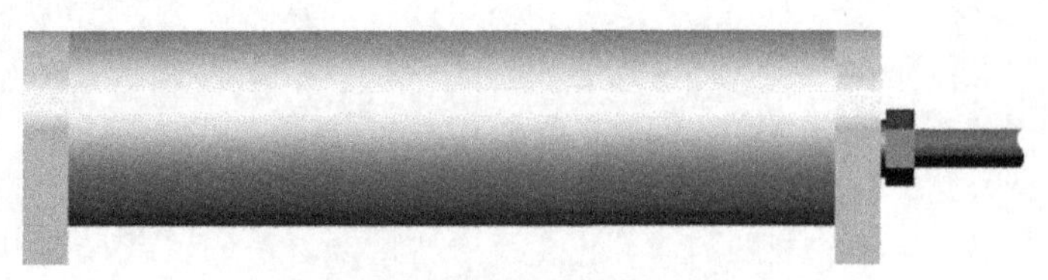

图 2-4-32 传感器外观设计示意

四、思考题

1. 简述光纤传感器的分类及其性能特点。

2. 天空为什么是蓝色？简述其原理。

3. 光纤光栅的定义是什么？代表性的光栅有哪些？最常用的光栅是哪种？

4. 简述 Bragg 光栅的传感原理。

5. 光纤光栅温度应变交叉敏感的常用解决方法是什么？简述其原理。

6. 光栅振动传感器的种类有哪些？简述匹配滤波型光栅振动传感器的工作原理。

五、参考文献

[1] 姜德生，RichardO C. 智能材料器件结构与应用 [M]. 武汉：武汉工业大学出版社，2000.

[2] 赵勇. 光纤光栅及其传感技术 [M]. 北京：国防工业出版社，2007.

[3] 李宏男，任亮. 结构健康监测光纤光栅传感技术 [M]. 北京：中国建筑工业出版社，2008.

[4] 李川. 光纤传感器技术 [M]. 北京：科学出版社，2012.

[5] 王友钊，黄静. 光纤传感技术 [M]. 西安：西安电子科技大学出版社，2015.

实验五

半导体芯片的制备与综合性能分析

一、实验目的

1. 了解光刻与刻蚀的作用，熟练掌握光刻与刻蚀工艺流程；
2. 了解光刻工艺要求及相关影响因素；
3. 掌握刻蚀方法与原理；
4. 了解离子注入的作用，掌握离子注入流程。

二、实验原理

制造电子器件的基本半导体材料是圆形硅单晶薄片，称为硅片。实际上不只是硅芯片，常见的还包括砷化镓、锗等半导体材料，统称为晶圆。在晶圆制造厂，由晶圆上进行浸蚀、布线等工艺制成的能实现某种功能的半导体器件，被称为芯片或微芯片（图 2-5-1）。半导体芯片的发明是 20 世纪的一项创举，它开创了信息时代的先河。从上游至下游，半导体产业链包括材料设备、设计、制造、封装测试和应用环节（图 2-5-2）。半导体产业向前迈进的重要一步是将多个电子元件集成在一个晶圆上，被称为集成电路或 IC。

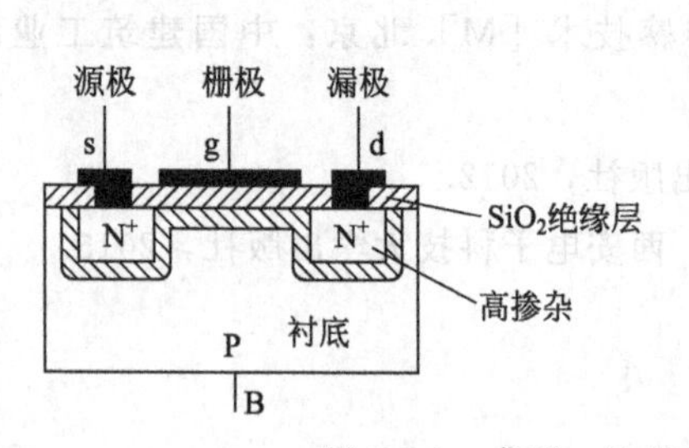

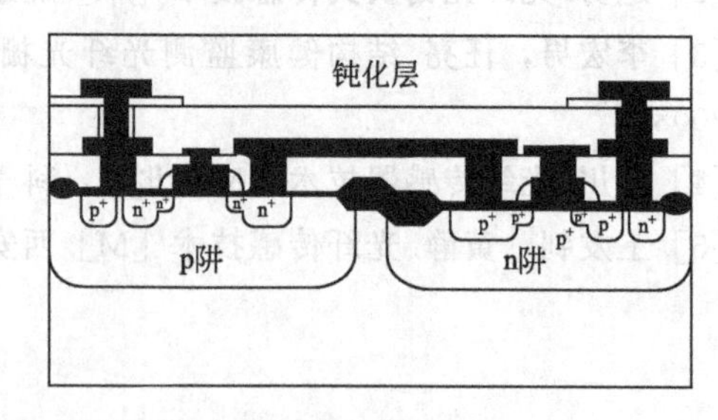

图 2-5-1　典型 n 沟道 MOS 管及双阱 CMOS 集成电路

半导体芯片的制造技术很复杂，仅发生在接近晶圆表面的几微米，要求许多特殊工艺步骤、材料、设备以及供应产业，其制造大致可分为 5 个大的阶段（图 2-5-3）：硅片准备、硅片制造、硅片测试/拣选、装配与封装、终测。

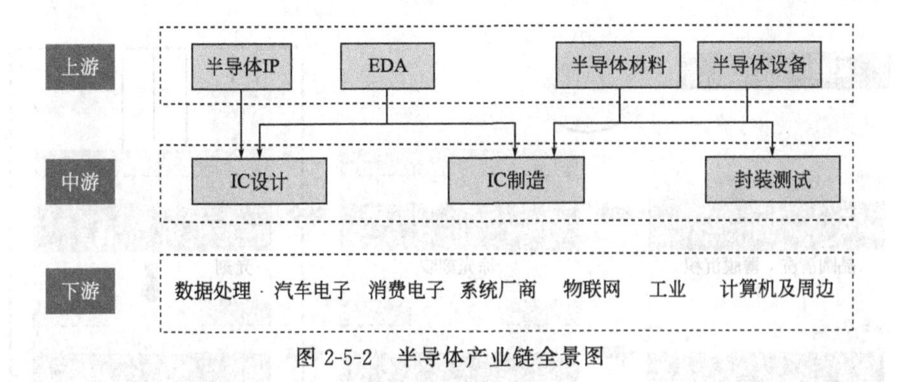

图 2-5-2 半导体产业链全景图

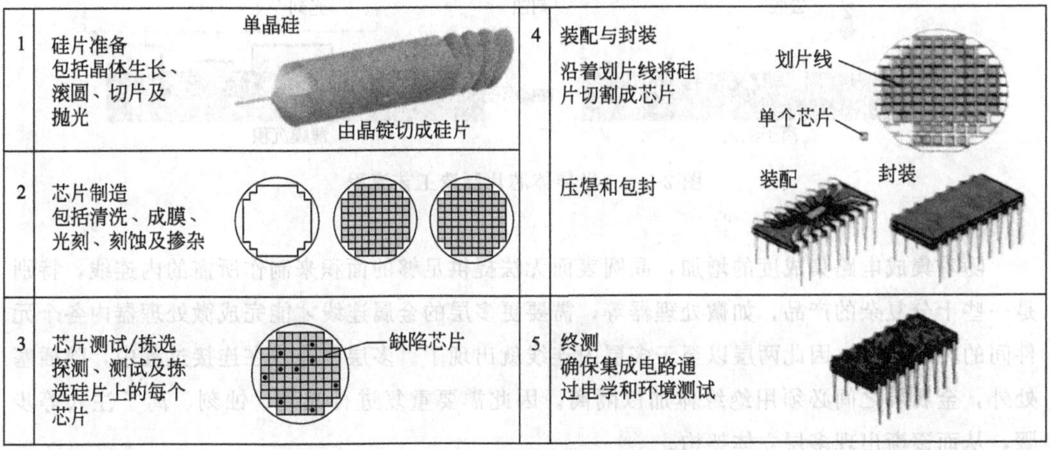

1	硅片准备 包括晶体生长、滚圆、切片及抛光 单晶硅 由晶锭切成硅片	4	装配与封装 沿着划片线将硅片切割成芯片 划片线 单个芯片
2	芯片制造 包括清洗、成膜、光刻、刻蚀及掺杂		压焊和包封 装配 封装
3	芯片测试/拣选 探测、测试及拣选硅片上的每个芯片 缺陷芯片	5	终测 确保集成电路通过电学和环境测试

图 2-5-3 半导体芯片制造的阶段

(1) 硅片准备　在第一阶段，将硅从沙子中提炼并纯化，经过特殊工艺产生适当直径的硅锭，然后将硅锭切割成用于制造微芯片的薄硅片。如果在一片硅片上有更多的芯片，制造集成电路的成本会大幅度降低。硅片的直径多年来一直在增大，从 3 英寸、6 英寸、8 英寸到 12 英寸，目前已发展到 18 英寸。

(2) 芯片制造　在晶圆表面形成器件或集成电路（图 2-5-4）的芯片制造过程最为复杂，涉及许多复杂工艺步骤的交互。晶圆的制造有几千个步骤，可以分为两个主要部分：前端工艺线是晶体管和其他器件在晶圆表面形成的，包括扩散、薄膜、光刻、刻蚀、离子注入、抛光和金属化；后端工艺线是以金属线把器件连在一起并加一层最终保护层。加工完的晶圆具有永久刻蚀在晶圆上的一整套集成电路。

(3) 芯片测试/拣选　晶圆制造完成后，硅片被送到测试/拣选区，在那里进行单个芯片的探测和电学测试，然后拣选出可接受和不可接受的芯片，并为有缺陷的芯片做标记。

(4) 装配与封装　晶圆测试/拣选后，进入装备和封装步骤，以便把单个芯片包装在一个保护管壳内。晶圆背面首先进行研磨以减小衬底的厚度，然后将一片厚的塑料膜贴在硅片背面，在正面沿着划片线将每个芯片分开。好的芯片被压焊或抽空形成装配包，随后将芯片密封在塑料或陶瓷壳内。

(5) 终测　为确保芯片的功能，要对每一个被封装的芯片进行测试，以满足制造商的电学和环境的特性参数要求。

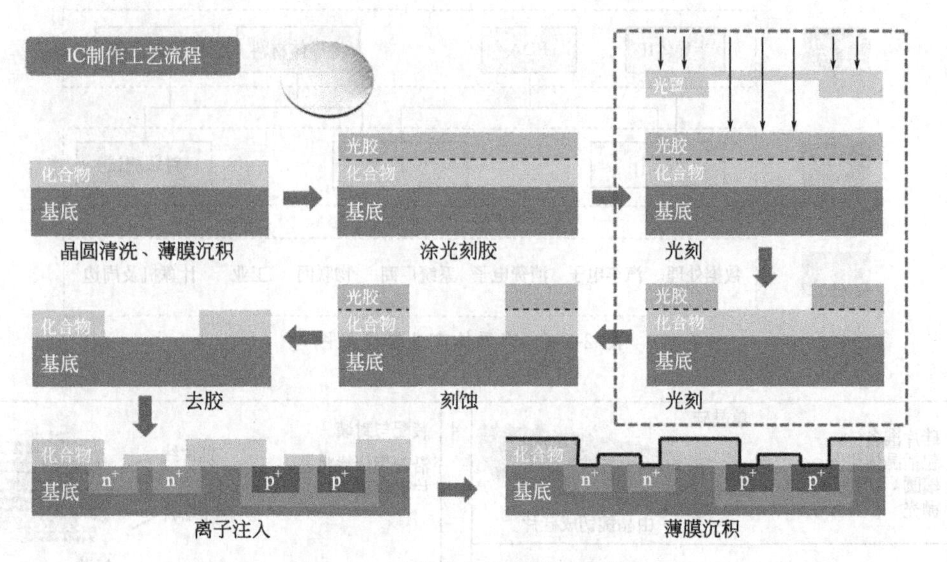

图 2-5-4　半导体芯片制造工艺流程

随着集成电路集成度的增加，晶圆表面无法提供足够的面积来制作所需的内连线，特别是一些十分复杂的产品，如微处理器等，需要更多层的金属连线才能完成微处理器内各个元件间的相互连接，因此两层以至于多层内连线就出现了。多层内连线在连接过程中，除插塞处外，金属层之间必须用绝缘体加以隔离。因此需要重复进行光刻、蚀刻、离子注入等步骤，从而逐渐出现多层立体架构。

1. 光刻

光刻是通过匀胶、曝光、显影等一系列工艺步骤，将晶圆表面薄膜的特定部分除去而留下带有微图形结构的薄膜，从而完成将设计好的电路图形从光刻板上转移到晶圆片表面光刻胶上的工艺。总的来说，光刻是将图形转移的一个复制过程。光刻是半导体制造过程的中心，制造工艺中晶圆片需要多次经过光刻工艺，光刻工艺在很大程度上决定着半导体器件的图形分辨率、成品率以及质量，因此光刻被认为是半导体制造行业中最关键的步骤。据估计，光刻成本在整个硅片加工成本中几乎占到三分之一。在半导体制造技术中，人们通常用多晶硅栅长——“特征尺寸”来评价一个集成电路生产线的技术水平，而光刻技术则决定了晶圆的最小特征尺寸。可以说，光刻工艺的进步驱动着芯片的发展与更新换代。

(1) 光刻流程　光刻工艺主要有 8 个步骤：清洗及底膜处理→旋转涂胶→软烘/前烘→对准与曝光→曝光后烘焙→显影→坚膜/后烘→显影检查。

① 清洗及底膜处理。为保证光刻胶能在晶圆表面良好黏附，光刻前的硅片表面必须是清洁和干燥的，因此光刻的第一步是清洗、脱水和硅片表面成底膜处理。

硅片清洗包括湿法清洗和去离子水冲洗以去除沾污物。湿法清洗液选择依据如表 2-5-1 所示。脱水致干烘焙在一个封闭腔内完成，以除去吸附在硅片表面的大部分水汽。脱水烘焙后硅片立刻用旋涂、浸泡、喷雾或气相方法来涂六甲基二硅胺烷（HMDS）进行成膜处理，它起到黏附促进剂的作用。

表 2-5-1　主要洗液与可去除污染物

洗液名称	可去除的污染物
SC1（APM） NH_4OH：H_2O_2：H_2O	微颗粒、有机物、部分金属离子
SC2（HPM） HCl：H_2O_2：H_2O	金属离子
Piranha（SPM） H_2SO_4：H_2O_2	颗粒、金属（不含铜）、有机物（主要是残留光刻胶）
DHF HF：H_2O	氧化物（自然氧化层）
BHF NH_4F：HF：H_2O	氧化物（自然氧化层）

② 旋转涂胶。为防止潮气再次大量吸附于晶圆表面，成底膜处理后硅片要立即采用旋转涂胶的方法涂上液相光刻胶材料。光刻胶是一种光敏的化学物质，它通过紫外光曝光来印制掩膜版的图像。光刻胶只对特定波长的光线敏感，如深紫外线和白光，而对黄光不敏感。因此光刻区通常使用黄色荧光灯照明。光刻胶的两个主要类别是负性光刻胶和正性光刻胶（表 2-5-2），是基于光刻胶材料如何响应紫外线的特性分类的。

表 2-5-2　光刻胶种类和特点

项目	正性光刻胶（正胶）	负性光刻胶（负胶）
曝光作用	曝光前感光剂与树脂交联，曝光后感光剂分解，交联被破坏	曝光后成为相互交联的聚合物，有高抗刻蚀性
曝光后溶解度	可溶。显影时曝光的部分溶于显影液，所得图案与掩膜版相同	不可溶。显影时未曝光的部分溶于显影液，所得图案与掩膜版相反
分辨率	高。聚合物的尺寸小而使分辨率高，特征尺寸 3μm 以下时使用	低。聚合物易吸收显影液中溶剂使得聚合物膨胀而降低分辨率
优点	分辨率高、台阶覆盖好、对比度好	良好的黏附能力、良好的阻挡作用、感光速度快
缺点	价格昂贵、黏附性差、抗刻蚀能力差	二甲苯溶剂有毒、分辨率低

涂胶所用设备为旋涂仪。进行操作时，硅片首先被固定在一个真空载片台上，它是一个表面上有很多真空孔以便固定硅片的金属或聚四氯乙烯盘。根据光刻胶的厚度需求，选取特定黏度的光刻胶液体滴在硅片上，然后设定旋涂仪的时间、转速，载片台即带动硅片开始高速旋转，使得光刻胶在硅片上迅速铺展成膜，从而得到均匀的光刻胶涂层（图 2-5-5）。

适宜的光刻胶厚度可以减少不必要的显影时间，而厚度的均匀性可以保证线宽的重复性，同一个样品的胶厚均匀性和不同样品间的胶厚一致性不应超过±5nm（对于 1.5μm 胶厚为±0.3%）。涂胶厚度主要由光刻胶黏度和转速决定，常规光刻胶旋涂工艺的优化需要考虑滴胶时的转速、转速加速度、滴胶位置、环境温度和湿度等。光刻胶转速过快，将在硅片上产生放射状条纹，若时间过长，易导致旋涡状图案。

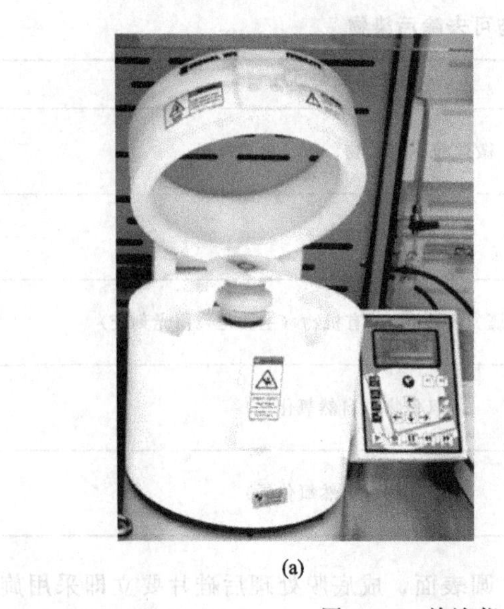

(a)

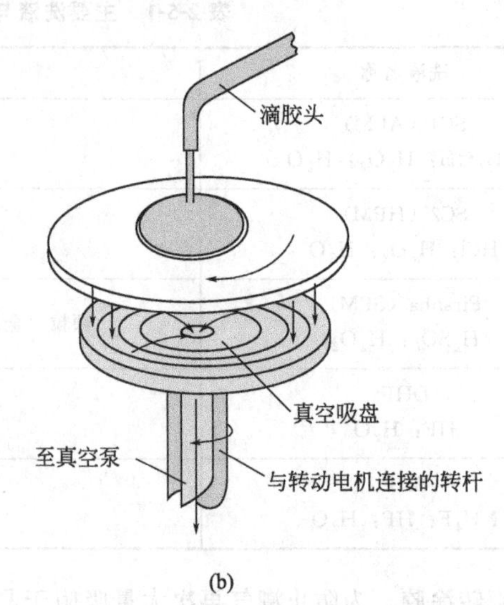

(b)

图 2-5-5　旋涂仪（a）和旋涂示意图（b）

③ 软烘/前烘。在硅片上旋转涂布光刻胶后，硅片要经过软烘（也叫前烘）的高温步骤，去除光刻胶中的溶剂，防止光刻胶黏到设备上，保持器械洁净。同时增强光刻胶的黏附性，并减轻旋涂过程中光刻胶胶膜内产生的应力，保证后续刻蚀过程中更好的线宽控制。软烘方法有热平板传导、红外线辐射、干燥循环热风等。

④ 对准与曝光。对准与曝光是利用紫外线通过模版去使晶圆表面的光刻胶发生变化的过程，是生产大规模集成电路最为核心的步骤。对准与曝光所用到的设备为光刻机。

a. 对准。曝光前需要进行对准，首次曝光需要对准晶向，多次曝光之间需要进行图形对准。对准晶向是通过光刻掩膜版与光刻机之间的对准标记，将光刻掩膜版与光刻机进行对准。多次曝光后对准是使本次曝光后的图案与前面工艺形成的图形进行套准，实现高精度匹配。

b. 曝光。曝光是使光源经过光刻掩模版照射衬底，让接受到光照的光刻胶的光学特性发生变化，从而实现将掩膜版的图案投映到光刻胶中的目的。为保障显影后获得的光刻胶侧壁垂直、图案线宽可控，要避免光刻胶吸光过多。可通过调节波长、曝光剂量和光刻胶类型，使光刻胶在尽可能短的时间充分感光。

光源选择：

光刻机最关键的部件是光学系统，对光学系统的要求一般有以下 3 点：有适当的波长、有足够的能量和光能量分布均匀。由于光刻胶的工作原理在于其可与定波长的光反应，因此曝光过程中要特别注意光源波长的选择。

光刻机的分辨率是指能精确转移到光刻胶膜上图案的最小尺寸。分辨率 $R=k\lambda/\mathrm{NA}$，其中，k 为光学系统的工艺因子（一般范围 0.6～0.8），λ 为光源波长，NA 为数值孔径，通过减小 λ 或增加 NA 都可以增强光学系统的分辨能力。入射光波长越短，图形分辨率越高，可实现的特征尺寸越小，但能量也随之减小，曝光所需要的时间也就越长。光源与图形分辨率的关系见表 2-5-3。

表 2-5-3　曝光光源与图形分辨率关系

光源	描述符	UV 波长/nm	CD 分辨率/μm
高压汞灯	G 线	436	0.5
	H 线	405	0.4
	I 线	365	0.35
	DUV（深紫外）	248	0.25
准分子激光	DUV	248	⩽0.25
	193DUV	193	⩽0.18
	VUV（真空紫外）	157	⩽0.15
等离子体	EUV（极紫外）	13.5	0.03

曝光方式：

接触式曝光：分辨率较高，但是基片表面与掩膜版直接接触，容易造成掩膜版和光刻胶膜的污染，甚至造成二者的损伤。

接近式曝光：在硅片和掩膜版之间有一个很小的间隙（2.5～25μm），可以有效减少掩膜版和光刻胶膜的污染和损伤。但其分辨率较低，仅适用于线宽 2～4μm 的光刻图案。

投影式曝光：利用透镜或反射镜将掩膜版上的图形投影到衬底上。

优点：相比于接触式曝光和接近式曝光，投影式曝光可以利用光学系统将掩膜版上的图形聚焦于晶圆表面，若增加缩小透镜后，掩膜版尺寸可以比晶圆上的图案尺寸大 1～10 倍，降低了掩膜版制造难度。此外，由于对准是观察掩膜版平面上的反射图像，不存在景深问题。缺点：投影系统光路复杂，设备昂贵。

⑤ 曝光后烘焙。曝光后的硅片需要进行短时间的烘焙，促进关键光刻胶的化学反应，光生酸去除树脂中的保护成分，使光刻胶能够溶于显影液。烘焙温度一般选择在光刻胶玻璃转化温度 T_g 以上，使光刻胶分子发生热运动。因此，光刻胶结构能够在一定程度上发生重排，降低驻波效应带来的光刻胶侧墙形变程度，从而提高曝光分辨率。

⑥ 显影。在显影过程中，正光刻胶的感光区、负光刻胶的非感光区，会溶解于显影液中，从而在光刻胶中形成三维图形，作为后续的刻蚀或离子注入工艺中的掩膜。传统的光刻胶显影方法是将硅片浸在显影液中，但这种方法不适用于大规模生产。目前最常用的显影技术有喷雾显影和旋覆浸没显影。

显影时，曝光区和未曝光区均会在显影液溶解，可用二者间溶解率的比值（DR）来反映二者的溶解选择性。例如 DR 大于 1000 的商用正胶，其在曝光区溶解速率为 3000nm/min，在未曝光区只有每分钟几纳米。显影液的浓度、温度、均匀度，光刻胶的膜厚、前烘条件和曝光量等都会影响显影速率。针对不同光刻胶，为保证显影效果，正胶所用显影液一般为含水的碱性显影液，如 TMAH（四甲基氢氧化铵水溶液）、NaOH 或 KOH 等，清洗液可选择去离子水；负胶所用显影液一般为二甲苯和抑制显影速率的缓冲剂，清洗液可选择丁基醋酸盐、乙醇或三氯乙烯。

⑦ 坚膜/后烘。坚膜过程不但可以去除显影后胶层内残留的溶剂，消除显影液的浸泡引起的胶膜软化、溶胀现象，还可以通过热熔效应使光刻胶与硅片之间的接触面积达到最大，

增强胶膜附着能力、减少光刻胶膜中的针孔，从而提高随后刻蚀和离子注入过程中的抗蚀能力。为有效减少光刻胶中的溶剂含量，坚膜所用温度要高于前烘和曝光后烘烤温度。但过高的坚膜温度不仅会增加去胶时的困难，还会增加光刻胶内部的拉伸应力使附着性变差，甚至还可能使光刻胶发生流动变形从而影响最终图形效果，因此必须控制在适当温度范围。

坚膜后还需要通过紫外光辐照和加热来提高光刻胶的聚合度及稳定性，从而使光刻胶产生均匀的交叉链接，完成光学稳定过程。光学稳定过程可以提高光刻胶抗蚀性。

⑧ 显影检查。对带有光刻胶图形缺陷的硅片进行刻蚀或离子注入会使硅片报废，因此在刻蚀或离子注入工艺之前必须进行检查，挑出有缺陷的硅片。显影检查内容包括对准精度、关键尺寸及表面缺陷（图案畸形、表面刮损、针孔、污点、污染物等）。显影检查可以采用光学显微镜或扫描电子显微镜。检查合格的圆晶进入后续刻蚀等流程，不合格的圆晶在清洗后进入最初流程。光刻是芯片生产过程中唯一可以进行返工的步骤。

（2）光刻工艺要求

① 高分辨率。分辨率是将硅片上两个邻近的特征图形区清晰区分的能力，即对光刻工艺中关键尺寸的一种描述。随着集成电路集成度的提高，对分辨率的要求也随之提高。

② 精密的套准精度。套准精度指后续掩膜版与先前掩膜版在晶圆上图形间的相互对准或匹配的程度。晶圆的制作过程需要经历多次光刻，此对套刻要求很高，要求套刻误差在特征尺寸的10%左右。

③ 图形无误、低缺陷。图案错误或缺陷会使电路失效，因此应该尽量减少图形错误或缺陷。

④ 产率大。为满足大规模生产需求，要提高光刻工艺产率。一方面，要提高光刻胶灵敏度，即提高光刻胶感光速度，缩短光刻周期；另一方面，要满足大尺寸晶圆的光刻需求。

2. 刻蚀

（1）刻蚀技术　刻蚀是指将晶圆片上没有被光刻胶覆盖或保护的部分，以化学反应或物理作用的形式加以去除，完成将图形转移到晶圆片表面上的工艺过程。在半导体制造工艺中，刻蚀与光刻相联系，是一种主要的图形化处理工艺。刻蚀对于器件的电学性能十分重要。如果刻蚀过程中出现失误，将造成难以恢复的硅片报废，因此必须进行严格的工艺流程控制。

刻蚀的方法分为干法刻蚀与湿法刻蚀，如图 2-5-6 所示。湿法刻蚀是利用待刻蚀物质与化学腐蚀液的相互反应，有选择地去除光刻胶裸露区域材料。干法刻蚀是把晶圆放在含等离子体的气体中，使等离子体与光刻胶裸露区域材料发生物理或化学作用，在晶圆中形成三维图案。若按照被刻蚀的材料，干法刻蚀可以分为硅刻蚀、介质刻蚀和金属刻蚀。硅刻蚀的常见应用为多晶栅刻蚀和单晶硅槽刻蚀，常用刻蚀气体为氟基化合物（如 CF_4、NF_3）、氟/氯/溴气等，生成的 SiF_4、$SiCl_4$ 和 $SiBr_4$ 都是挥发性的刻蚀生成物。氧化硅是常见的介质，刻蚀氧化硅通常是为了制作通孔或者接触孔，常用刻蚀气体为氟碳化合物（如 CF_4）。金属刻蚀的常见应用为金属互联线的铝合金刻蚀，或用于通孔填充的钨刻蚀。铝刻蚀常用 BCl_3，为了减少微负载效应并有助于侧壁钝化，通常也加入少量 N_2。

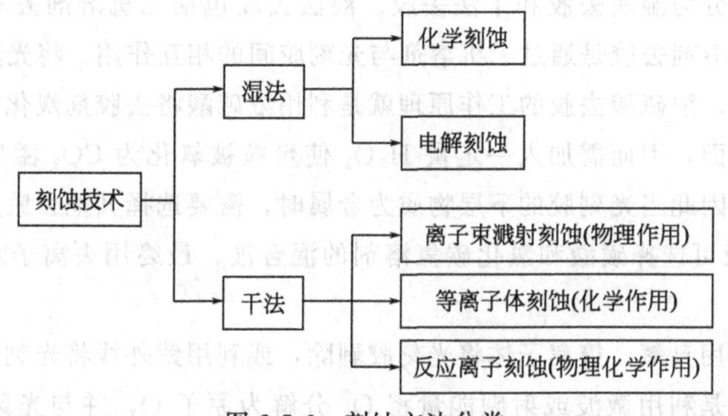

图 2-5-6　刻蚀方法分类

若按照反应原理来划分，干法刻蚀又可分为离子束溅射刻蚀、等离子体刻蚀和反应离子刻蚀。湿法刻蚀是各向同性刻蚀，即侧向与纵向腐蚀速度相同，会造成光刻胶掩蔽部分材料仍被刻蚀的问题，不利于保证图形分辨率，更适用于特征尺寸$\geqslant 3\mu m$的过程。干法刻蚀是各向异性刻蚀，即侧向腐蚀速度远远小于纵向腐蚀速度，使得光刻胶掩蔽部分材料几乎不被腐蚀，能实现图形的精确转移，是集成电路刻蚀工艺的主流技术。相比于湿法刻蚀，干法刻蚀对侧壁剖面控制良好，有助于提高分辨率，还能减少光刻胶脱落或黏附问题，保证片内、片间、批间的刻蚀均匀性，化学品使用费用也更低。但是，干法刻蚀也可能会对下层材料造成损伤，且设备较为昂贵。

(2) 刻蚀参数

① 刻蚀速率。刻蚀速率（单位：Å/min 或 nm/min）是指刻蚀过程中去除表面层材料的速度。

刻蚀速率$=\Delta d/t$

式中，Δd 为去掉薄层材料的厚度；Å 或 nm；t 为刻蚀时间，min。

② 刻蚀偏差。刻蚀偏差是指刻蚀以后线宽或关键尺寸的变化。

刻蚀偏差$=W_a-W_b$

式中，W_a 为线宽或关键尺寸；W_b 为实际尺寸。

③ 选择比。选择比是指在同一刻蚀条件下，刻蚀一种材料对另一种材料的刻蚀速率之比。高选择比意味着只去除需要刻蚀掉的膜层材料，而对其下层材料和光刻胶不刻蚀。

SiO_2 与光刻胶的选择比$=(\Delta d_{SiO_2}/t_1)\div(\Delta d_{光刻胶}/t_1)=\Delta d_{SiO_2}/\Delta d_{光刻胶}$

式中，Δd_{SiO_2}，$\Delta d_{光刻胶}$ 分别为二者的刻蚀深度。

④ 均匀性。均匀性是指刻蚀速率在整个硅片或整批硅片上的一致性情况。非均匀性刻蚀会产生额外的过刻蚀。

⑤ 刻蚀剖面。刻蚀剖面是指被刻蚀图形的侧壁形状。

除以上 5 个参数外，刻蚀后留下的污染物、残留物和等离子体诱导损伤等情况也是判断刻蚀效果好坏的参考因素。

(3) 去除光刻胶　光刻胶的主要功能是在整个区域进行刻蚀或离子注入等处理工艺时，保护光刻胶下的晶圆部分。刻蚀或离子注入之后，不再需要光刻胶作保护层，需要将其除去并进行下一步工艺，这一步骤简称去胶。

去胶的方法可分为湿法去胶和干法去胶。湿法去胶包括无机溶剂去胶和有机溶剂去胶两种。其中，无机溶剂去胶是通过无机溶剂与光刻胶间的相互作用，将光刻胶中的碳元素氧化为二氧化碳除去。浓硫酸去胶的工作原理就是利用浓硫酸将去胶剂炭化，但炭化后微小的炭粒会污染衬底表面，因而需加入一定量 H_2O_2 使炭粒被氧化为 CO_2 溢出。强酸性溶液会对金属产生腐蚀，因此当光刻胶的下层物质为金属时，需要选择其他去胶剂。如刻蚀物质为Al时所用的清洗液可选择磺酸和氯化碳氢溶剂的混合液，最终用去离子水去除多余的颗粒并清洁表面。

干法去胶是利用臭氧、等离子体将光刻胶剥除，或利用紫外线将光刻胶分解。等离子去胶机的工作原理就是利用微波或射频能量将 O_2 分解为原子 O，并与光刻胶反应产生 CO、CO_2、H_2O 去除光刻胶。相比于湿法去胶，干法去胶操作简单安全，过程中引入污染的可能性小，能与干法腐蚀在同一设备中进行，不损伤下层衬底。此外，由于腐蚀问题、剥离液与金属表面的相容性问题，干法刻蚀也具有一定应用优势。然而干法刻蚀过程中，光刻胶的表面在氟基或氯基气体中经过了加固，并不能很好地溶于湿法去胶液。因此，也需要用干法等离子去胶去除至少最上面的一层光刻胶。但是干法刻蚀带来的离子损伤对于器件表面的损坏也是要解决的问题。

3. 离子注入

元素掺杂是圆晶中形成 n 型或者 p 型半导体结构、产生功能化的关键步骤。优化掺杂物，减少掺杂过程中不必要的扩散，降低源/漏结及接触区域的缺陷，是高性能晶体管微缩化进程中面临的重大挑战。元素掺杂可以通过元素热扩散和离子注入两种途径实现（图 2-5-7）。其中，离子注入时元素几乎是垂直地向内扩散，横向扩散极其微小，这种直进性保证掺杂区域的高精度，使集成度提高成为可能。通过离子注入形成的集成电路具有速度快、功耗低、稳定性好、成品率高等特点，普遍应用于大规模、超大规模集成电路制造。

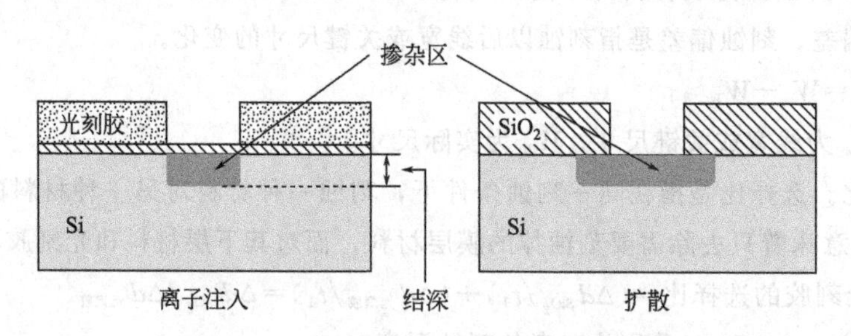

图 2-5-7　离子注入和元素热扩散掺杂的比较

(1) 离子注入　通过离子注入可以向晶圆中引入可控制数量的杂质，以改变导电类型，形成晶圆中功能区各结构。离子注入工艺所用设备为离子注入机，离子注入机中的离子源产生带正电荷的杂质离子后，离子被吸出，然后用质量分析仪将它们分开以形成需要掺杂离子的离子束。离子束在电场中加速后扫描整个晶圆，注入到待掺杂区的晶格结构中，形成均匀掺杂。因此，离子注入时发生的是一个物理过程，不发生化学反应。表 2-5-4 是半导体芯片制作过程中元素掺杂相关工艺及其特点。

表 2-5-4　半导体芯片制作过程中的一般掺杂工艺

工艺步骤	杂质种类	掺杂方式	备注
p^+硅衬底	硼 B	扩散	单晶硅生长过程中掺杂
p^-外延层	硼 B	扩散	外延层生长过程中掺杂
倒掺杂 n 阱	磷 P	离子注入	倒掺杂阱的浓度峰值在一定深度处，越接近表面浓度越小
倒掺杂 p 阱	硼 B	离子注入	倒掺杂阱的浓度峰值在一定深度处
p 沟道器件穿通	磷 P	离子注入	防漏区电场穿过 p 型沟道到达源区
p 沟道器件阈值电压调整	磷 P	离子注入	注入 P 调整 MOS 阈值电压
n 沟道器件穿通	硼 B	离子注入	防漏区电场穿过 n 型沟道到达源区
n 沟道器件阈值电压调整	硼 B	离子注入	注入 B 调整 MOS 阈值电压
n 沟道器件轻掺杂漏区	砷 As	离子注入	在临近 n 沟道的区域小剂量注入 As，减少电场峰值和热载流子效应，减少栅氧化物界面电荷
n 沟道器件源漏区	砷 As	离子注入	大剂量注入 As，形成 n 沟道器件源漏区
p 沟道器件轻掺杂漏区	BF_2	离子注入	在临近 n 沟道区域小剂量注入硼，改进漏区和沟道区之间电学性能
p 沟道器件源漏区	BF_2	离子注入	大剂量注入硼，形成 p 沟道器件源漏区
硅	Si	离子注入	注入非杂质原子使硅非晶化，减小穿通，增强扩散和通道效应
多晶硅掺杂	磷 P 或硼 B	离子注入或扩散	多晶硅栅电极掺杂减小电阻
SiO_2 掺杂	磷 P 或硼 B	离子注入或扩散	氧化物掺杂获得材料的优点（如更好的流动性和杂质捕获能力）

（2）离子注入特点

① 可控性高。a. 各种杂质注入浓度与浓度分布可通过独立控制掺杂剂量（$10^{11}\sim10^{17}$ cm^{-2}）和能量（200 eV 到几 MeV）来分别实现，且通过扫描的方式很好地控制了均匀性及重复性。b. 离子注入不受固溶度限制。c. 注入元素通过质量分析器选取，且真空环境减少沾污与离子束动能损耗，纯度高，能量单一。

② 低温掺杂。低温掺杂过程一方面避免了高温过程引起的热扩散，另一方面降低了对掩膜版和衬底材料的要求。

③ 精度高。a. 离子注入的直进性和低温性有效减少不必要的横向扩散，有利于器件尺寸的缩小。b. 通过对离子能量的控制，可以精确控制掺杂离子在晶圆中的穿透深度。

但是离子注入工艺也有其自身的问题，如会产生缺陷甚至非晶化，必须经高温退火加以改进。同时，设备相对复杂和昂贵，工艺含有不安全因素，如高压、有毒气体等。

（3）离子注入参数　离子注入最重要的参数是剂量和射程。

① 剂量。剂量（Q）是单位面积硅片表面注入的离子数，单位是原子每平方厘米（$atoms/cm^2$）或离子每平方厘米（$ions/cm^2$）。

$$Q=It/(enA)$$

式中，Q 为剂量；I 为束流，C/s；t 为注入时间，s；e 为离子电荷，1.6×10^{-19}C；n 为电荷数量；A 为注入面积，cm^2。

束流密度和注入时间是影响剂量的主要因素。大电流有助于提高晶圆产量，但要考虑大电流下的掺杂均匀性问题。

② 射程与投影射程。离子射程指离子穿入硅片的总距离（总路线长度）。当离子由于电势差加速时，获得动能（KE）：

$$KE=nV$$

式中，KE为动能，eV；n 为离子电荷；V 为电势差，V。

注入离子在晶圆中与硅原子发生碰撞，逐渐损失能量而最终停止。因此离子获得的动能越高，射程越大（见图 2-5-8）。投影射程 x_p 是指在入射方向上的投影，表示可以形成多深的结。投影射程受离子质量、靶的质量和离子束流相对于硅片晶体的方向影响。任何一个注入离子在靶内所受到的碰撞是一个随机过程，相同质量且相同初始能量的离子有一空间分布，投影偏差（标准偏差）则是指被注入元素在 x_p 附近的分布。

（4）离子注入过程中的两种能量损失机制　离子注入的过程中会发生两种主要的能量损失机制，即原子核阻滞和电子阻滞。晶圆内部离子的具体位置与离子能量、晶圆取向和停止机制有关。原子核阻滞是入射原子与晶格原子的原子核碰撞，碰撞后产生明显散射，并会造成硅原子的位移和晶体结构损伤。电子阻滞是入射原子和晶格原子的电子产生碰撞，碰撞产生的能量的转换非常小，且碰撞后的入射原子路径变化极小，晶格结构的损害程度较低。电子阻滞在离子速度较高时起主要作用，而原子核阻碍在注入离子速度较低时起主要作用（见图 2-5-9）。

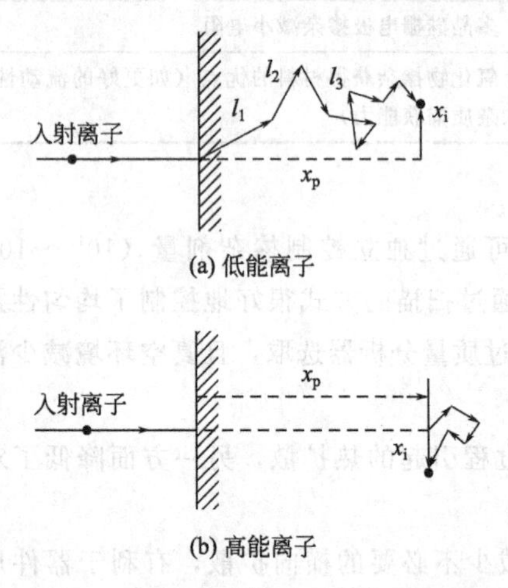

图 2-5-8　不同能量杂质原子的投影射程

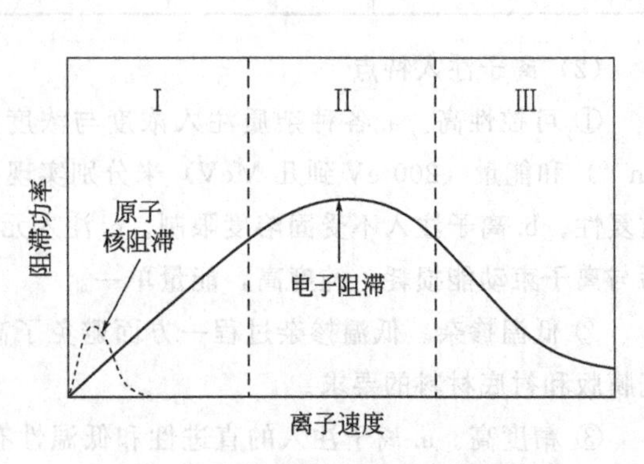

图 2-5-9　阻滞机理和离子速度的关系

（5）晶体损伤　晶格结构损伤的情况有三种：晶格损伤、损伤群簇和空位-间隙。

① 晶格损伤。入射原子与硅原子发生碰撞，取代硅原子的晶格位置。入射原子的质量越大、能量越大，晶格损伤越严重。

② 损伤群簇。晶格损伤发生后，被替位的硅原子继续替代其他原有硅原子的位置，产生成簇的被替位的原子。

③ 空位-间隙。硅原子被入射原子撞击而脱离原有位置，停留在非晶格位置。空位-间隙缺陷是最常见的离子注入缺陷。

损伤的情况决定于杂质离子的轻重，见图 2-5-10。轻杂质原子擦过硅原子，转移能量少，沿大散射角方向偏移。而重原子每次与硅原子碰撞都会转移很多能量，并沿相对较小的散射角度偏转，而每个移位硅原子也会产生大数量的移位，若继续轰击则错位密集区域可能变为无定形（非晶态）结构。

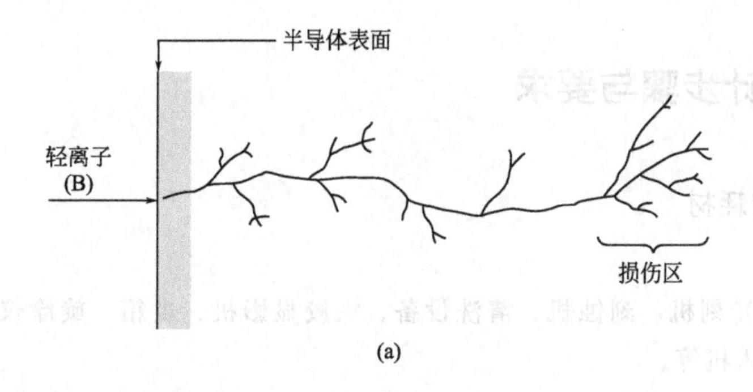

(a)

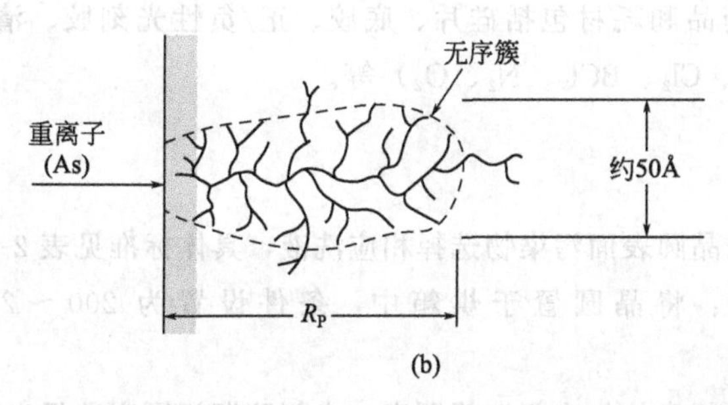

(b)

图 2-5-10 轻离子（a）和重离子（b）引起的晶格损伤情况

（6）沟道效应　对晶体靶进行离子注入时，若注入离子运动方向与晶向相平行，这些注入的离子与靶原子发生碰撞减速的概率减小，会穿过晶格间隙，深深地注入衬底之中，这就是沟道效应。沟道效应导致对注入离子在深度控制上有困难，使离子的注入距离超出预期的深度，造成元件的功能受损。

防止沟道效应的常见措施有：

① 倾斜硅片。将晶片相对于离子注入的运动方向倾斜一个角度，如沿沟道轴向（110）偏离 7°～10°，减小开口。

② 掩蔽氧化层。在晶体表面使用 SiO_2 层掩膜。

③ 硅预非晶化。先进行一次轻微的离子注入，将晶片表面的晶体结构破坏成非晶态并形成一层非结晶的材质，使入射的离子在进入衬底前在非晶系层里与无固定排列方式的非晶系原子产生碰撞而散射，降低沟道效应的程度后，再进行真正的离子注入。如用 Si，Ge，F，Ar 等离子注入使表面预非晶化，形成非晶层。

④ 使用较大质量的原子或增加注入剂量。

（7）退火　退火指将注入离子的硅片经过一定温度及时间的热处理，目的在于使硅片中的损伤部分或绝大部分被消除，使大量间隙杂质离子移动到晶格位置，实现电激活。杂质的激活与时间、温度有关，时间越长、温度越高，杂质的激活越充分。一般而言，修复晶格缺陷大约需要 500℃，激活杂质原子大约需要 950℃。热退火的方式有高温炉退火和快速热退火（RTA）两种。其中，高温炉退火属于传统的退火方式，但退火温度高达800～1000℃，易导致杂质的扩散。而快速热退火利用卤钨灯的辐射进行加热，一方面极大程度地缩短了升温和保温所需时间，另一方面实现冷壁加热而减少污染。快速的升温过程和短暂的维持时间能够在晶格缺陷修复、激活杂质和最小化杂质扩散之间取得平衡，减小杂质扩散。

三、芯片设计步骤与要求

1. 要设备与耗材

主要设备有光刻机、刻蚀机、清洗设备、涂胶显影机、烘箱、旋涂仪、显微镜、离子注入机等。

国家虚拟仿真实验教学课程共享平台

所需要的主要化学药品和耗材包括硅片、底胶、正/负性光刻胶、清洗液、显影液、气体（CF_4、Cl_2、BCl_3、N_2、O_2）等。

2. 光刻与刻蚀

(1) 化学清洗：根据晶圆表面污染物选择相应洗液，具体标准见表2-5-1。

(2) 脱水致干烘焙：将晶圆置于烘箱中，条件设置为200～250℃，60～120s，−0.1MPa。

(3) 涂胶：根据掩膜版形状与光刻期望图案、光刻胶期望厚度选择光刻胶，选择标准见表2-5-2。硅片首先低速旋转，使光刻胶均匀铺开，一旦光刻胶达到硅片边缘，转速被加速到设定的旋转速度。常见的工艺为500r/min、5s旋转后，升至3000～5000r/min旋转30s。

(4) 软烘/前烘：将晶圆置于烘箱中软烘，软烘条件为80～120℃，10～30min。

(5) 对准曝光：利用光刻机进行对准与曝光。根据关键尺寸选择合适光源、光源波长及描述符，选择标准见表2-5-3。

(6) 曝光后烘焙：将晶圆置于烘箱中，条件设置为90～130℃，60～120s。

(7) 显影：将晶圆置于涂胶显影机中喷雾显影，根据正胶、负胶选择相应的显影液和清洗液。

(8) 坚膜/后烘：将晶圆置于烘箱中，条件设置为100～130℃，10～30min。

(9) 显影检查：利用显微镜检查光刻图案是否正确。

(10) 刻蚀：将晶圆置于刻蚀机中，根据待刻蚀物质选择刻蚀气体，并根据刻蚀过程中的检查信号选择刻蚀停止时间。

(11) 去胶：将晶圆置于去胶机中进行等离子去胶后，根据光刻胶下层物质选择清洗液洗去剩余光刻胶。

(12) 晶圆检查：将晶圆置于显微镜下检查，查看图案是否正确以及光刻胶去除情况。

3. 离子注入

(1) n阱、p沟道和器件阈值电压V_{TH}调整　离子注入在MOS器件制作中的应用广泛，包括：深埋层、倒掺杂阱、穿通阻挡层、阈值电压调整、轻掺杂漏区、源漏注入等。阱是用于制造有源器件的扩散区，如MOS晶体管。n型和p型MOS晶体管处于相反导电类型的阱中，形成半导体结。扩散的杂质剖面总是在硅片表面有最大的杂质浓度。MOS器件的一个重要设计选择就是倒掺杂阱（图2-5-11），它的注入杂质浓度峰值在硅片表面下一定深度处（如几微米），其离子注入所需能量高，甚至达到MeV。高能离子注入使倒掺杂阱中较深处的杂质浓度较大，改进了晶体管抗闩锁效应和穿通的能力。穿通时源漏间沟道被短路，会发生不希望的漏电，导致器件失效。而对于沟道很短的亚微米器件必须有穿通阻挡层来提高芯片优良率。防止穿通注入的杂质位于临近源漏区的有源沟道下，它能够改变阱掺杂，以防止在偏压下器件的漏耗尽区向沟道扩展（图2-5-12）。一般n型沟道器件用硼注入，p型沟道器件用磷注入。MOS器件包含三部分：源、漏和栅。只有当栅上加有电压，沟道导通时，漏源之间才有电流流过。阈值电压V_{TH}是指能够使源漏间导通的电压，其对沟道区的杂质浓度非常敏感。为得到合适的器件性能，需要向硅层下注入杂质，把沟道杂质调整到所需浓度，这就是MOS栅阈值电压调整注入（图2-5-13），沟道杂质浓度的提高将导致V_{TH}的提高，对器件性能非常重要。

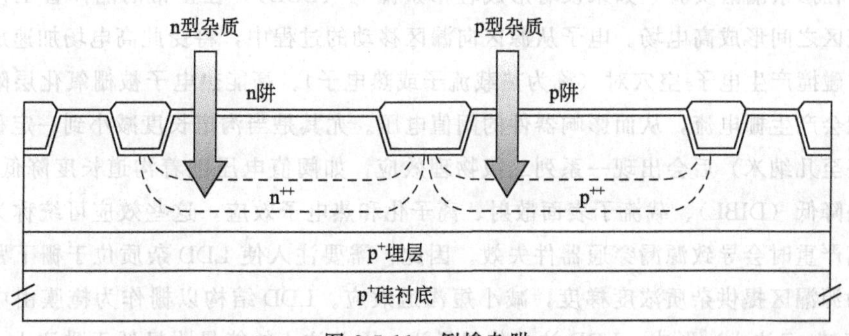

图2-5-11　倒掺杂阱

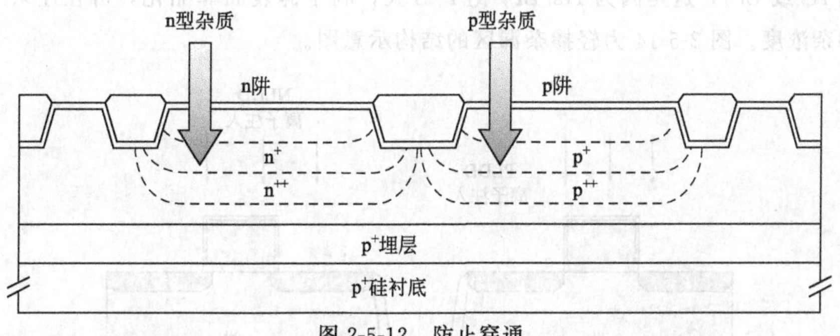

图2-5-12　防止穿通

实验步骤如下：

① n阱光刻，形成图案。

② 第一次高能量离子注入。利用离子注入机向晶圆注入磷（P）元素以形成n阱，能量为300～600keV，剂量为10^{13}～10^{19}cm^{-2}。

③ 第二次中能量离子注入。利用离子注入机向晶圆注入磷（P）元素以形成p沟道，以保证漏源击穿电压，能量为50～100keV，剂量为10^{12}～10^{17}cm^{-2}。

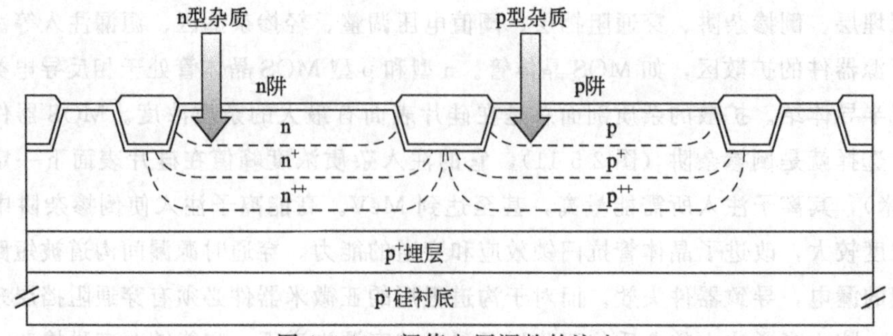

图 2-5-13　阈值电压调整的注入

④ 第三次低能量离子注入。利用离子注入机向晶圆注入磷（P）元素以调整阈值电压 V_{TH}，能量为 2～10keV，剂量为 10^{12}～$10^{17}cm^{-2}$。

⑤ 等离子去胶清洗及热处理。利用等离子去除光刻胶，利用 SPM 洗液去除剩余光刻胶，再利用 SC1＋SC2 进行晶圆热处理前的清洁处理。

⑥ 退火修复离子注入损伤。

(2) 轻掺杂漏区实验　如果没有形成轻掺杂漏区（LDD），在正常的晶体管工作时会在结和沟道区之间形成高电场。电子从源区向漏区移动的过程中，将受此高电场加速成为高能电子，它碰撞产生电子-空穴对（称为热载流子或热电子）。高能热电子被栅氧化层陷阱捕获后，可能会产生栅电流，从而影响器件的阈值电压。尤其是当沟道长度减小到一定程度（十几纳米甚至几纳米）后会出现一系列二级物理效应，如阈值电压随着沟道长度降低而降低、漏致势垒降低（DIBL）、载流子表面散射、离子化和热电子效应，这些效应可统称为短沟道效应，其严重时会导致源漏穿通器件失效。因此，需要注入使 LDD 杂质位于栅下紧贴沟道边缘，为源漏区提供杂质浓度梯度，减小短沟道效应。LDD 结构以栅作为掩膜由中低剂量注入（n^-或 p^-注入）形成。LDD 注入位置最浅，因此注入的能量明显低于阱注入，注入粒子一般选 As 或 BF_2，这是因为 As/BF_2 比 P/B 大，利于硅表面非晶化，可在注入中得到更均匀的掺杂浓度。图 2-5-14 为轻掺杂漏区的结构示意图。

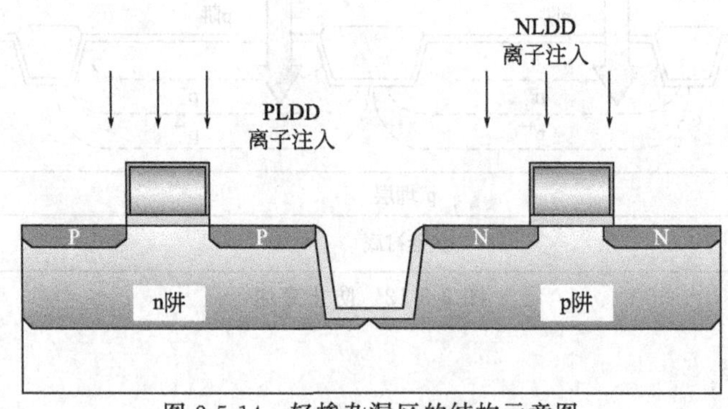

图 2-5-14　轻掺杂漏区的结构示意图

实验步骤如下：

① 光刻 NLDD 图案。

② 第一次离子注入。利用离子注入机向晶圆注入 As 元素以形成 n 沟道器件轻掺杂漏区(NLDD)，能量为 2～7keV，剂量 10^{13}～$10^{15}cm^{-2}$。

③ 等离子去胶清洗。利用等离子去除光刻胶掩膜版，利用 SPM 洗液去除光刻胶，再利用 SC1＋SC2 进行晶圆热处理前的清洁处理。

④ 光刻 PLDD 图案。

⑤ 第二次离子注入。利用离子注入机向晶圆注入 BF_2 以形成 p 沟道器件轻掺杂漏区（PLDD），能量为 5～20keV，剂量 10^{13}～$10^{15}cm^{-2}$。

⑥ 等离子去胶清洗及热处理。利用等离子去除光刻胶，利用 SPM 洗液去除剩余光刻胶，再利用 SC1＋SC2 进行晶圆热处理前的清洁处理。

（3）源漏注入　源漏注入形成的重掺杂区在轻掺杂有源沟道区和阱区之间，导电类型与周围的阱区相反。图 2-5-15 为源漏区的结构示意图。

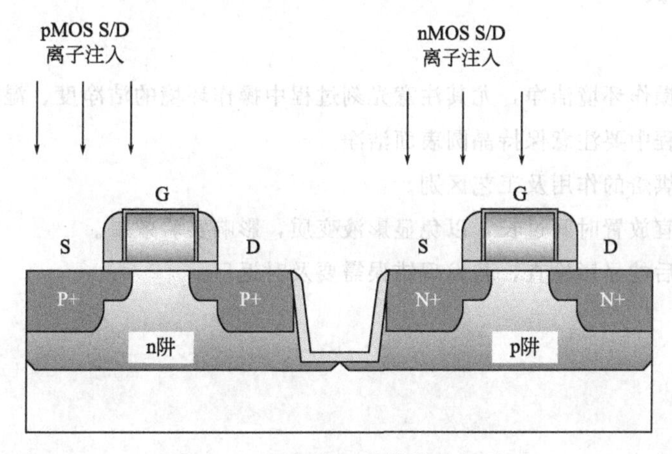

图 2-5-15　源漏区的结构示意图

实验步骤如下：

① 光刻形成 nMOS 源漏区图案。

② 第一次离子注入。利用离子注入机向晶圆注入 As 以形成 nMOS 源漏区，能量为 2～10keV，剂量 10^{15}～$10^{21}cm^{-2}$。

③ 等离子体去胶清洗。利用等离子去除光刻胶掩膜版，利用 SPM/APM 洗液去除剩余光刻胶，再利用 SC1＋SC2 进行晶圆热处理前的清洁处理。

④ 光刻形成 pMOS 源漏区图案。

⑤ 第二次离子注入。利用离子注入机向晶圆注入 BF_2 以形成 pMOS 源漏区，能量为 15～30keV，剂量 10^{15}～$10^{21}cm^{-2}$。

⑥ 等离子体去胶清洗及热处理。利用等离子去除光刻胶掩膜版，利用 SPM/APM 洗液去除剩余光刻胶，再利用 SC1＋SC2 进行晶圆热处理前的清洁处理。

因此，在制作晶圆上不同功能区域时，离子注入的粒子种类、能量和剂量都是不同的，表 2-5-5 为离子注入制程。

表 2-5-5　离子注入制程

形成结构	注入粒子	能量	剂量
n 阱	磷 P	高	中

续表

形成结构	注入粒子	能量	剂量
p 沟道	磷 P	中	低
V_{TH} 调整	磷 P	低	低
NLDD/PLDD	As/BF_2	低	中
n^+/p^+	As/BF_2	低	高

四、注意事项

1. 注意保持操作环境洁净，尤其注意光刻过程中操作环境的洁净度、湿度和温度。
2. 在操作过程中要注意保持晶圆表面洁净。
3. 注意四次烘焙的作用及工艺区别。
4. 显影液不宜放置时间过长，以免显影液变质，影响实验效果。
5. 注意光刻后的显影检查，若发现错误需要及时返厂。

五、思考题

1. 光刻中的常见问题及影响因素有哪些？
2. 简述光刻中的曝光方式有哪些以及各自的原理与特点。
3. 简述刻蚀的分类方法有哪些以及各自的原理与特点。
4. 离子注入的特点有哪些？其在晶圆制程中的主要应用有哪些？分别注入了什么元素以形成怎样的结构？
5. 简述离子注入过程中的两种能量损失机制。
6. 简述晶格损伤有哪些情况。如何修复晶格损伤？
7. 简述快速热退火工艺及其特点。
8. 若制作电极时发生以下状况（见图 2-5-16），指出其存在的问题，问题产生原因，并描述其对器件性能的影响。

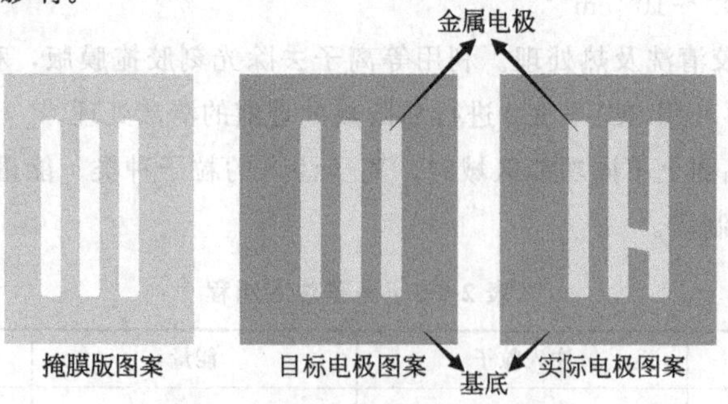

图 2-5-16 晶圆图案对性能影响分析

9. 图 2-5-17 中 K 和 M（晶圆表面）区域分别是什么结构？可以通过何种方法形成？若芯片中缺少这一部分结构将会对器件性能造成如何影响？

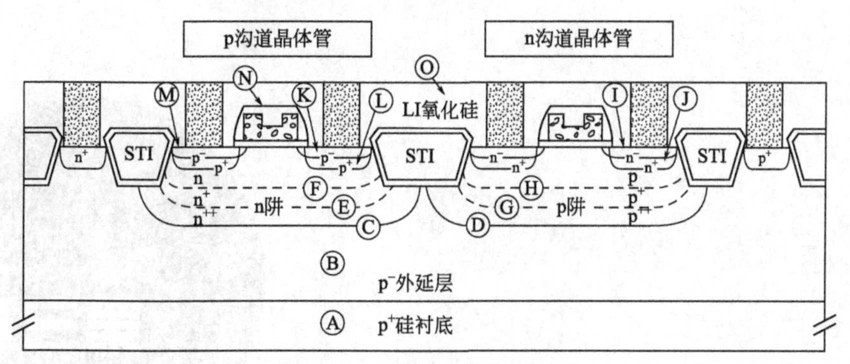

图 2-5-17　晶圆中的掺杂结构

六、参考文献

[1] Michael Quirk，Julian Serda. 半导体制造技术 [M]. 韩郑生，等译. 北京：电子工业出版社，2015.

[2] Peter Van Zant. 芯片制造——半导体工艺制程实用教程 [M]. 6 版. 韩郑生，译. 北京：电子工业出版社，2015.

[3] 杜中一. 电子产品制造技术 [M]. 北京：化学工业出版社，2020.

[4] 温德通. 集成电路制造工艺与工程应用 [M]. 北京：机械工业出版社，2017.

[5] 张汝京. 纳米集成电路制造工艺 [M]. 北京：清华大学出版社，2017.

[6] 萧宏. 半导体制造技术导论 [M]. 北京：电子工业出版社，2013.

[7] 张渊. 半导体制造工艺 [M]. 北京：机械工业出版社，2018.

第三章

性能测试与分析

实验一

质子交换膜燃料电池单电池组装及性能测试

一、实验目的

1. 掌握质子交换膜燃料电池单电池的组装方法；
2. 组装质子交换膜燃料电池单电池，并测试其性能曲线；
3. 了解操作条件对质子交换膜燃料电池性能的影响及原理。

二、实验原理

1. 燃料电池及质子交换膜燃料电池

燃料电池是一种将氢气和氧化剂（氧气或空气）通过电化学反应发电的装置。其发电时只生成水而不产生任何污染物，能效比相同用途的热机高出30%～50%，是一种启动快、能效高、持续供电时间长、运行安静、清洁环保的供能装置。其在新能源汽车、分布式供能、应急电源、深海及航天等领域具有广阔的应用前景。

燃料电池按电解质类型分为5大类：磷酸盐燃料电池（简称PAFC），熔融碳酸盐燃料电池（简称MCFC），固体氧化物燃料电池（简称SOFC），碱性燃料电池（简称AFC）和质子交换膜燃料电池（简称PEMFC）。其中，质子交换膜燃料电池具有工作电流大、功率密度高、能量转换效率高、工作温度低（80～100℃）、噪声及红外辐射低、无污染等优点，广泛用于汽车、分布式电站、备用应急电源、潜艇及航空动力等方面。质子交换膜燃料电池根据反应物的不同又可分为：氢-空质子交换膜燃料电池（H_2-Air PEMFC）、氢-氧质子交换膜燃料电池（H_2-O_2 PEMFC）和直接（甲）醇质子交换膜燃料电池（简称DMFC）。

2. 质子交换膜燃料电池的结构及工作原理

PEMFC单电池主要由催化剂涂层膜（CCM）、碳纸（扩散层）、密封圈和双极板等组件及关键材料组成（见图3-1-1）。

膜电极（MEA）是燃料电池的核心部件，它由CCM和扩散层组成。CCM是由催化剂层和质子交换膜热压而成，是反应气体发生电化学反应的主要区域。电催化剂分为阳极和阴极两种，阳极催化剂作用是将氢氧化成 H^+，阴极催化剂作用是促进阴极氧的还原。目前 PEMFC 主要使用的是 Pt/C 催化剂。

质子交换膜作为隔膜，主要作用是防止阴阳极气体间互串，同时还要起着导质子阻电子作用，一方面让阳极的质子能够透过隔膜进入阴极，另一方面阻隔阴极的氧离子进入阳极。目前各研究机构采用较多的质子交换膜是 Nafion 系列的全氟磺酸膜。

双极板是 PEMFC 的主要部件，由无孔石墨板上刻制流道而成。流场主要是引导燃料气体和氧气在电池内电极表面流动，使气体能充分进入扩散层到达催化层并均匀分散，并使反应过程中产生的水顺利排出。

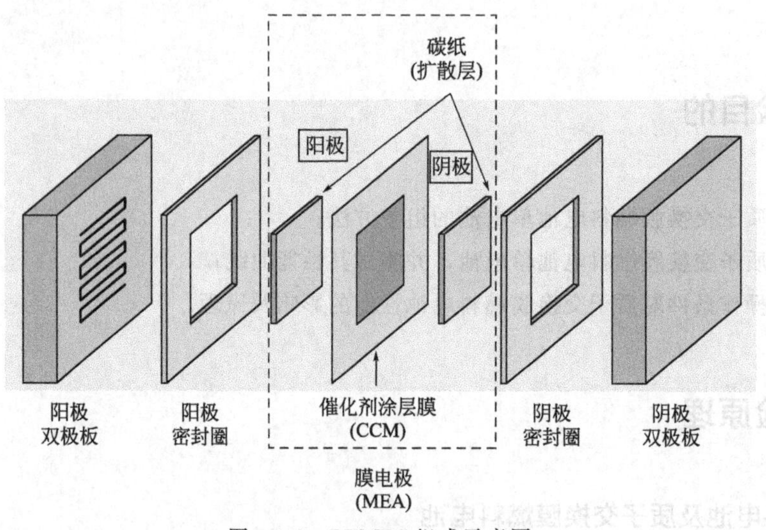

图 3-1-1　PEMFC 组成示意图

PEMFC 的电化学反应主要发生在电池阴极和阳极的催化层。其工作原理是阳极的氢气释放出电子生成 H^+，H^+ 通过质子交换膜到达阴极，电子通过外电路到达阴极（即发电），H^+、电子和氧气在阴极反应生成水。其工作原理如图 3-1-2 所示。

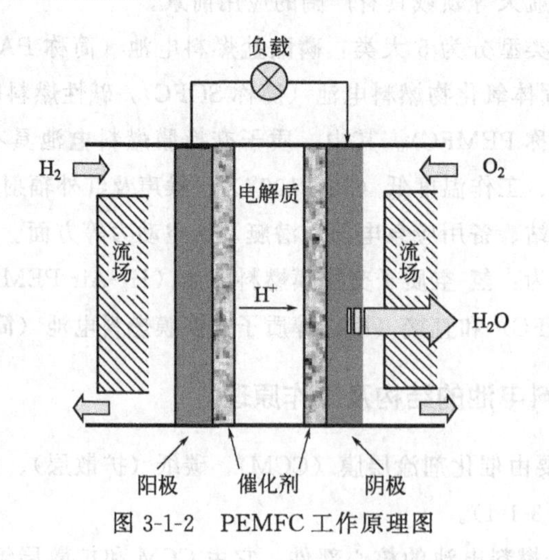

图 3-1-2　PEMFC 工作原理图

（1）在阳极催化剂作用下，氢分子解离成带正电的质子（即 H^+），并释放出电子。

阳极：
$$2H_2 \longrightarrow 4H^+ + 4e^- \tag{3-1-1}$$

产生的 H^+ 穿过质子交换膜到达阴极，电子则通过外电路传到阴极。

（2）阴极的氧分子在阴极催化剂作用下得到电子，被还原为 O^{2-} 后与质子结合生成水。

阴极：
$$4e^- + 4H^+ + O_2 \longrightarrow 2H_2O \tag{3-1-2}$$

总的电池反应：
$$2H_2 + O_2 \longrightarrow 2H_2O \tag{3-1-3}$$

由此可见，质子交换膜燃料电池排放的唯一产物是水，是一种清洁的能源装置。早在2005年武汉理工大学和东风集团合作研制出了楚天1号燃料电池轿车，2019年武汉理工大学和东风集团合作开发的50kW燃料电池金属板电堆模块，应用在中功率燃料电池汽车上；研制出62kW金属板电堆，应用于上汽通用五菱。武汉理工大学研制的膜电极在国内外装备燃料电池汽车1000台以上，叉车10000台以上；在国际最大的备用电源公司美国Relion公司装机4000台，现场运行时间超过18000h；同时，在固定式电站、分布式电站、军用移动发电车等领域已进行了初步实验，并开始了国内首套兆瓦级氢能综合利用电站示范项目建设。

3. 大功率电池（电堆）

多个单电池堆叠串联在一起组成质子交换膜燃料电池电堆。对于大功率的燃料电池电堆测试，氢气和空气的消耗量均大幅度增加。电池工作过程中放出的热量较多，需要特定的水循环或风循环流道为电池降温，以便电池在恒定的温度运行。在燃料电池电堆测试过程中，会出现单片电池或几片电池电压较低的情况，这是由于膜电极一致性差造成的，需要实时检测所有单电池的电压。电堆的极化曲线和单电池的相似，横坐标为电流（或电流密度），左侧纵坐标为电堆总电压，右侧纵坐标为电堆总功率。另外，多个膜电极堆叠形成电堆，膜电极边缘的密封圈很重要，用来防止氢氧互串或外漏，好的密封材料、结构及其制备工艺是制备高性能电堆的保证。

目前，随着我国提出“双碳”目标，氢能燃料电池得到迅速发展，但成本和耐久性仍是制约其商业化应用的最大障碍。燃料电池的产业化除了受制于本身技术的发展外，还受制于氢—储氢—输氢—用氢整个氢能产业链的成熟度。

三、实验原料及设备

1. 实验材料及工具

无水乙醇、膜电极、密封圈、双极板、夹板、扭力扳手等。

2. 实验设备

内阻测试仪（图3-1-3），HTS-125燃料电池单电池性能测试平台（图3-1-4）。

图 3-1-3 内阻测试仪

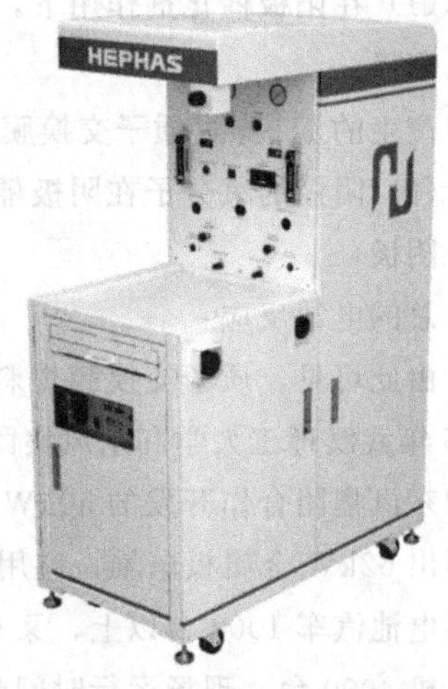

图 3-1-4 HTS-125 燃料电池单电池性能测试平台

四、实验步骤

1. 单电池组装

操作视频

按照国家标准 GB/T 20042.5—2009《质子交换膜燃料电池 第 5 部分：膜电极测试方法》进行单电池组装和性能测试。

将定制好的质子交换膜膜电极浸泡在去离子水中，用无水乙醇将电池夹板、双极板清洗干净。

按图 3-1-1 的顺序将阳极双极板、阳极密封圈、阳极扩散层、CCM、阴极扩散层、阴极密封圈、阴极双极板叠放在一起。

用螺栓将整个单电池固定在一起，并用扭力扳手均匀扭紧螺母（第一遍 30kPa，第二遍 60kPa）。

2. 单电池检漏

将装好的单电池放入水中，向阳极的入口通入一定压力的测试气体（如空气或氮气），堵住燃料电池阴极的入口、出口以及阳极的出口，保持此压力时间≥5min，观察是否有气泡冒出。如有气泡冒出，检查并确定漏气部位，进行相应处理。同理，向阴极的入口通入一定压力的测试气体（如空气或氮气），堵住燃料电池阳极的入口、出口以及阴极的出口，保持此压力时间≥5min。如有气泡冒出，检查并确定漏气部位，进行相应处理。如果均未见气泡冒出，则单电池无外漏。

如果没有检测到外漏，则堵住阳极的出口及阴极的入口，向阳极的入口通入一定压力的测试气体（如空气或氮气），保持此压力时间≥10min，如果气体压力降≥2kPa，则 MEA 出现串气，送测样品不能进行耐久性在线加速测试。

推荐测试气体压力≤0.1MPa。

3. 单电池性能测试

将组装好的单电池连接于 HTS-125 燃料电池单电池性能测试台（图 3-1-4）上进行测试。

（1）活化　以反应气体为活化介质，设置好运行条件。电池温度 T：65℃；气体温度：阳极/阴极 65℃/65℃；气体加湿度（RH）：阳极/阴极 100%/100%；气体流量：阳极/阴极（过量系数 λ）1.5/2.5；无背压。

采取恒定电流方式，按照表 3-1-1 中的运行参数测试单电池输出电流和电压。电流密度从 0 开始，电流密度每次增加 50（或 100）mA/cm^2，恒电流放电 15min，记录电压值。当电池电压低于 0.4V 后，在此电流下保持 1～2h，利用内阻测试仪测试并记录电池内阻，将电流逐步降到 0。重复以上操作直至两个循环的电压值相差小于 5mV，即为活化完成。记录最后一个循环在 800mA/cm^2 时的电池内阻。

表 3-1-1　电池活化参数表

序号	电流/A	电流密度/（mA/cm^2）
0	0	0
1	2.5	50
2	5	100
3	7.5	150
4	10	200
5	15	300
6	20	400
7	25	500
8	30	600
9	35	700
10	40	800
11	45	900
12	50	1000
13	55	1100
14	60	1200
……	……	……

（2）性能测试　将电池活化好后，电流密度从 0 开始，电流密度数值间隔为 50mA/cm^2 或 10mA/cm^2 恒电流放电 15min，记录电压值。图 3-1-5 是测定电池性能的界面。

分析：依据图 3-1-6 分析膜电极的性能。开路电压达到了 0.97V，0.8V 下的电流密度达到 500mA/cm^2 以上，0.7V 的电流密度达到 1600mA/cm^2 以上，0.6V 的电流密度达到 2500mA/cm^2，最大功率密度为 1.614W/cm^2。测试条件填写实际实验条件。

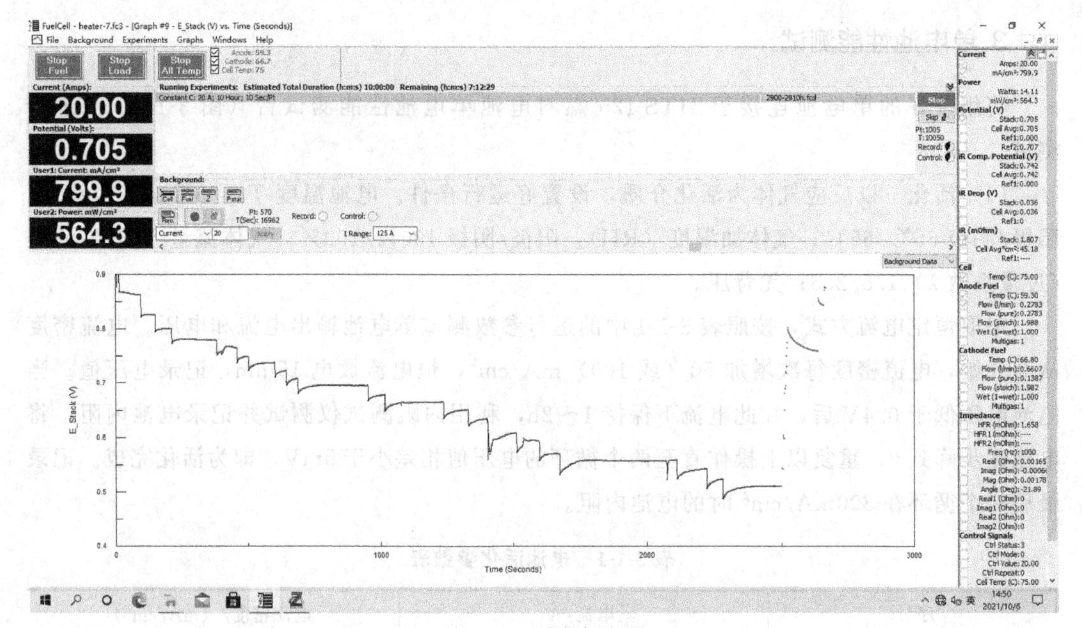

图 3-1-5　测试界面

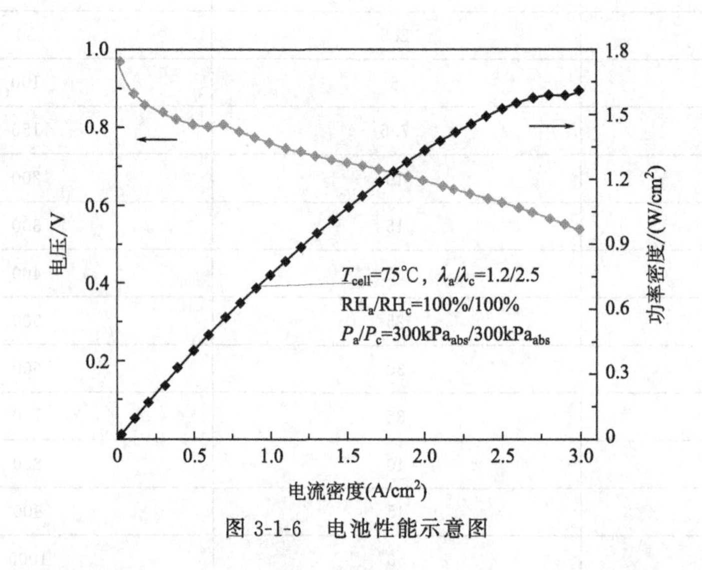

图 3-1-6　电池性能示意图

（3）工况适应性测试　电池操作条件不变，按照图 3-1-7 组合工况对单电池进行工况适应性测试，了解车用质子交换膜燃料电池所要经历的工况。

五、注意事项

1. 检漏时，气体压力不能过大。

2. 氢气为易燃危险气体，实验室绝对严禁明火，进实验室应首先熟悉实验室的气路情况，以便在发生危险的时候能第一时间切断氢气源。

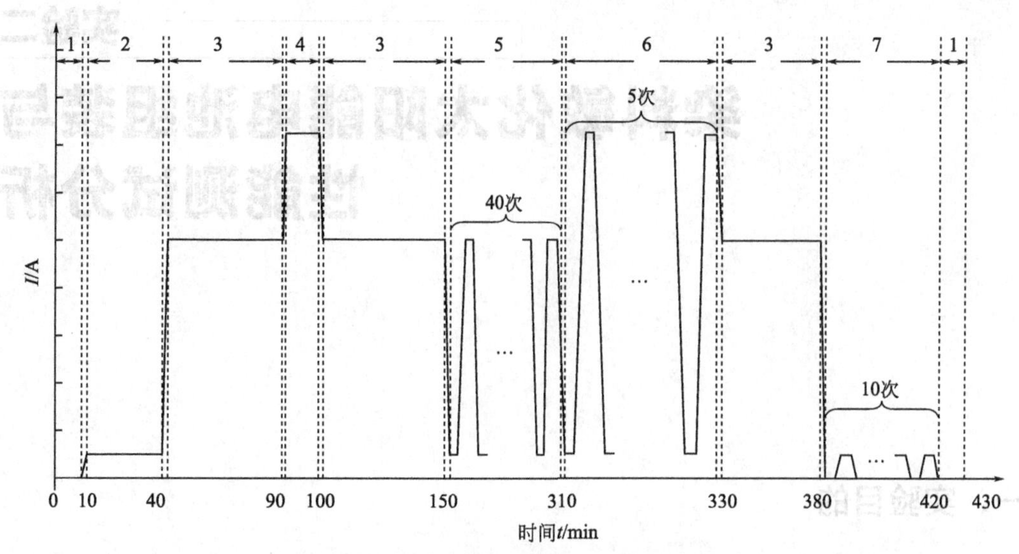

图 3-1-7　组合循环工况试验加载工况图

3. 一旦有非正常情况出现，首先关闭测试平台的紧急开关，第一时间关闭电源和氢气总阀。

4. 测试过程中，不能用手触碰单电池，以免电击或烫伤。

5. 测试完毕，关闭测试平台、氢气、氮气、空气以及电源。

六、思考题

1. 单电池组装的关键点在哪里？

2. 简述电池内阻和电池性能之间的关系及原因。

3. 影响电池性能的因素有哪些？

4. 电池温度、气体温度和加湿度、背压之间有什么关系？

七、参考文献

[1] GB/T 20042.5—2009 质子交换膜燃料电池 第 5 部分：膜电极测试方法.

[2] GB/T 28817—2022 聚合物电解质燃料电池单电池测试方法.

实验二

染料敏化太阳能电池组装与性能测试分析

一、实验目的

1. 掌握薄膜制备的基本方法；
2. 掌握染料敏化太阳能电池的制作工艺流程；
3. 熟悉染料敏化太阳能电池中各功能层的工作原理；
4. 掌握染料敏化太阳能电池性能的基本测试方法；
5. 理解半导体材料在染料敏化太阳能电池中的功用。

二、实验原理

1. 染料敏化太阳能电池介绍

在人类诞生以前，大自然早就开始利用植物的光合作用来吸收太阳光中的能量，这是一种对太阳能进行纯天然、无污染、可持续的利用方式。一直以来，仿照植物光合作用的方式去利用太阳能资源是人类的一个梦想。染料敏化太阳能电池（简写为 DSSC）就是基于这种思路而研制的太阳能电池。

20 世纪 90 年代，瑞士洛桑理工学院的 Michael Grätzel 教授首次报道了这种能够通过印刷制备的 DSSC。其结构如图 3-2-1 所示，主要包含：透明导电基底、介孔氧化物阳极、染料敏化剂、液态电解质和对电极。

在此结构中，介孔氧化物阳极的主要作用是吸附并支撑染料敏化剂分子，增大光吸收面积并传递其产生的光电子，类似于叶绿体中的类囊体。染料敏化剂分子相当于叶绿体中的叶绿素，主要作用为吸收光子并产生光电子。而液态电解质中含有的氧化还原对则负责染料分子的还原，其作用与叶绿体中基质相似。这样，DSSC 中便构成了无数个与叶绿体类似的由太阳光驱动的分子电子泵。

(1) 透明导电基底　通常，DSSC 中承载电池各组成部分的透明导电基底主要功能为收

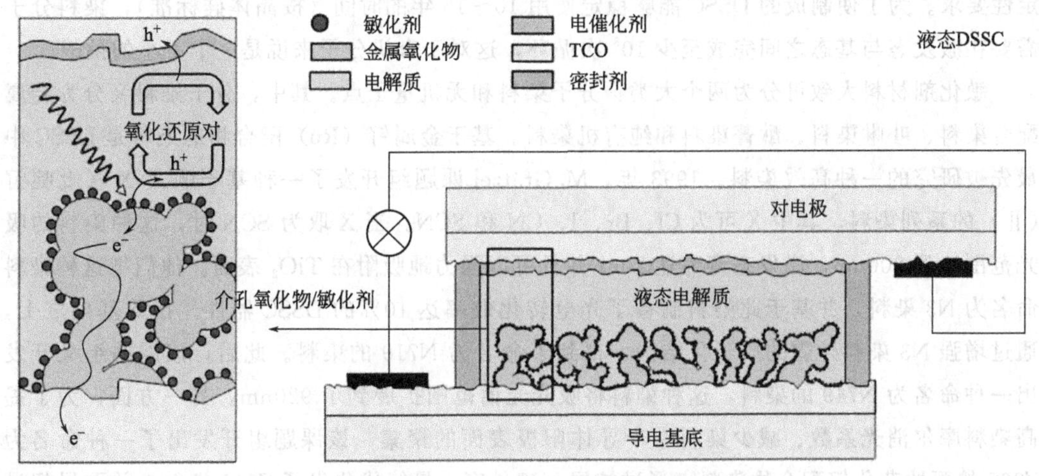

图 3-2-1　典型 DSSC 结构示意图

集介孔氧化物中的电子和让入射光进入光阳极材料。这就要求该透明导电基底一方面有较高的透光率，另一方面又要具备良好的导电性。介观结构 DSSC 中的导电基底主要由掺氟氧化锡（FTO)、氧化铟锡（ITO）和掺铝氧化锌（AZO）等导电氧化物在透明玻璃上沉积而成。这类透明导电基底具有透光性好（透光率＞85％)、方块电阻低（＜20 Ω/□)、坚固耐热等优点。此外，在某些特殊结构的 DSSC 中（如柔性 DSSC)，也采用一些可弯折的柔性塑料导电基底。

(2) 介孔氧化物阳极　介孔氧化物阳极主要功能是尽可能多地接收染料敏化剂分子中产生的光电子。为了使电池性能达到最优，要求介孔氧化物阳极具备尽可能大的比表面积，同时还需要有一个合适的导带位置。一般来说，介孔氧化物的导带位置（＜0.2eV）略低于染料敏化剂的最低空轨道（LOMO）能级为佳，这样既可以保证染料敏化剂中的光电子有足够的动力注入到介孔氧化物导带中，又不至于损失太多的开路电压。

目前，在 DSSC 光阳极中应用最多的两种纳米氧化物是二氧化钛（TiO_2）和氧化锌（ZnO)，其中以纳米 TiO_2 颗粒最为常见，获得的电池效率也更高。TiO_2 是一种成本低廉、来源广泛、绿色无毒的半导体氧化物材料，很早以前就被广泛应用在生物医疗及涂料领域。自然状态下，TiO_2 存在三种不同的晶型：金红石、锐钛矿、板钛矿。其中，金红石相对应的带隙宽度（E_g）为 3.05eV，锐钛矿和板钛矿的 E_g 分别为 3.23eV 和 3.26eV。因此，TiO_2 是一种宽带隙半导体。一般情况下，TiO_2 晶体中存在一定数目的给体型（或称施主型）缺陷，例如其中的氧空位和钛间隙，这就导致 TiO_2 晶体中存在一些游离于晶格的电子，使得 TiO_2 成为 N 型半导体。在实验室条件下，金红石和锐钛矿型的 TiO_2 晶体较易制备，而板钛矿 TiO_2 晶体则难以制备。虽然金红石 TiO_2 比锐钛矿 TiO_2 更稳定，但由于锐钛矿 TiO_2 具有比金红石 TiO_2 更高的费米能级（$\Delta E_f=0.1eV$）和更宽的禁带宽度，因此在 DSSC 中，我们通常采用锐钛矿 TiO_2 作为阳极材料。

(3) 染料敏化剂　染料敏化剂是介观结构 DSSC 中最为关键的组成部分，它对光子的吸收效率直接决定着 DSSC 的光电转化效率。一般来讲，对太阳光谱吸收范围越广、摩尔消光系数越高的染料分子将会使 DSSC 的光电流越大。不仅如此，染料敏化剂还应满足一定的稳定性要求。为了使制成的 DSSC 能够稳定使用 10～15 年的时间（按晶体硅标准），染料分子需要在激发态与基态之间完成至少 10^8 次循环，这对于有机分子来说是一个不小的挑战。

敏化剂材料大致可分为两个大类：分子染料和无机量子点。其中，分子染料又分为金属配合染料、卟啉染料、酞菁染料和纯有机染料。基于金属钌（Ru）配合物的染料是 DSSC 中最先被研究的一种高效染料。1993 年，M. Grätzel 课题组开发了一种基于顺式-X 联吡啶钌（Ⅱ）的系列染料，其中 X 可为 Cl、Br、I、CN 和 SCN。当 X 取为 SCN 时，这种染料的吸光范围达到 800nm，激发态寿命达 20ns 并且可以强力地吸附在 TiO_2 表面。他们把这种染料命名为 N3 染料，并基于此染料制备了光电转化效率达 10% 的 DSSC 器件。在此基础之上，通过增强 N3 染料外露的质子化结构，得到了命名为 N719 的染料。此后，该课题组又开发出一种命名为 N749 的染料，这种染料将吸光光谱范围扩展到了 920nm。另一方面，为了提高染料摩尔消光系数、减少染料在半导体阳极表面的聚集，该课题组开发出了一种命名为 Z907 的两性杂化钌配合物染料，通过扩展 π 键长度，最终优化出了 Z910 染料，并取得超过 10% 的 DSSC 器件效率。

为了进一步扩展染料分子的吸光范围，在近红外区域有良好吸收的卟啉染料和酞菁染料受到了越来越多的关注。由于在 400～450nm 范围内存在强烈的 B（Soret）带吸收，在 500～700nm 范围内存在强烈的 Q 带吸收，卟啉和酞菁染料被认为是潜在的全谱敏化剂。遗憾的是，在很长一段时间内基于这类染料的 DSSC 器件效率都不超过 8%。直到一种新的 D-π-A 结构被引入后，这类染料的性能才得到了较大提升。例如以 YD2 为代表的卟啉染料获得了 11% 的 DSSC 器件效率。D-π-A 结构也是纯有机染料的一个特征结构，在纯有机染料分子中，一部分结构相当于一个电子给体，一部分相当于 π 键桥梁，一部分相当于电子受体。相比于钌配合物染料，纯有机染料具有分子结构多样易设计、吸光系数高、绿色环保等特点，使其成为继钌配合物染料后的另一个研究热点。迄今为止，已有上百种纯有机染料被研发出来。其中包括香豆素类染料、吲哚类染料、三芳胺类染料、咔唑类染料和芳酸类染料等。正因如此，很多自然界存在的植物均可用于提炼染料敏化太阳能电池的染料，比如蓝莓、草莓、菠菜等。

（4）电解质　为了使染料分子能够顺利完成从激发态到基态的循环，需要在 DSSC 中加入一种具有还原染料分子和快速传递电荷能力的电解质。一直以来，碘体系电解质（I^-/I_3^-）由于其易于制备、性能优良等特点而备受青睐。但随着介观结构 DSSC 的不断发展，I^-/I_3^- 体系电解质也在一定程度上阻碍了 DSSC 未来进一步的发展。一方面是因为 I^-/I_3^- 体系电解质中含有的碘单质会吸收大量太阳光而不利于染料的光激发；另一方面，碘单质所具备的较强氧化性对 DSSC 中的电极会产生腐蚀作用，从而影响 DSSC 长期工作的稳定性。

近年来，各种非碘电解质相继被开发出来，并在 DSSC 中得到了良好的应用，其中包括二茂铁及其衍生物、钴的配合物、铜的配合物、镍的配合物、有机自由基以及复合电对等。

为了进一步提高电解质的性能，通常还需要在电解质中加入一些添加剂。咪唑类阳离子 1,2-二甲基-3-丙基咪唑碘（DMPII）和 4-叔丁基吡啶（TBP）是两种常见的添加剂。其中，咪唑类阳离子不但可以吸附在纳米 TiO_2 颗粒的表面，而且也能在纳米多孔膜中形成稳定的 Helmholz 层，阻碍了 I_3^- 与纳米 TiO_2 膜的接触，有效地抑制了导带电子与电解质溶液中 I_3^- 在纳米 TiO_2 颗粒表面的复合，从而提高了电池的填充因子。而 TBP 则通过吡啶环上的 N

与 TiO_2 膜表面上不完全配位的 Ti 配合，阻碍导带电子在 TiO_2 膜表面与溶液中 I_3^- 复合，可明显提高太阳能电池的开路电压。

目前，DSSC 中常用的液态 I_3^-/I^- 电解质其主要组分包括：0.6mol/L 的 1,2-二甲基-3-丙基咪唑碘（DMPII），0.1mol/L 碘化锂（LiI），0.05mol/L 碘（I_2），0.5mol/L 4-叔丁基吡啶（TBP）的乙腈溶液。除此之外，各类非碘氧化还原电对如：有机硫电对（T^-/T_2）、拟卤素电对［$(SCN)_2/SCN^-$］、联吡啶钴（Ⅲ/Ⅱ）的配合物也在 DSSC 中有着广泛的应用。

(5) 对电极　对于不同类型的电解质，需要一种相应的对电极来将外电路的电子转移到电解质中去。为了获得更高效的 DSSC 器件，对电极在相应的电解质中不但要具备良好的催化活性，还需要优越的导电性能来更快地传输电子。在液态 DSSC 中，对电极一般是通过在导电基底上覆盖一层具有催化活性材料的方法制备的。如常用的铂电极，就是在 FTO 基底上利用热分解、磁控溅射、蒸镀等方式沉积一层铂（Pt）而制成的。

随着 DSSC 的不断发展，各种不同种类的电解质不断被开发出来以替代传统的碘电解质，为了满足这些非碘电解质的发展需要，人们对新型电极材料的研究也越来越多。除此之外，由于介观 DSSC 的商业化进程不断被推进，用更廉价的对电极材料来取代贵金属已势在必行。迄今为止，应用于 DSSC 中的非贵金属对电极材料大致可分为三种：碳材料类、有机导电聚合物类和无机化合物类。可以制作成电极的碳材料主要包括：炭黑、活性炭、石墨、碳纳米管及石墨烯。常见的导电聚合物电极材料有聚吡咯（PPy）、聚苯胺（PANI）和聚 3，4 乙烯二氧噻吩（PEDOT）等。

相比碳材料和有机导电聚合物材料，DSSC 中有关无机化合物对电极材料的研究相对较晚。这些无机化合物主要包含金属硫化物（如 NiS、CoS）、金属氮化物（如 TiN、VN、Mo_2N）、金属氧化物（如 V_2O_3、Nb_2O_5）以及金属碳化物（如 TiC、VC、Cr_3C_2、Mo_2C）等。

综上，由于 DSSC 制备工艺简单、材料价格低廉、光电转化性能优越，有望成为未来新一代的太阳能电池技术。世界各国对 DSSC 的研究投入力度逐年增加，一些公司及科研单位如澳大利亚的 Dyesol，英国的 G24i，日本的 Mitsubishi、Sony、Sharp 和 Peccell，美国 Solaris Nanosciences 等都在该领域投入了大量资金和技术研发，其市场应用前景一片光明。

2. 染料敏化太阳能电池工作机理

图 3-2-2 为 DSSC 的工作机理示意图，图中展示了 DSSC 中主要的电子转移过程。以碘电解质为例，这些过程具体包括：

① 染料（S）受光照后被激发，由基态（S^0）跃迁到激发态（S^*）：

$$S^0 + h\nu \longrightarrow S^*$$

② 激发态染料分子将电子注入到半导体的导带中（电子注入速率常数为 k_{inj}）：

$$S^* \xrightarrow{k_{inj}} S^+ + e^-(CB)$$

③ 半导体导带（CB）中的电子在纳米晶网络中传输到后接触面（用 BC 表示）后而流入到外电路中：

$$e^-(CB) \longrightarrow e^-(BC)$$

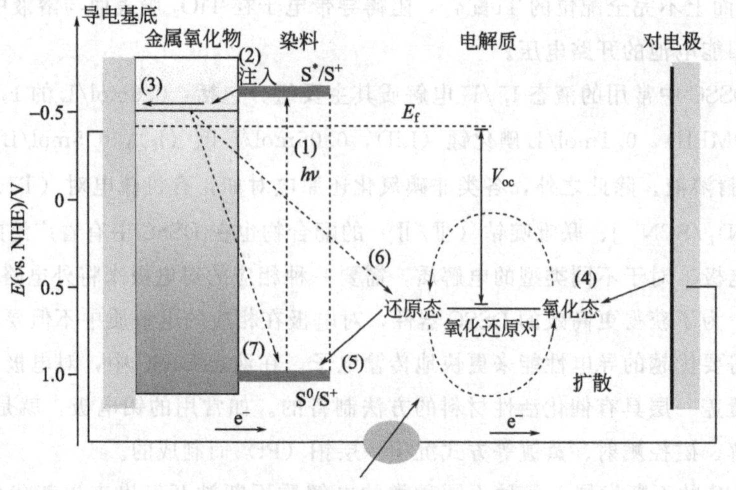

图 3-2-2　DSSC 的工作机理示意图

④ I_3^- 扩散到对电极（CE）上得到电子再生：

$$I_3^- + 2e^-(CE) \longrightarrow 3I^-$$

⑤ I^- 还原氧化态染料分子使染料再生：

$$3I^- + 2S^+ \longrightarrow I_3^- + 2S^0$$

⑥ 半导体薄膜中传输的电子与进入薄膜孔中的电解质离子复合（速率通常用 k_{et} 表示）：

$$I_3^- + 2e^- \xrightarrow{k_{et}} 3I^-$$

⑦ 半导体导带中的电子与氧化态染料分子（S^+）之间的电子复合（电子回传速率常数为 k_b）：

$$e^-(CB) + S^+ \xrightarrow{k_b} S^0$$

由此可知，DSSC 的性能与其中各组分材料的性质息息相关。只有当金属氧化物导带位置、染料激发态和基态位置、电解质氧化还原电位以及对电极的功函数都相互匹配时，DSSC 才可正常工作。

一般来说，染料激发态的寿命越长，电子的注入就越容易。相反地，染料激发态的寿命越短，说明激发态的染料分子还没来得及将光生电子注入到半导体导带中就已经通过非辐射衰减而跃迁回激发态。②、⑦两步是决定电荷注入效率的关键性步骤。电子注入速率常数（k_{inj}）与逆反应常数（k_b）之比越大，电荷复合的概率就越小，电子注入的效率也就越高。此外，I^- 还原氧化态染料（⑤过程）的速率越大，电子复合的概率也越小。

综合来看，DSSC 在工作原理上相比于半导体 p-n 结太阳能电池，其区别在于：半导体 p-n 结太阳能电池中，光的捕获和光生载流子的传输都是由半导体完成的（这对光生载流子的复合提供了便利）。而在 DSSC 中，光的捕获和光生载流子的传输分别由染料敏化剂和纳米晶 TiO_2 完成。因此，在半导体 p-n 结太阳能电池中，需要尽量提高材料的纯度来减少载流子的复合，这也就是硅太阳能电池生产成本居高不下的原因。相比之下，DSSC 大大降低了对半导体纯度的要求，从材料和制备工艺两个方面都降低了太阳能电池的成本。

3. 染料敏化太阳能电池效率的检测

表征太阳能电池器件性能的一个最重要手段就是在一定的光照辐射下，测试太阳能电池的伏安特性曲线（J-V 曲线）。其中，各参数定义如下：

（1）大气质量数（简写为 AM） 太阳光穿过大气层时，会受到大气中的水、二氧化碳、臭氧以及其他物质成分的吸收和散射，从而使太阳光光谱组成发生变化。

通常，用 AM 来表示太阳光的辐照变化与入射角之间的关系。如图 3-2-3 所示，太阳光在进入大气层之前，大气质量定义为 AM0；透过大气层垂直入射到地面时，大气质量为 AM1；以其他入射角（θ）入射时的大气质量可表示为：

$$\mathrm{AM}=\frac{1}{\cos\theta}$$

当太阳的天顶角为 48.2°时，大气质量为 AM1.5，这就是通常所说的标准太阳光。可以看出，随着大气质量数的增加，太阳光的辐照能量逐渐减小。在地球表面太阳能的应用中，如无特殊说明，一般大气指数都取 AM1.5。这时候，太阳光的辐射能量约为 $1000\mathrm{W/m^2}$。因此，我们在测试 DSSC 时，模拟光源的能量通常取为 $100\mathrm{mW/cm^2}$，即模拟一个标准太阳光的辐照。

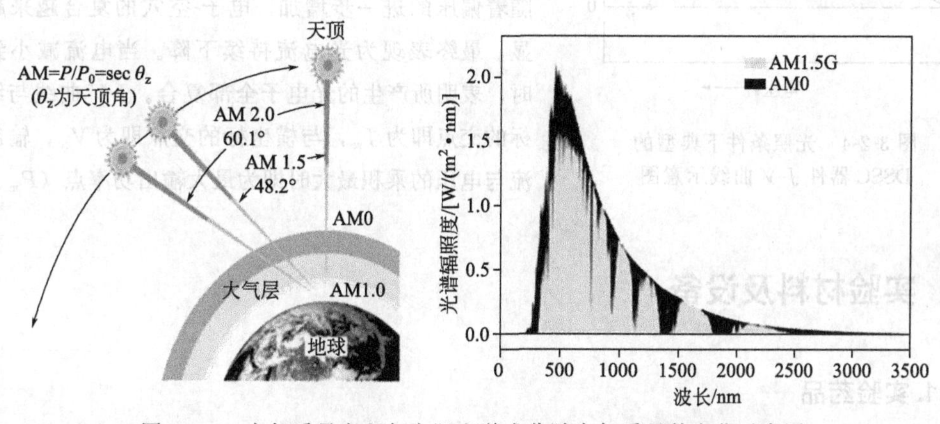

图 3-2-3 大气质量定义与太阳光谱成分随大气质量数变化示意图

（2）开路电压 开路电压（简写为 V_{oc}）指电池电路处于开路状态（即外电阻为无穷大）时太阳能电池在光照下产生的电压。整个电路回路中没有电流通过时，电压的取值即为 V_{oc}。从理论上来讲，DSSC 器件的 V_{oc} 取决于宽禁带半导体的费米能级（E_{fermi}）和电解质中氧化还原电对的能斯特电势（E_{R/R^-}）的差值［固态中即为费米能级与空穴传输层（HTM）价带的差值］。以液态电解质为例，如果完成一个氧化还原过程中所需的电子数为 q，则其表达式为：

$$V_{oc}=\frac{1}{q\ (E_{fermi}-E_{R/R^-})}$$

（3）短路电流密度 短路电流密度（简写为 J_{sc}）是指在整个回路处于短路状态时，DSSC 器件的输出电流密度。在 J-V 曲线中，则表现为外部电路所加偏压为零时，电流密度的取值即为 J_{sc}。

(4) 填充因子　填充因子（简写为 FF）定义为电池的最大输出功率（P_{max}）与短路电流密度（J_{sc}）和开路电压（V_{oc}）乘积的比值。计算公式如下：

$$FF=\frac{P_{max}}{J_{sc}V_{oc}}$$

(5) 能量转化效率　太阳能电池的光电转换效率（简写为 PCE）表征了太阳能电池将光能转换为电能的能力，即电池的最大输出功率（P_{max}）与入射光功率（P_{in}）的比值，即为：

$$PCE=\frac{P_{max}}{P_{in}}=\frac{J_{sc}V_{oc}FF}{P_{in}}$$

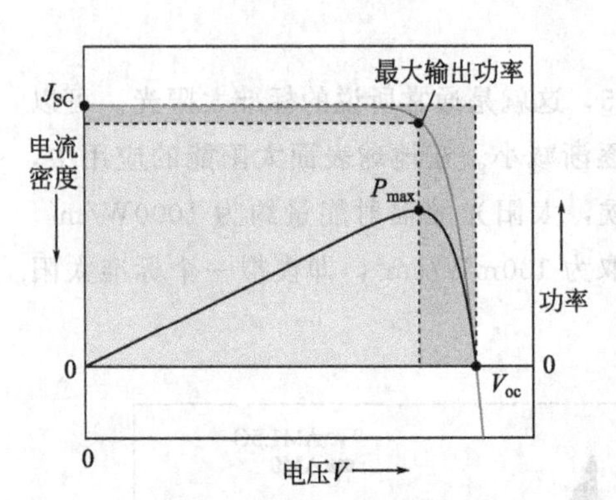

图 3-2-4　光照条件下典型的 DSSC 器件 J-V 曲线示意图

如图 3-2-4 所示，在 AM1.5G 模拟太阳光照条件下，通过扫描电压，记录电流数值，我们就可以得到 DSSC 的 J-V 曲线。

曲线形状主要由两个过程决定：光电子的产生和电子-空穴的复合。在低的偏压下，大部分产生的光电子在复合之前就被电极收集。因此在这个区域，光电流的大小与所加偏压无关，数值保持不变。随着偏压的进一步增加，电子-空穴的复合越来越明显，最终表现为光电流持续下降。当电流减小到零时，表明所产生的光电子全部复合。J-V 曲线与纵坐标的交点即为 J_{sc}，与横坐标的交点即为 V_{oc}，输出电流与电压的乘积最大时即为最大输出功率点（P_{max}）。

三、实验材料及设备

1. 实验药品

FTO 玻璃，纳米 TiO_2 粉末，染料（蓝莓或者草莓、西红柿、菠菜等，提供有机染料），碘，碘化锂，乙腈，无水乙醇。

2. 实验耗材和仪器设备

胶带，夹子，2B 铅笔，玻璃棒，滴管，天平，高温热台，超声清洗器，离心机，烘箱，万用表，台灯，热风枪，太阳光模拟器等。

四、实验步骤

1. 工作电极的制备

首先，将 FTO 玻璃切割成 1cm ×2cm 大小，擦洗后放入超声波清洗器中清洗 10min 取出。用去离子水刷洗干净后再超声清洗 10min，在乙醇中清洗 10min，取出用热风枪吹干待用。

将 TiO_2 纳米粉末按照 30%（质量分数）同无水乙醇进行混合，超声波振荡 15min。待 TiO_2 纳米粉末完全分散在无水乙醇中之后取出。

在 FTO 玻璃上采用“doctor-blading”方法在其上刮涂一层 TiO_2 薄膜。将 FTO 玻璃连同 TiO_2 薄膜一起放在热板上加热至 450℃，保温 5min。待其自然冷却之后取出备用。

2. 染料的准备和工作电极染色

将草莓（或蓝莓等）放入烧杯中，加入少量乙醇，捣烂后转入离心管中，在 5000r/min 转速下离心 5min。提取上层清液作为染料溶液备用。

将冷却之后的工作电极浸泡在染料溶液中后，移入烘箱 70℃加热 30～40min。待 TiO_2 薄膜上吸附有足量染料之后，将工作电极从染料溶液中取出，使用乙醇冲洗掉多余的染料并在 70°C 下烘干。

3. 对电极的制备

在另一块 1cm ×2cm 的 FTO 玻璃上，使用 2B 铅笔涂覆上一层石墨。涂覆有石墨的 FTO 玻璃即可用作染料敏化太阳能电池的对电极。

4. 电解液的制备

在 1mL 乙腈溶剂中，依次加入 0.1mol/L 的碘化锂（LiI）、0.05mol/L 的碘单质（I_2），充分混合振荡直至完全溶解，即得到碘电解液。

5. 电池的装配

操作视频

按照图 3-2-5 所示，在电极上使用胶带贴出一个“回”形之后，将工作电极和对电极面对面叠放在一起。将一滴碘电解液沿缝隙滴灌在工作电极和对电极之间，之后使用夹子将对电极和工作电极夹紧。

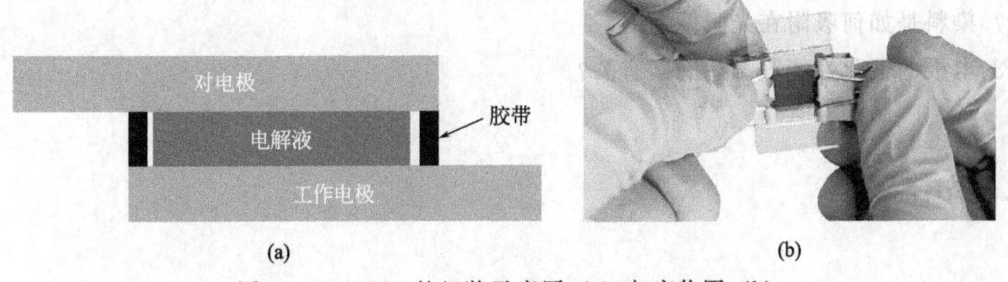

图 3-2-5　DSSC 的组装示意图（a）与实物图（b）

6. 电池的测试

操作视频

太阳能电池效率测试由太阳光模拟器和 Keithley 2400 数字源表效率测试系统获得，在测试之前以标准硅电池为参考校准光强为 1 个标准太阳光（AM1.5，$100mW/cm^2$），确定电池片的光照面积（见图 3-2-6）。设置源表扫描范围−0.1V～1.2V，扫描速率100mV/s，即可获得器件J-V曲线。

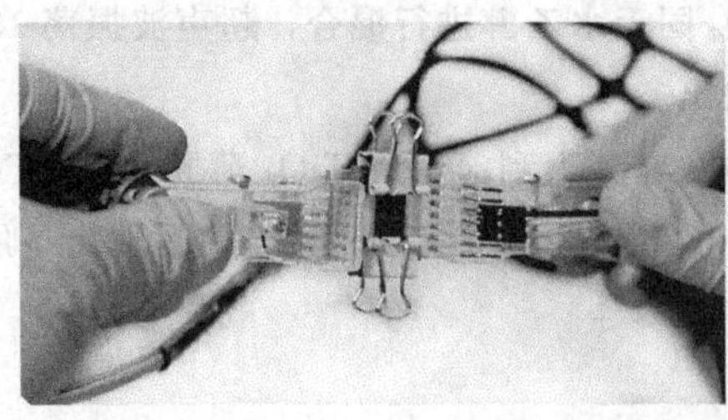
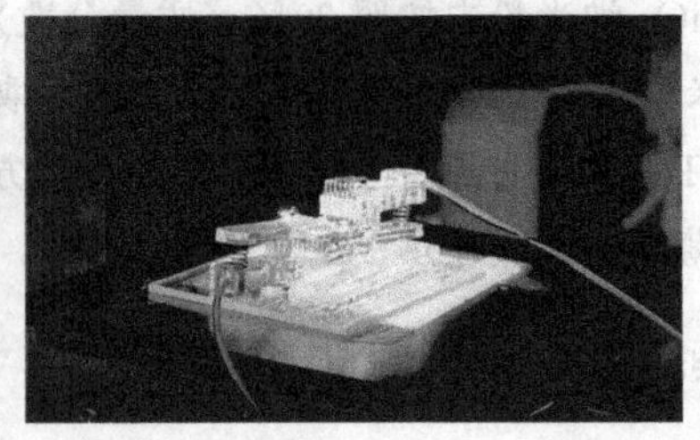

图3-2-6 染料敏化太阳能电池的J-V测试

五、注意事项

1. 整个实验过程中必须穿实验服，佩戴安全眼镜、手套。
2. 操作时必须按照各项规程进行。
3. 将工作电极从热板上取下来的时候小心烫伤。

六、思考题

1. DSSC的理论V_{oc}由材料的哪些参数决定？
2. 如果把TiO_2纳米粉末换成Al_2O_3纳米粉末，器件性能会有怎样变化？
3. 如果把TiO_2纳米粉末换成TiO_2微米颗粒，会对电池产生什么影响？
4. 染料的吸光性能跟DSSC的J_{sc}有怎样的联系？
5. 如何提升DSSC的填充因子？
6. 电解液的浓度如何影响器件性能？
7. 染料是如何吸附在光阳极上的？
8. 电极的催化性能跟哪些因素有关？

七、参考文献

[1] Nazeeruddin M K，Baranoff E，Grätzel M. Dye-sensitized solar cells：A brief overview [J]. Solar Energy，2011，85 (6)：1172-1178.

[2] Ahmad S，Dell'Orto E，Yum J H，et al. Towards flexibility：Metal free plastic cathodes for dye sensitized solar cells [J]. Chemical Communications，2012，48 (78)：9714-9716.

[3] Jarka P，Drygala A，Szindler M，et al. Influence of screen printed nanowires/

nanoparticles TiO_2 nanocomposite layer on properties of dye-sensitized solar cells [J]. Acta Physica Polonica A，2020，138 (2)：312-316.

[4] Sima M，Secu M，Sima M，et al. A new ZnO photoanode for dye-sensitized solar cell [J]. Optoelectronics and Advanced Materials-Rapid Communications，2010，4 (9)：1324-1328.

[5] Zakeeruddin S M，Nazeeruddin M K，Pechy P，et al. Molecular engineering of photosensitizers for nanocrystalline solar cells：Synthesis and characterization of Ru dyes based on phosphonated terpyridines [J]. Inorganic chemistry，1997，36 (25)：5937.

[6] 何俊杰，陈舒欣，王婷婷，等.有机染料敏化剂分子设计新进展 [J].有机化学，2012，32：472-485.

[7] 郭磊，潘旭，戴松元.染料敏化太阳电池电解质 [J].化学进展，2008，20 (10)：1595-1605.

[8] Drygala A，Dobrzanski L A，Szindler M，et al. Carbon nanotubes counter electrode for dye-sensitized solar cells application [J]. Archives of Metallurgy and Materials，2016，61 (2)：803-806.

碳基电极的制作与超级电容器性能测试

一、实验目的

1. 了解双电层电容器的储能原理；
2. 了解双电层储能电极材料的结构特性；
3. 掌握超级电容器电极的制作方法；
4. 组装超级电容器并测试其循环伏安曲线、恒电流充放电曲线和阻抗；
5. 了解电极材料结构对储能的影响因素，分析其作用规律。

二、实验原理

1. 超级电容器及其分类

超级电容器又称电化学电容器，是介于常规电容器与化学电池之间的一种新型储能装置，兼具两者的优点，具有高比功率和长寿命等突出优点。按工作原理可分为双电层型超级电容器和赝电容型超级电容器。近年来又出现了一种正负极分别采用电池材料和活性炭材料的混合型超级电容器。

与传统电池相比，超级电容器无须特别的充电电路和控制放电电路，能够在很小的体积下达到法拉第级的电容量（容量可达几百至上千法拉，见表 3-3-1)，且过充、过放对其循环寿命都不构成影响。超级电容器可焊接，因而不存在像电池接触不牢固等问题。

表 3-3-1　电容器与电池的性能比较

元器件	普通电容器	超级电容器	充电电池
比能量/（Wh/kg)	<0.2	0.2～20	20～200
比功率/（W/kg)	10^4～10^6	10^2～10^4	<500
充电时间/s	10^{-3}～10^{-6}	0.3～30	3600～18000
放电时间/s	10^{-3}～10^{-6}	0.3～30	1080～10800
库仑效率/%	>95	85～98	70～85
循环寿命	>10^6	>10^5	<10^4

由于具有以上优异的性能，超级电容器自面市以来，全球需求量快速扩大，已成为化学电源领域内新的产业亮点。超级电容器在混合燃料汽车、电动汽车、特殊载重汽车、铁路、电力、通信、国防、消费性电子产品等众多领域有着巨大的市场潜力和光明的应用前景，被世界各国广泛关注（表 3-3-2）。例如，在混合电动汽车中搭载超级电容器，可以满足汽车在加速、启动、爬坡时的高功率需求，以保护主蓄电池系统。若与动力电池配合使用，超级电容器则可充当大电流或能量缓冲区，降低大电流充放电对动力电池的伤害，延长电池的使用寿命，同时它能较好地通过再生制动系统将瞬间能量回收，提高能量利用率。超级电容器与燃料电池配套，则可作为燃料电池的启动动力。世界著名科技期刊美国《探索》杂志将超级电容器列为世界重大科技发现之一，认为“超级电容器是能量储存领域的一项革命性发展，并将在某些领域取代传统蓄电池”。超级电容器涉及材料、能源、化学、电子器件等多个学科，是交叉学科研究的热点。超级电容器以充放电速度快、环境友好以及循环寿命长等显著特点，被视为 21 世纪最有希望的新型绿色电源。

表 3-3-2　超级电容器的应用

应用领域	典型应用	性能要求
电力系统	静止同步补偿器，动态电压补偿器	高功率，高电压，可靠
交通运输	轨道车辆能量回收，油电混合动力	高功率
电动车		高功率，高电压
风能	风力发电机的变桨系统的储能系统	高功率
太阳能	路灯、航标	长寿命
空间	能量束	高功率，高电压，可靠
军事	电子枪，消声装置	可靠
工业	工厂自动化，遥控	
记忆储备	消费电器，计算机，通信	低功率，低电压
汽车辅助装置	催化预热器，回热器刹车，冷启动	中功率，高电压

2. 双电层电容器的结构及工作原理

双电层电容器主要由隔膜、电解质、集电体（或集流体）、充电器、电极等组件及关键材料组成（见图 3-3-1）。双电层电容器的基本设计包括两个被多孔性隔膜隔开的高比表面积多孔性电极，隔膜和电极都浸在电解液中。为了降低电容器的内阻，要求隔膜具有超薄、高孔隙率以及高强度的特点。隔膜一般为玻璃纤维膜或聚丙烯膜，允许离子通过而阻止两个电极相接触。在每个电极的背面通常加上一层集电体来减少电容器的阻抗损耗，且常被用作电容器密封的一部分。对集电体的要求是与电极接触电阻小，接触面积大，在电解液中性能稳定，不发生化学反应，耐腐蚀性强。根据所采用的电解质来选择集电体的材料。通常，酸性电解质选择钛材料，碱性电解质选择镍材料，而对有机电解质等可以选择价格低廉的铝材料等。

成品电化学电容器按照不同的封装方式可分为层叠式和卷绕式，如图 3-3-2 所示。两种电容器各有优缺点：层叠式电容器电极易于制备，且可以容纳大面积电极，但是封装密度较低，多个电容器单元串联时占用空间较大，难以在较小的体积内获得较高的工作电压。而卷绕式电容器的封装密度较高，便于多个电容器的串联以满足对高电压的需要，但难以容纳较大面积的电极，且外壳封装过程中需要承受较大的压力。

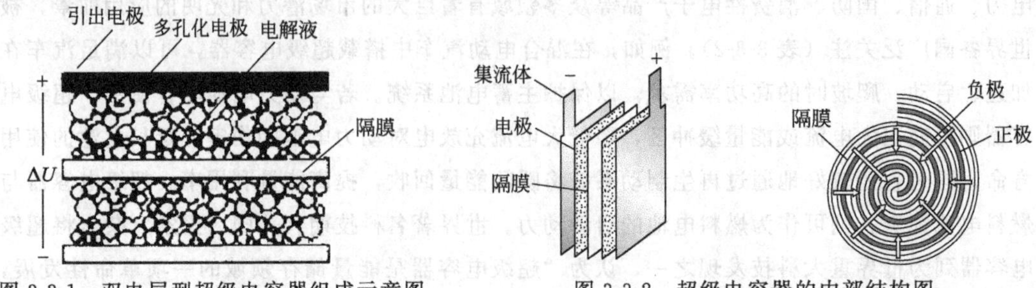

图 3-3-1 双电层型超级电容器组成示意图 图 3-3-2 超级电容器的内部结构图

双电层电容是在电极/溶液界面通过离子或电子的定向排列造成电荷对峙而产生的。其机理是：当外加电压加在超级电容器两个极板上时，极板的正电极存储正电荷，负电极存储负电荷。两极板上电荷产生电场，使得电解液中的阴、阳离子分别向正、负电极迁移，电解液与电极间的界面上形成相反的电荷层，以平衡电解液的内电场。这种正负电荷在两个不同相之间的接触面上，以正负电荷之间极短间隙排列在相反的位置上所产生的电容为双电层电容（见图 3-3-3）。

撤销外电压后，电极上的正负电荷与溶液中的相反电荷离子相吸引而使双电层稳定，在正负极间产生相对稳定的电位差。这时对某一电极而言，会在一定距离内（分散层）产生与电极上的电荷等量的异性离子电荷，使其保持电中性；将两极与外电路连通时，电极上的电荷迁移到溶液中呈电中性，会在外电路中产生电流，这便是双电层电容的充放电原理。

对超级电容器进行放电，正负极板上的电荷被外电路泄放，电极溶液界面上的电荷相应减少。正常工作状态下，两极板间的电势低于电解液的氧化还原电位（通常为 3V 以下），若电容器两端电压超过电解液的氧化还原电位，则电解液将分解。由此看出双电层电容器的储能是通过使电解质溶液进行电化学极化来实现的，是可逆过程，并没有发生电化学反应，因此性能稳定且循环寿命长。

目前研究最多的是采用碳电极的电化学双电层电容器，其主要由比表面积大的活性炭制得，同时以硫酸、强碱、中性盐溶液、某些有机溶剂或导电型固体电解质作为电解质制备出双电层电容器。

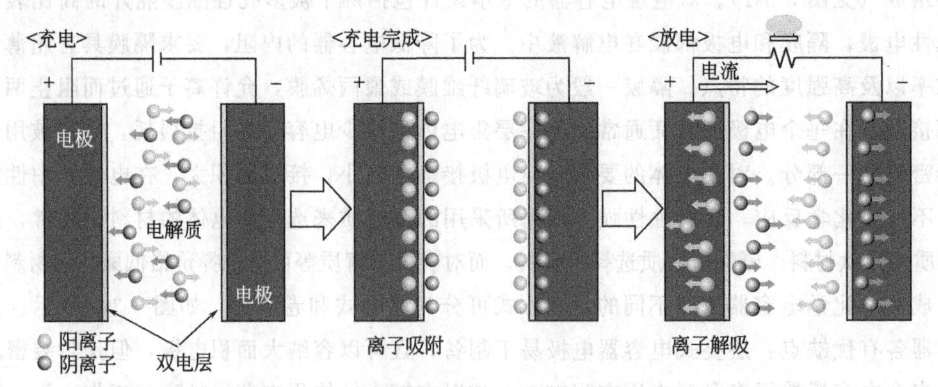

图 3-3-3 双电层型超级电容器工作原理图

3. 电极材料

电极材料是影响电化学电容器性能的核心因素之一。从材料的角度来看，电化学电容器用电极材料主要有：碳基电极材料、金属氧化物基电极材料和导电聚合物基电极材料。

金属氧化物电极主要用于法拉第赝电容器，研究最多的金属氧化物是二氧化钌(RuO_2)，它的电导率比碳基材料大两个数量级，且在强酸溶液中稳定，可逆性高，比电容高，是目前最理想的金属氧化物电极材料。但是，由于 Ru 的价格昂贵，且 RuO_2 孔隙率不高，难以商业化。为降低成本，改善性能，人们开始寻找其他廉价的材料代替 RuO_2，研究较多的有氧化锰、氧化镍、氧化钴等。而使用导电聚合物作为电极的电容器，其原理是在聚合物表面上产生较大的双电层的同时，通过导电聚合物在充放电过程中的氧化还原反应，在聚合物膜上快速生成 N 型或 P 型掺杂，从而使聚合物存储很高密度的电荷，产生很大的法拉第电容，具有很高的电化学活性。

碳电极主要是利用储存在电极/电解液界面的双电层能量而用于双电层电容器。当前，碳电极材料研究热点主要集中在研发具有高比表面积、内阻较小、合理孔径分布的碳材料或对碳基材料进行改性研究等方面，包括活性炭、活性炭纤维、碳气凝胶、碳纳米管和多孔碳材料等。

碳材料比表面积高、导电能力和化学稳定性优良、成型性良好，同时价格相对低廉、原料来源丰富、生产工艺也比较成熟，至今仍是超级电容器应用最广泛的电极材料。人们对影响双电层电容的电极材料的特性研究发现，碳材料的比表面积、导电性、孔径匹配分布、多级孔模型、微观形貌、表面状态以及正负电极的质量匹配都对超级电容器性能有重要的影响。此外，材料的合成工艺和成本也是所要考虑的因素。

(1) 比表面积　根据双电层理论，比表面积越大，碳材料的比电容越大。理论上在清洁石墨表面的双电层电容为 $20\mu F/cm^2$。以活性炭为例，其表面积为 $500\sim3000m^2/g$，按此推算，单电极比容量可高达 500F/g 以上。但是，活性炭材料的实际比容量在水系中仅为 75～250F/g，有机系中为 40～100F/g。大量的实验证明，碳材料的比电容并不总是随其比表面积的增大而线性增大，实验测量的比电容要远小于理论比电容。这是由于较大的比表面积并没有被充分利用。

(2) 导电性　电导率也是直接影响超级电容器碳材料性能的关键因素。同样以活性炭为例，其电导率随材料表面积的增加而降低。原因有以下几点：随着活性炭表面积的增大，微孔孔壁上的碳含量逐渐减少。活性炭微孔的孔径和孔深、与电解液之间的浸润性、表面特性、所处的位置以及活性炭颗粒之间的接触面积等，这些都将对电容器的电导率产生较大的影响。有研究表明，在碳材料中加入一定比例的导电性金属纤维或颗粒是提高双电层电容器电极材料电导率的一种有效途径。

(3) 孔径分布　按照国际纯粹与应用化学会（IUPAC）的分类，多孔材料的孔可分为微孔（$<$2nm）、介孔（或中孔，2～50nm）和大孔（$>$50nm）。

只有被电解液浸润的碳材料表面才可能形成双电层。碳材料的超细微孔对比表面积贡献较大，但由于电解质离子难以进入其中，这些微孔所对应的比表面积对电容没有贡献或贡献极少。而且根据不同电解质离子的大小，所要求的最小孔径也有所差别。研究发现，离子在狭窄的微孔中移动慢，因而双电层容量小。与此相比，介孔活性炭纤维改善了离子在孔中的迁移性能，提高了双电层电容。此外，不同孔径分布对充放电性能有不同的影响，孔径越大，电化学吸附速度越快，能够满足快速充放电的要求，适合制备高功率的超级电容器。而对表面比电容来说，不同的电解液所要求的最佳孔径不同，只有孔径与溶液离子半径相匹配时，材料的表面利用率才最高。一般认为，在水系中，2nm 以上的孔有利于形成双电层电容；在有机系中，5nm 的孔径效果较好。但也有研究表明，小于 1nm 的孔结构由于存在去溶剂化效应，是可以用来产生双电层电容的，并具有较高的比容量。

(4) 表面性质　碳材料表面存在大量官能团，一方面在一定的电位下发生氧化还原反应而直接影响双电层电容的大小，另一方面决定了碳材料表面对电解液的浸润性。

碳材料的表面有一些悬键，可以通过吸附或物理化学处理等形成有机官能团，包括羧基、氢键、酚、自由基等。一般来说，通过电化学氧化、低温等离子体氧化、化学氧化或添加表面活性剂等方式可以对碳材料进行处理，在其表面引入有机官能团。这些官能团在充放电的过程中，容易发生氧化还原反应产生赝电容，从而大幅度提高碳材料的比容量。研究表明，通过电化学氧化处理或低温等离子体氧化处理，也可以使碳材料表面部分氧化，增加含氧官能团，从而使电极的充放电容量明显增加。另一方面，碳材料表面官能团对电容器的性能也存在负面影响。碳材料表面官能团含量越高，材料的接触电阻越大，电容器的等效内阻（ESR）就会越大。同时，碳材料表面较高的含氧量会提高电极的自然电位，导致电容器在正常工作电压下发生气体析出反应，从而影响电容器的寿命。

三、实验材料及设备

1. 实验材料及工具

活性材料（如活性炭）、氢氧化钾（KOH）、异丙醇、黏结剂（可选用 PTFE、PVDF 或 Nafion 溶液）、乙炔黑、泡沫镍、玛瑙研钵、容量瓶、微量进样注射器、玻碳电极、扣式外壳、弹片、垫片、隔膜等。

2. 实验设备

电子天平、压片机、对辊机、封口机、真空干燥箱、电化学工作站（可选用 CHI-660E 等）。

四、实验步骤

1. 电极的制作

(1) 压片法　按一定质量比（如 8∶1∶1）称取活性材料粉末与质量分数为 10% 的聚四氟乙烯（PTFE）乳液及乙炔黑置于玛瑙研钵中，用适量异丙醇混样，混合均匀后制作泥团，在对辊机上碾平，自然晾干后在 100℃ 以下烘干。

将烘干样品按要求裁切（1cm×1cm），在一定压力下（5～10MPa）压于泡沫镍（尺寸1cm×1cm）上，于120℃真空干燥5～12h待用。制作流程见图3-3-4，电极片的表面积统一为1 cm^2，每一片质量10～15mg。

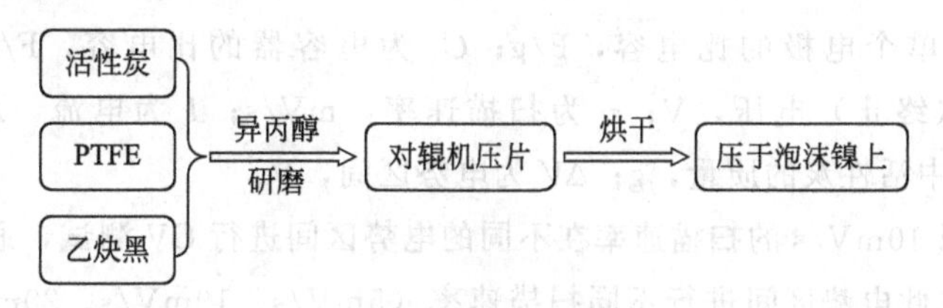

图 3-3-4　电极片制作流程

电极制作中有一些数据需要记录：

活性材料的质量，用 m_0 表示；

导电剂乙炔黑的质量，用 m_1 表示；

裁剪好的泡沫镍质量，用 m_2 表示；

压制好的电极片质量，用 m_3 表示。

m_3 和 m_2 的差就是电极材料的总质量，再按照上述配方的质量比例，获得每一片电极上活性物质的质量，用 m^* 表示。

（2）涂覆法　使用电极抛光材料将玻碳电极（d=3mm）表面打磨光滑，然后依次用无水乙醇、去离子水超声清洗干净后烘干待用。再精确称取5mg活性材料，加入1mL的去离子水，100μL 5%（质量分数）的Nafion溶液，混合后超声处理直至分散均匀形成墨水。用微量进样注射器抽取5μL的上述墨水，滴加在玻碳电极表面后自然烘干。

2. 电容器的组装

操作视频

图3-3-5是电容器结构示意图，具体步骤如下：

第1步，按要求配制电解液。例如用容量瓶配制100mL浓度为3mol/L KOH溶液作为电解液。

第2步，按照图3-3-5的示例顺序——负极壳、弹片、垫片、电极片1、玻璃纤维隔膜、电极片2、正极壳依次组装，然后在封口机上压制成扣式电容器。

第3步，陈化。将组装好的扣式电容器静置3～4h陈化后，连接于电化学工作站上测试。

3. 电化学性能测试

将组装好的超级电容器连接于电化学工作站上，进行循环伏安（CV）、恒电流充放电和阻抗测试。

（1）CV测试　原理：对工作电极施加一个线性变化的电位来回扫描，记录相应的电流响应信号，绘制曲线。

CV曲线可以比较直观地显示出充放电过程中电极表面的电化学行为，反映出电极反应的难易程度、可逆性程度、析氧特性、充放电效率以及电极表面的吸/脱附特征。

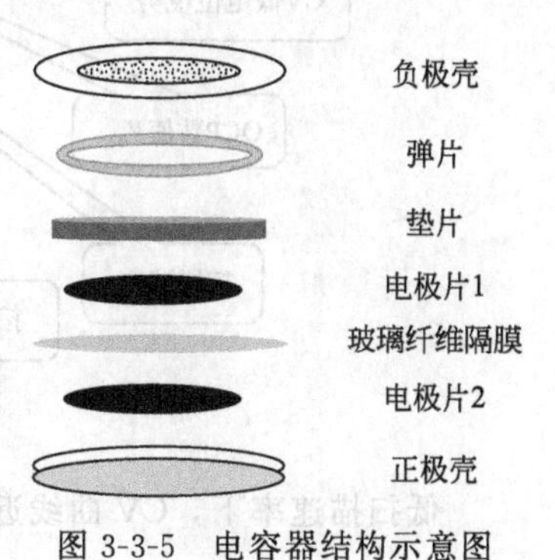

图 3-3-5　电容器结构示意图

比电容计算方法：

操作视频

$$C_{\mathrm{m}}=4C_{\mathrm{s}}=\frac{\int_{V_{\mathrm{initial}}}^{V_{\mathrm{final}}} I\mathrm{d}V}{vm^{*}\Delta V}$$

式中，C_{m} 为单个电极的比电容，F/g；C_{s} 为电容器的比电容，F/g；$V_{\mathrm{initial(final)}}$ 为起始（终止）电压，V；v 为扫描速率，mV/s；I 为电流，A；m^{*} 为单个电极片中活性炭的质量，g；ΔV 为电势区间，V。

条件示例：以 10mV/s 的扫描速率在不同的电势区间进行 CV 测试，通过测试结果确定电势区间。然后在此电势区间进行不同扫描速率（5mV/s、10mV/s、20mV/s、50mV/s 和 100mV/s）的循环伏安测试并记录结果。在 10mV/s 的扫描速率下进行 10～50 次的循环测试，观测此电极材料的循环稳定性。以 CHI-660E 电化学工作站为例，操作界面见图 3-3-6 和图 3-3-7。

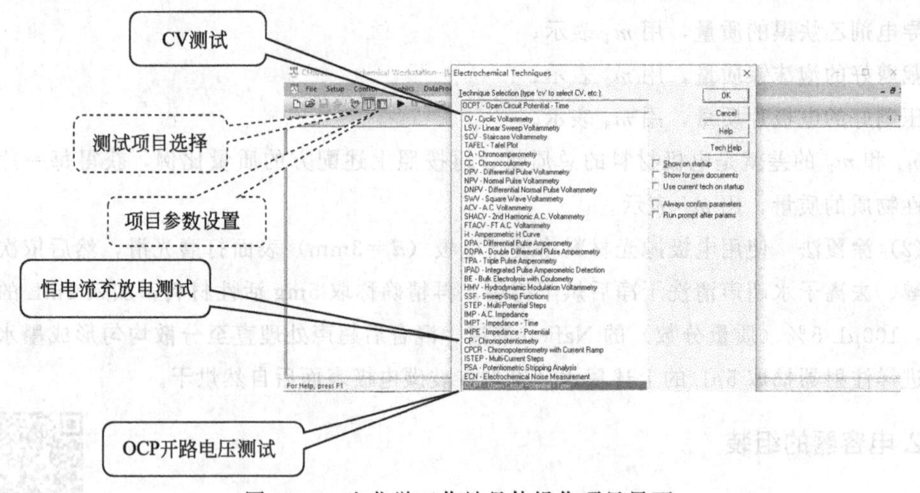

图 3-3-6　电化学工作站具体操作项目界面

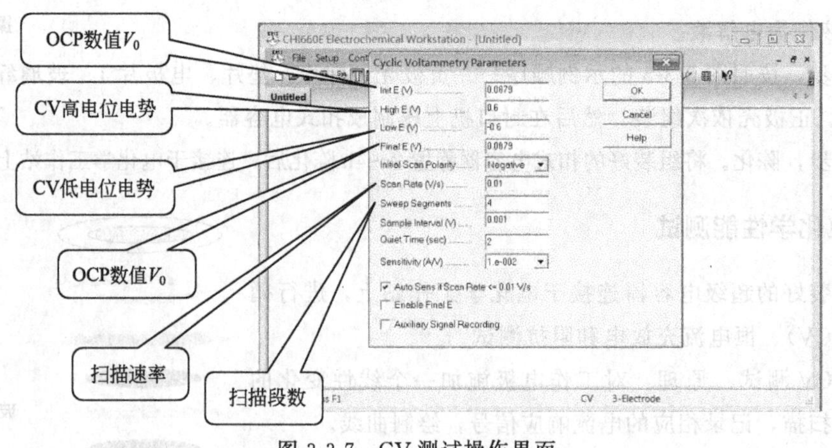

图 3-3-7　CV 测试操作界面

低扫描速率下，CV 曲线近似于矩形，呈现出双电层电容储能特征（见图 3-3-8 所示）。

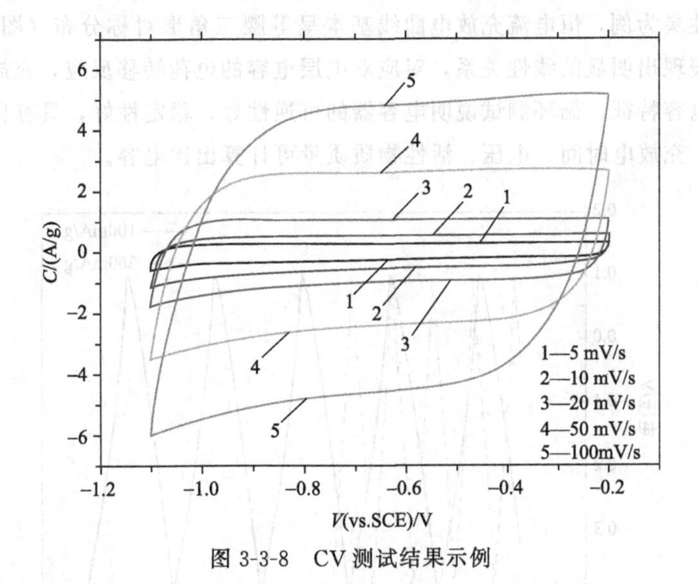

图 3-3-8　CV 测试结果示例

随着扫描速率的增大，图形面积也相应增长，呈现出较好的倍率性能。根据图形面积、扫描速率、扫描电压、活性物质质量，可计算出比电容。

(2) 恒电流充放电测试　原理：使处于特定充/放电状态下的被测电极或电容器在恒电流条件下充放电，同时考察其电位随时间的变化，从而研究电极或者电容器的性能。

操作视频

比电容计算方法如下：

$$C_m = 4C_s = 2\frac{I\Delta t}{m^* \Delta V}$$

式中，C_m 为单个电极片的比电容，F/g；C_s 为电容器的比电容，F/g；I 为放电电流，A；Δt 为放电时间，s；ΔV 为电容器工作电势区间，V；m^* 为单个电极片中活性炭的质量，g。

条件示例：在通过 CV 测试确定的电势区间内进行不同电流密度（100mA/g、200mA/g、400mA/g、800mA/g）的恒电流充放电测试并记录结果。操作界面见图 3-3-9。

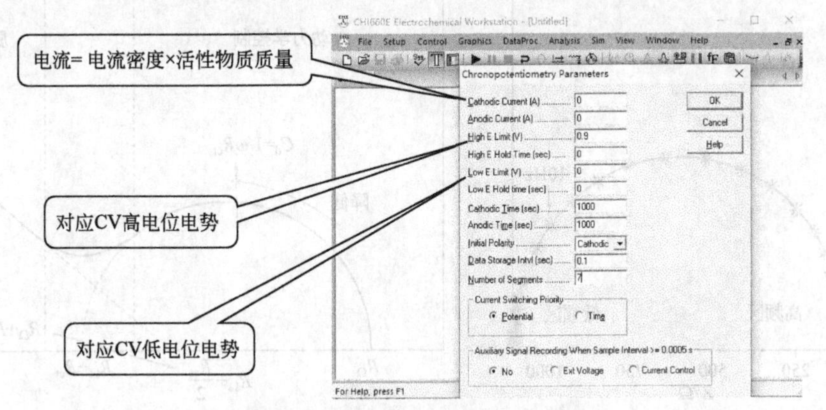

图 3-3-9　恒电流充放测试操作界面

以介孔活性炭为例，恒电流充放电曲线基本呈等腰三角形对称分布（图 3-3-10）。电压随时间的变化表现出明显的线性关系，对应双电层电容的电荷转移反应，充放电曲线呈现出典型的双电层电容特征。循环测试说明电容器的可逆性好，稳定性好，具有良好的充放电性能。根据电流、充放电时间、电压、活性物质质量可计算出比电容。

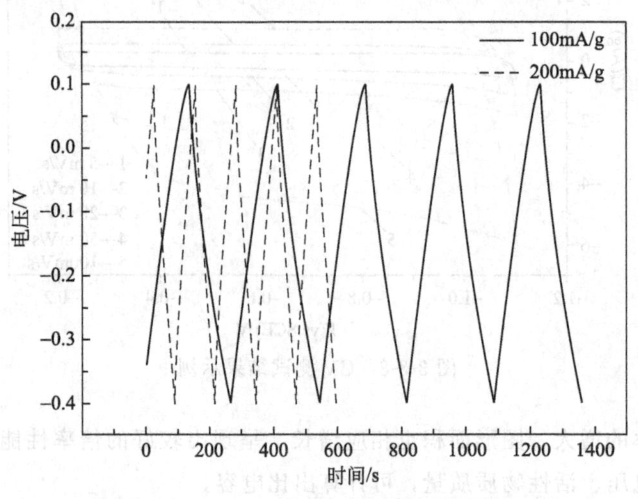

图 3-3-10 恒电流充放测试结果示例

（3）阻抗测试 原理：交流阻抗测试是一种高度敏感的表征技术，它通过无损的方式建立化学系统的电响应。即通过一定频率范围内的低振幅交流电压表征化学系统的时间响应。若将测试所得虚数部分对其实数部分作图，可得虚实阻抗随频率变化的曲线，即为电化学阻抗谱。对获得的交流阻抗谱进行等效电路的模拟，计算得到相应的反应参数，从而推测出电极的反应过程，进而分析研究电极过程动力学、电极界面过程机理等相关参数。

操作示例：开路电压下进行不同频率区间（$10^{-2}\sim10^{4}$ Hz，$10^{-2}\sim10^{5}$ Hz）的阻抗测试并记录结果。电化学阻抗示例见图 3-3-11。其中，C_d 是电极界面的双电层电容；R_{ct} 是反应电阻；R_Ω 是溶液电阻。

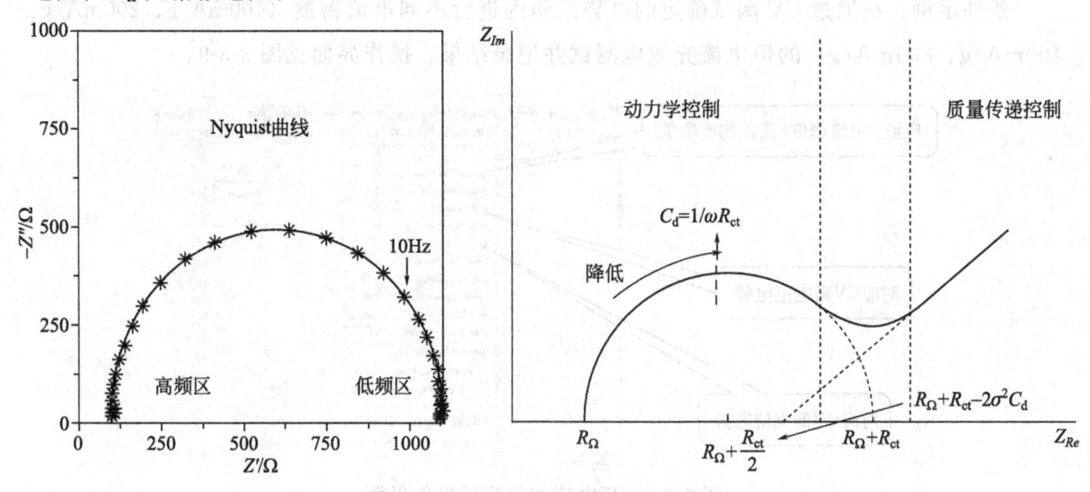

图 3-3-11 电化学阻抗示例

五、注意事项

1. 所有设备的使用均应按照操作规程执行，设备运行过程中应有专人看管并不得擅自离开。

2. 使用电化学工作站通过 CV 测试确定电势区间时，不要超过标称电压；一旦有非正常情况出现，首先关闭电化学工作站开关。

3. 电化学工作站测试过程中，不能用手触碰电极，以免造成测试结果误差。

4. 测试完毕，在教师指导下关闭电化学工作站以及电脑电源。

六、思考题

1. 电极制作的主要参数是什么？

2. 材料多孔结构对电极的电化学性能的影响及原因是什么？

3. 试述法拉第赝电容器的工作原理，并与双电层电容器对比分析优缺点。

七、参考文献

[1] Maletin Y，Novak P，Shembe E，et al. Matching the nanoporous carbon electrodes and organic electrolytes in double layer capacitors [J]. Applied Physics A，2006，82 (4)：653-657.

[2] 刘海晶. 电化学超级电容器多孔碳电极材料的研究 [D]. 上海：复旦大学. 2011.

[3] Kastening B，Heins M. Preperties of electrolytes in the micropores of activated carbon [J]. Electrochim Acta，2005，50 (12)：2487-2498.

[4] 程亮. 电化学超级电容器负极材料 $Li_4Ti_5O_{12}$ 的研究 [D]. 上海：复旦大学. 2018.

[5] Zhong C，Deng Y，Hu W，et al. A review of electrolyte materials and compositions for electrochemical supercapacitors [J]. Chemical Society Reviews，2015，44 (21)：7484-7539.

[6] Li W，Liu J，Zhao D Y. Mesoporous materials for energy conversion and storage devices [J]. Nature Reviews Materials，2016，1 (6)：16023.

[7] Wang G，Zhang L，Zhang J. A review of electrode materials for electrochemical supercapacitors [J]. Chemical Society Reviews，2012，41 (2)：797-828.

[8] Benjamin E Wilson，Siyao He，Keegan Buffington. Utilizing ionic liquids for controlled N-doping in hard-templated，mesoporous carbon electrodes for high-performance electrochemical double-layer capacitors [J]. Journal of Power Sources，2015，298：193-202.

[9] Faraji S, Ani F N. The development supercapacitor from activated carbon by electroless plating—A review [J]. Renewable & Sustainable Energy Reviews, 2015, 42: 823-834.

[10] Wang Q, Yan J, Fan Z. Carbon materials for high volumetric performance supercapacitors: Design, progress, challenges and opportunities [J]. Energy & Environmental Science, 2016, 9 (3): 729-762.

实验四

半导体热电材料及其微器件的制备与物理性能

一、实验目的

1. 了解半导体热电转换原理及三大热电效应；
2. 了解和掌握自蔓延燃烧合成和放电等离子活化烧结的基本原理与操作方法；
3. 了解和掌握材料电导率和 Seebeck 系数测试的基本原理与操作方法；
4. 了解热电材料热输运性能的测试原理与表征方法；
5. 了解热电材料的 Hall 系数的测试原理、标准测试试样的制备要求及测试过程；
6. 掌握扫描四探针法测试半导体热电材料与金属电极材料间的接触电阻的方法；
7. 了解热电微器件的结构和工作原理，掌握器件组装工艺；
8. 了解热电微器件的各种性能参数测试原理，掌握测试方法与技术。

二、实验原理

热电转换技术是利用半导体材料的热电效应实现热能与电能之间直接转换的新能源转换技术，它具有结构简单、性能可靠、无噪声、无传动部件、无污染等优点，广泛应用于半导体制冷领域如静音冰箱、酒柜等，并在低品位废热发电利用方面具有不可替代的作用。

1. 热电效应

热电效应包含两个方面，一个是由温差引起的电效应，另一个是电流引起的可逆热效应，具体可分为 Seebeck 效应、Peltier 效应和 Thomson 效应。

Seebeck 效应：在两种不同的导体材料组成的回路中，当两个连接点处于不同的温度 T_1、T_2 的情况下（$T_1>T_2$），回路中会有电流产生，产生这种电流形成的电动势称为温差电动势，可以将热能直接转换为电能。这种现象称为 Seebeck 效应（如图 3-4-1 所示）。

Seebeck 系数 α_{ab} 定义为：

$$\alpha_{ab}=\mathrm{d}V/\mathrm{d}T \tag{3-4-1}$$

Seebeck系数的单位为V/K，可以为负也可以为正，主要取决于材料的传导类型。一般n型半导体材料的Seebeck系数为负，p型半导体材料的Seebeck系数为正。

Peltier效应：两个不同导体连接后通以电流，在接头处便有吸热或者放热的现象，此现象称为Peltier效应，此效应可以直接将电能转换为热能，可以实现精确控温和热电制冷。如图3-4-2所示，在$\mathrm{d}t$时间内产生的热量$\mathrm{d}Q_p$与流过的电流成正比。其比例系数π_{ab}称为Peltier系数。

$$\mathrm{d}Q_p \propto I\,\mathrm{d}t=\pi_{ab}I\,\mathrm{d}t=\pi_{ab}q \tag{3-4-2}$$

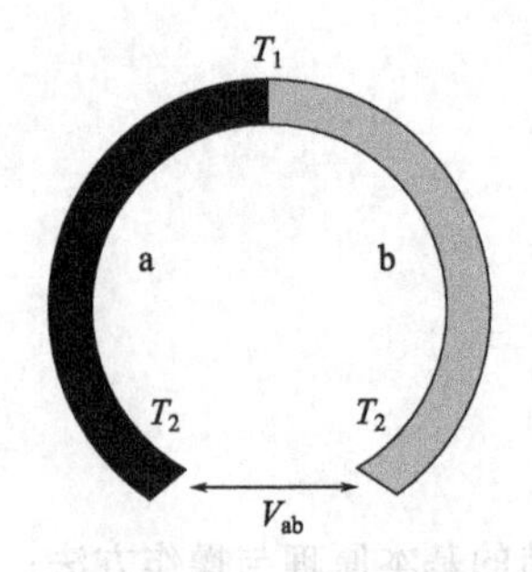

图3-4-1　Seebeck效应的热电循环示意图

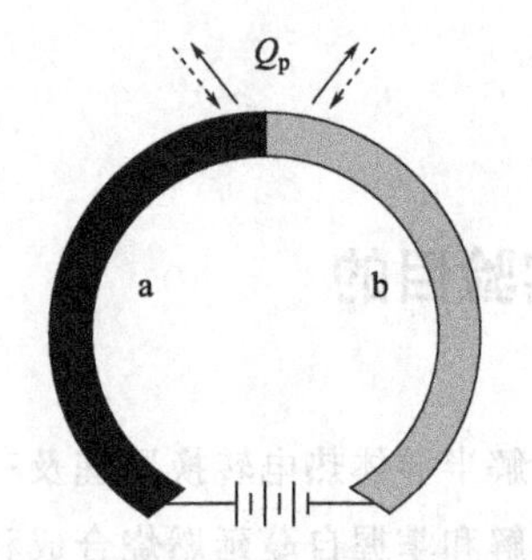

图3-4-2　Peltier效应的热电循环示意图

Peltier系数与Seebeck系数存在$\pi_{ab}=\alpha_{ab}T$的关系。

Thomson效应：当存在温度梯度的均匀导体中通有电流时，导体中除了产生和电阻有关的焦耳热以外，还要吸收或放出热量。吸收或放出热量的这个效应称为Thomson效应，这部分热量称为Thomson热量。在单位时间$\mathrm{d}t$和单位体积内吸收或放出的热量$\mathrm{d}Q$与电流密度J和温度梯度ΔT成比例。即

$$\mathrm{d}Q/\mathrm{d}t \propto \beta J\,\Delta T$$

式中，β称为Thomson系数，单位为V/K。

一般情况下用无量纲热电性能优值ZT（thermoelectric figure of merit）来表达材料的热电性能。

$$\mathrm{ZT}=\frac{\alpha^2\sigma T}{\kappa} \tag{3-4-3}$$

式中，α为Seebeck系数；σ为材料的电导率；κ为材料的热导率（由两部分构成：载流子热导率κ_e和晶格热导率κ_l）。

好的热电材料需要有高的电导率、高的Seebeck系数及低的热导率。材料的Seebeck系数高，在单位温差情况下能够实现高电动势；电导率高，能够有效降低内阻，减少整个回路中的损耗；热导率低，在单位热流密度情况下能够获得较大的温差。ZT值越高，材料的转化效率越高。因此，提高热电材料的ZT值是提高器件转换效率的关键。

2. 热电器件的基本结构

热电器件通常由p型和n型热电材料采取热并联、电串联的方式组合，其中最基本的为π形结构，将p型热电臂和n型热电臂与电极连接，可以实现类似p-n结的空间电荷区，实

现电流的单向流动。热电器件通过将多个 π 形元件进行串联或并联，可以实现温差发电及制冷，其工作原理如图 3-4-3 所示。

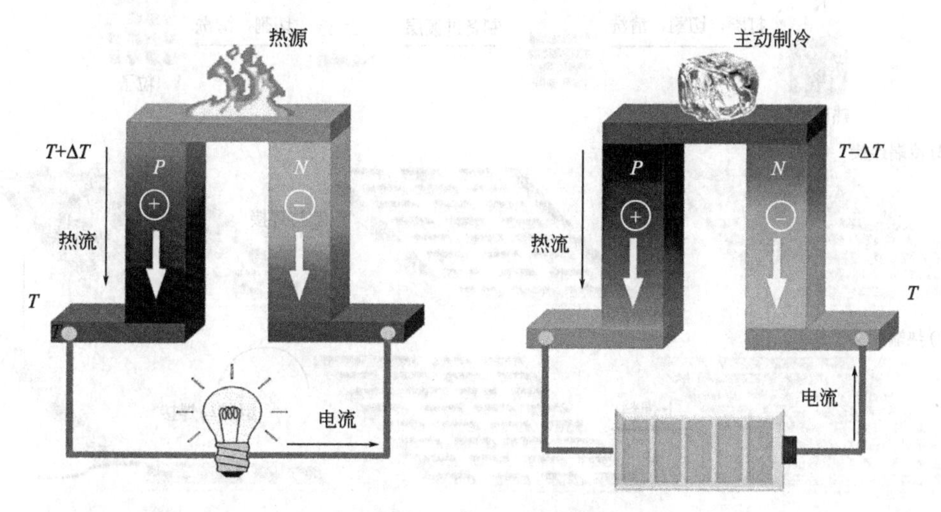

图 3-4-3　热电器件工作原理

目前热电器件的结构设计已更加多元化，根据应用的特定情况，可以设计成平板式、薄膜式、级联叠堆式以及环形器件等。其中应用最广泛的是平板型热电器件，图 3-4-4 为平板型热电器件的结构示意图，这种结构中热量分布均匀，易于实现热量的单向流通，通过优化设计参数能实现较高的转换效率。但平板型器件工作过程中，冷热面都处于束缚态，因此不同热膨胀系数的材料长期处于垂直方向温差下，会产生较大的热应力，对其稳定性有一定的损害。

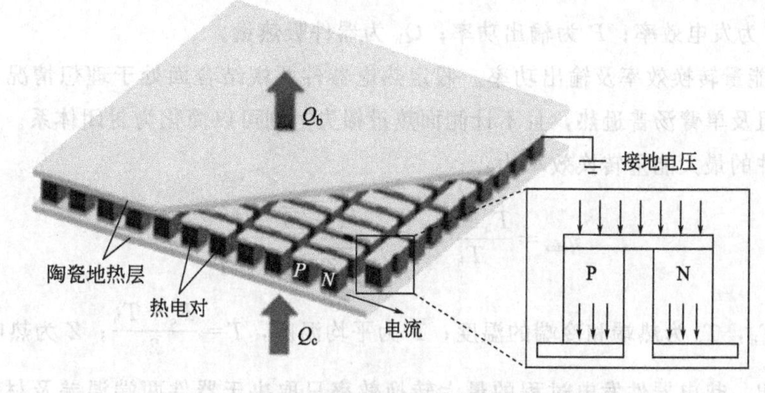

图 3-4-4　平板型热电器件的结构示意图

目前，常规的热电器件（芯片尺寸在 cm 量级）主要采用钎焊技术制造，其工艺流程图如图 3-4-5 所示：先通过区熔法制备 p 型和 n 型棒材，再将棒材切割成具有一定尺寸的粒子，通过模具定位的方式实现 p 型和 n 型粒子相互交错排列，然后将两端电极与粒子焊接使 p 型和 n 型粒子串联起来形成器件。

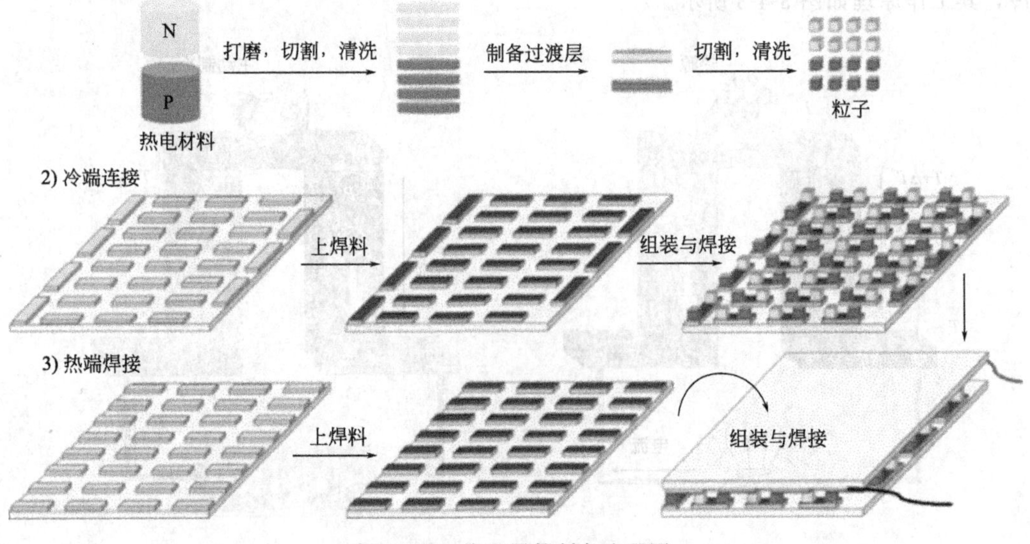

图 3-4-5 热电器件制备流程图

3. 热电微器件的性能参数及其表征

(1) 热电发电器件性能参数

① 器件发电效率 η。η 为热电器件的主要发电参数。在器件两端处于一定温差情况下，评价其发电性能的最重要指标是能量转换效率。热电转换效率定义为：

$$\eta=\frac{P}{Q_{\mathrm{h}}} \tag{3-4-4}$$

式中，η 为发电效率；P 为输出功率；Q_{h} 为器件吸热量。

② 最大能量转换效率及输出功率。假定热电器件两端结合面处于理想情况，即忽略接触电阻、热阻及单臂汤普逊热，且不计侧面热量损失，则可以简化为封闭体系。

热电器件的最大能量转换效率为：

$$\eta_{\max}=\frac{T_{\mathrm{h}}-T_{\mathrm{c}}}{T_{\mathrm{h}}}\times\frac{\sqrt{1+Z\overline{T}}-1}{\sqrt{1+Z\overline{T}}+T_{\mathrm{c}}/T_{\mathrm{h}}} \tag{3-4-5}$$

式中，T_{h}，T_{c} 为热端和冷端的温度；$\overline{T}$ 为平均温度，$\overline{T}=\frac{T_{\mathrm{c}}+T_{\mathrm{h}}}{2}$；$Z$ 为热电优值。

可以看出，热电器件发电过程的最大转换效率只取决于器件两端温差及材料的 ZT 值大小。

当外界负载 R_1 和系统内阻 R 匹配，$\varepsilon=R_1/R=1$ 时，其最大输出功率：

$$P_{\max}=\frac{\alpha_{\mathrm{np}}^2(T_{\mathrm{h}}-T_{\mathrm{c}})^2}{4R}=\frac{\alpha_{\mathrm{np}}^2\Delta T^2}{4R} \tag{3-4-6}$$

式中，α_{np} 为 N、P 热电臂的总 Seebeck 系数；$\Delta T=T_{\mathrm{h}}-T_{\mathrm{c}}$（其中，$T_{\mathrm{h}}$ 为热端温度，T_{c} 为冷端温度）。

(2) 热电制冷器件性能参数

① 制冷效率COP。热电制冷器件的制冷效率(COP)定义为

$$COP=\frac{Q_h}{P}=\frac{Q_h}{Q_h-Q_c} \tag{3-4-7}$$

式中，Q_c 为冷端吸热量(制冷量)；P 为输入的电能。

根据Peltier效应，回路电流 I 由N型电偶臂流入P型电偶臂，就会在节点处吸热，从而在两端建立起温差($\Delta T=T_h-T_c$)。单位时间内，器件冷端向热端的抽热量为 $\pi_{np}I$(其中，π_{np} 为P、N热电臂的总Peltier系数)。

设系统内阻为 R，把制冷器件考虑为一个封闭绝热系统，制冷器的制冷效率为：

$$COP=\frac{\alpha_{np}T_cI-\frac{1}{2}I^2R-K(T_h-T_c)}{I^2R+\alpha_{np}(T_h-T_c)I} \tag{3-4-8}$$

式中，K 为器件热电臂的总热导。

② 最大温差 T_{max}。热电制冷器的另外一个重要的性能参数是器件两端所能建立起来的温差，该温差与器件制冷能力、外接负载有关。

对于器件冷端处于绝热状态(即 $Q_c=0$)时，令 $\frac{d\Delta T}{dI}=0$，可以求得相应于 ΔT 取极值时的最佳电流。当制冷器工作于这个最佳电流时，具有的最大温差为：

$$\Delta T_{max}=\frac{1}{2}ZT_c^2 \tag{3-4-9}$$

③ 最大制冷量 $Q_{c,max}$。当所用材料确定，单位时间内制冷器件从外界吸入的热量(或称制冷量)与输入电流和两端温差有关。对于不同的外接电流和冷热端温差，其制冷量也会不同。

同样若令 $dQ_c/dI=0$，可以获得相应于 Q_c 取极值时的最佳电流。当器件两端的温差为0时，器件的最大制冷量 $Q_{c,max}$ 为：

$$Q_{c,max}=\frac{\alpha_{np}^2T_1^2}{2R} \tag{3-4-10}$$

三、实验材料及设备

1. 实验原料

高纯Bi、Sb、Te、Se粉，纯度4N/5N。

2. 实验设备

① 等离子活化烧结(PAS)设备(Ed-PAS-Ⅲ，Elenix，Japan)实现粉料的快速致密化。

脉冲电流使气体电离形成的等离子体可以清洁颗粒表面的氧化层而起到活化的作用，并且颗粒间放电产生大量的焦耳热，故其烧结时间非常短、烧结温度低，非常有效地抑制晶粒的长大，一般可在5min左右完成致密化过程，且样品致密度高，力学性能和电学性能优

异（原理如图 3-4-6 所示）。

② 电导率和 Seebeck 系数测试所用仪器为 ULVAC-RIKO ZEM-3，在 He 气氛下同时测得两个参数。图 3-4-7 所示为样品电导率和 Seebeck 系数测量的原理图。

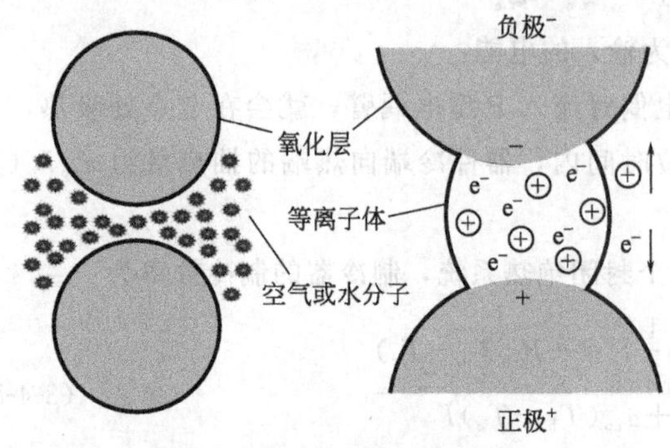

图 3-4-6　PAS 烧结原理图

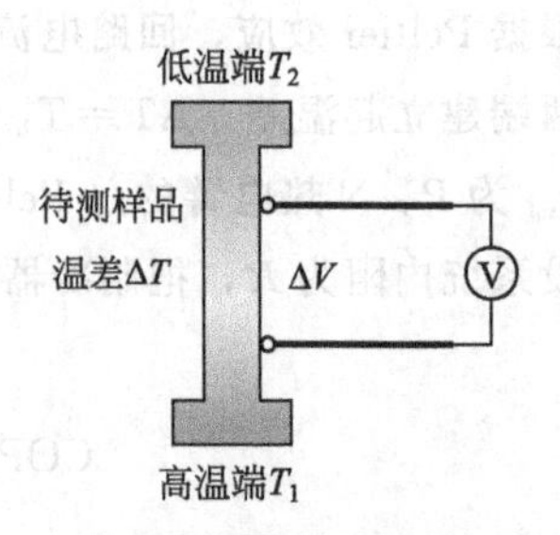

图 3-4-7　电传输性能测量示意图

四探针法测试电导率：样品为长方体条状样品，样品的上下两端连接两个电极，中间与两个电极接触，在上下两个电极中通以恒定电流，从中间两个电极测试两点之间的电压。实际测试过程中为了消除热电势对测量的影响，一般通以一个正向电流和一个反向电流，进行两次测试，求两次电压的平均值来得到实际电压 U。

根据电阻的关系式：

$$R=U/I=l/(S\sigma) \tag{3-4-11}$$

式中，S 为截面积；l 为电极两端长度；σ 为电导率。

可得到样品的电导率

$$\sigma=(I/U)\times(l/S) \tag{3-4-12}$$

电导率测量的误差在 10%以内，主要来源于探针距离的确定和样品尺寸的测量。测试温度范围为 298～773K。

样品的 Seebeck 系数测试中（298～773K），样品两端的温差分别设置为 10K、20K 和 30K，两个侧面探针之间的温差一般为 1～5K，利用温差电动势 ΔV 与温度梯度 ΔT 的斜率关系即可计算样品的 Seebeck 系数。

Seebeck 系数的测试误差在 7%以内，误差与样品的尺寸无关，主要来源于温差的测定，故当侧面探针被污染时，需要将侧面探针打磨干净或更换侧面探针。

③ 电火花数控线切割机床（DK7725）切割、加工样品。

数控线切割机床在加工时，切割刀具（钼丝）和工件之间加有 20kHz、150V 的直流脉冲电压。电极丝与工件之间存在脉冲放电。当刀具和工件之间的距离足够近时（约 0.01mm），电压击穿冷却切削液介质，在切割刀具和工件靠近的全长上均匀放电，高能量密度电火花放电瞬间温度可以达到 7000℃或更高，高温使被切削金属瞬间气化，生成金属氧化物，熔融于切削液中，被移动中的切割刀具带出加工区域。

④ 密度测定仪（YDK01，Sartorious）进行密度测试。

⑤ 激光热导仪（LFA-457）进行热扩散系数测试。

⑥ 差式扫描量热仪（TA Instrument，Q20）进行热容测试。

⑦ 综合物性测试系统（PPMS-9，Quantum Design 公司）进行霍尔系数测试。

⑧ PSM 扫描 Seebeck 系数测试仪（Potential Seebeck Microprobe）。

探针 A、B、C 和 D 成直线排列，A 和 D 为电流探针，B 和 C 为电压探针，界面垂直于该直线（图 3-4-8）。在测量过程中，探针 A、B 和 D 固定不动，当 C 位于热电材料或电极内部时，R_{BC} 随着 BC 间距离的增加呈线性增加，当 C 经过界面时，R_{BC} 将出现一定幅度的跳跃，该跳跃即为接触电阻。根据定义，将接触电阻与接触面积相乘，即得到界面的接触电阻率，一般用 $\mu\Omega/cm^2$ 作单位。

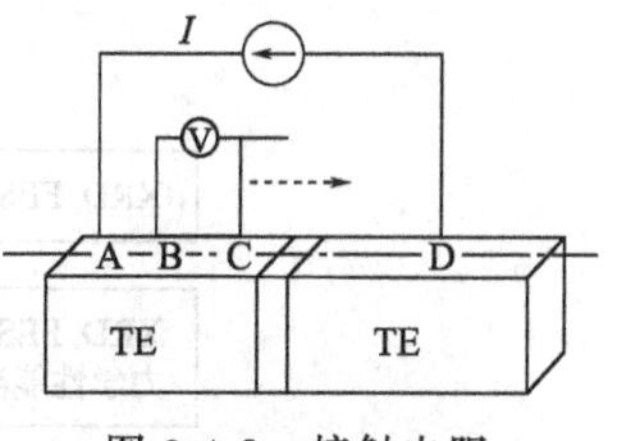

图 3-4-8 接触电阻测试原理示意图

⑨ 自动点胶机。

⑩ 显微放大镜（×50，×100，×200）。

⑪ 快速热退火炉 RTP。

⑫ 交流内阻（ACR）阻值测试仪（TL2812 型 LCR 数字电桥），基本精度达到 0.25%，测试频率可调 100Hz、120Hz、1kHz、10kHz±0.01%，每秒可扫描 12 次。

⑬ 半导体制冷快速测试平台。

⑭ 真空发电制冷测试平台（由真空腔体、TEC 智能温控平台、34972A 集成电表、可控电子负载 IT8500 及双通道恒流源组成）。

四、实验步骤

1. Bi_2Te_3 基热电材料的合成与制备

采用自蔓延燃烧合成结合等离子活化烧结（PAS）技术制备 n 型和 p 型碲化铋基热电材料。自蔓延高温燃烧合成法（SHS）是指利用物质反应热的自传导作用，使不同的物质之间发生化学反应，在极短的瞬间形成化合物的一种高温合成方法。即利用某些合成反应的强放热作用，反应一旦开始即能自我维持，并迅速扩展、蔓延至整个试样区，完成合成反应。PAS 工艺是将金属等粉末装入石墨等材质制成的模具内，利用上、下模冲及通电电极将特定烧结电源和压制压力施加于烧结粉末，经放电活化、热塑变形和冷却完成制取高性能材料的一种新的粉末冶金烧结技术。

具体步骤为：

① 以高纯 Bi、Sb、Te、Se 粉为初始原料。首先按化学计量比 $Bi_ySb_{2-y}Te_{3-x}Se_x$（$0\leqslant x\leqslant3$，$0\leqslant y\leqslant2$）称量配料，将称量的 Bi 粉、Sb 粉、Te 粉和 Se 粉混合均匀后冷压成块。

② 将所压块体在石英玻璃管中真空密封，采用直接起爆或恒温起爆的方式引发燃烧合成（CS）反应，反应完成后自然冷却。将反应得到的块体研磨成粉，然后进行 PAS 烧结，烧结温度为 723～753K，烧结压力为 20～40MPa，烧结时间为 5～30min。将烧结得到的块体切割加工成相应尺寸后进行组成、微结构表征及热电性能和力学性能测试，工艺流程如图 3-4-9 所示。在合成热电材料的基础上，进行电导率 σ、Seebeck 系数 α、热导率 κ 和 Hall 系数 R_H 的测试。

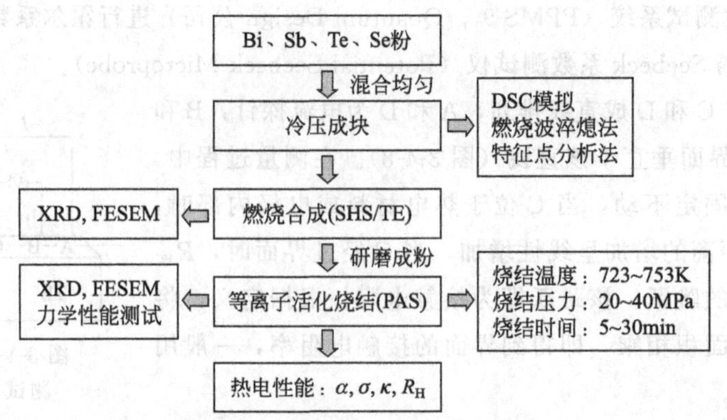

图 3-4-9　自蔓延高温燃烧合成法结合等离子活化烧结工艺（SHS-PAS）制备碲化铋基材料的流程

2. 电导率和Seebeck系数测试

① 将燃烧合成结合放电等离子活化烧结制备的块体样品切割成规定的长方体（3mm×3mm×12mm）。

② 采用游标卡尺测试样品几何尺寸，并做记录。

③ 将样品放置在 ZEM-3 设备样品台上，采用抽真空和充 He 对腔体气氛进行置换，连续 3 次，最后保持在 0.5 大气压 He 条件。

④ 设备测试过程中先输入样品尺寸、测试温度范围、电流范围等测试参数，然后开始测试。设备会自动记录样品温度、温差、Seebeck 电压、电阻等数据。本实验中测试 Bi_2Te_3 材料在室温～250℃的电导率、Seebeck 系数。

⑤ 测试完成，取出样品，关机。

3. 热输运性能标准试样的制备与测试

（1）制备用于测试热输运性能的标准试样　利用电火花数控线切割机或者划片切割技术对已制备的致密 Bi_2Te_3 材料进行切割加工，然后利用砂纸对样品表面进行打磨，并且保证样品的平整度，得到尺寸分别为（1.5～1.6）mm×8mm×8mm、（1.5～1.6）mm×6mm×6mm 或者 ϕ6/ϕ8mm 等尺寸的试验样品。

（2）热输运性能的测试

① 用阿基米德排水法（无水乙醇）测量 Bi_2Te_3 材料密度 ρ。材料体积密度为不含游离水的材料的质量与其总体积（包括固体材料的实占体积和全部孔隙的体积）之比。利用阿基米德排水法通过对样品在空气中的干重和在液体（酒精）中的浮力测量，然后利用如下公式计算：

$$\rho = m_1 \frac{\rho_1 - 0.0012}{0.99983 m_2} + 0.0012 \tag{3-4-13}$$

式中，m_1，m_2 为样品干重和浮力；ρ_1 为酒精密度。

② 使用激光导热仪对样品在 300～550K 范围的扩散系数进行测试（见图 3-4-10）。热扩散系数通过激光非稳态法测试。测试原理为：由激光源（或闪光氙灯）在瞬间发射一束光脉

冲，均匀照射在样品下表面，使其表层吸收光能后温度瞬时升高，并作为热端将能量以一维热传导方式向冷端（上表面）传播。使用红外检测器连续测量上表面中心部位的相应温升过程，得到温度（检测器信号）升高对时间的关系曲线，通过计量半升温时间（在接收光脉冲照射后样品上表面温度（检测器信号）升高到最大值的一半所需的时间）t_{50}（或 $t_{1/2}$），进而计算得到样品在温度 T 下的热扩散系数。具体操作如下：

首先将样品置于腔体之中并升温至所需温度，待温度稳定之后，仪器的激光器会发射一束激光照射样品的下表面，该能量会使样品上下两端产生温差，并使热量由样品下表面向上表面传导，通过检测样品上表面的升温曲线，可以获得材料的热扩散系数，其计算方式如下：

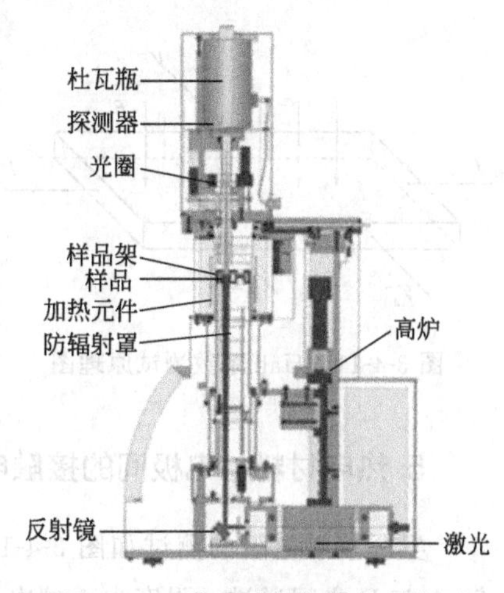

图 3-4-10 激光导热仪结构示意图

$$D=\frac{1.37d^2}{\pi^2 t_{1/2}} \tag{3-4-14}$$

式中，d 为样品的厚度；$t_{1/2}$ 为样品上表面温度升高到最高温度的一半时所需要的时间。由该式可知，样品的厚度 d 对于热扩散系数的测试非常关键，实验中需要将样品打磨成厚度均匀的 8mm×8mm×2mm 的方片进行测试，并且需要在样品上下表面喷涂一层碳粉，防止激光束照射到样品表面发生反射，从而产生测量误差。

③ 计算 Bi_2Te_3 材料在 300～550K 温度范围的热导率。根据德拜模型，当温度高于德拜温度时，材料的热容几乎趋于稳定值：

$$C_p=\frac{3NR}{M} \tag{3-4-15}$$

式中，N 为原子数量；R 为气体常数；M 为平均摩尔质量。

综合上述测试的样品密度、热扩散系数和热容数据，根据热导率公式 $\kappa=D\rho C_p$ 计算获得样品热导率。

4. 霍尔系数测试

操作视频

（1）标准测试样品切割

利用电火花数控线切割机对已制备的致密 Bi_2Te_3 材料进行切割加工；利用砂纸对样品表面进行打磨，并且保证样品的平整度，得到尺寸为 1.2mm×2mm×7mm 的实验样品。

（2）Hall 系数测试

① 使用 PPMS 对样品的霍尔系数 R_H 进行测试，原理如下：

当给样品左右两端通以电流 I 并施加垂直于电流方向的磁场，运动的载流子会受到洛伦兹力的作用发生偏转，并在上下两端积累。电荷积累会产生电场并阻碍载流子继续偏移。当电场力和洛伦兹力达到平衡后，在上下两端可以测得一个电势差，即 Hall 电压 V_H（见图 3-4-11）。

$$V_H=R_H\frac{IB}{d} \tag{3-4-16}$$

式中，V_H 为 Hall 电压；R_H 为 Hall 系数；I 为测试通电电流；B 为磁感应强度；d 为

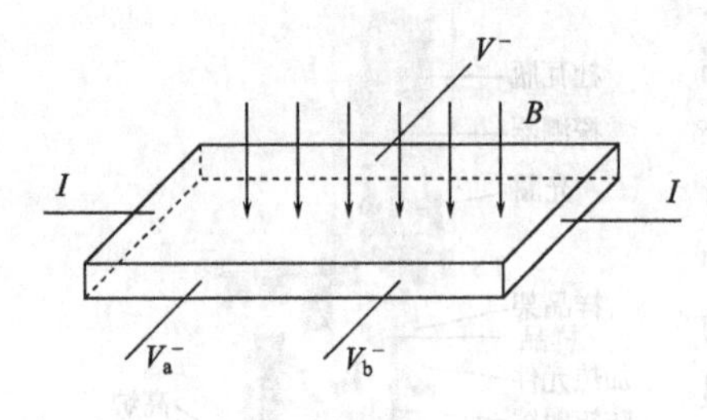

图 3-4-11　Hall 系数测试原理图

样品厚度。

实际测量中，为了避免因样品两端接线处位置差异而引起的 Hall 电压测量误差，一般在样品一端连接 2 根导线（V_a^- 和 V_b^- 处）并通过滑动变阻器调节电阻，使其和另一端（V^- 处）等效。在无外加磁场环境下，V_a^- 和 V_b^- 的等效电压与 V^- 相等时，可认为消除该误差。

② 使用 PPMS 对样品的电阻率 ρ 进行测试。

5. 热电材料与电极间的接触电阻测试

实际接触电阻的测试如图 3-4-12 所示。首先在探针 A 与 D 之间通过一强度为 I 的电流，然后测量探针 B 和 C 之间的电势差 F，则 B 与 C 之间的电阻可以表示为：

$$R_{BC(x)}=\rho x/S+R_c \tag{3-4-17}$$

式中，ρ、x、S 和 R_c 分别为电阻率、探针间距、横截面积和接触电阻。

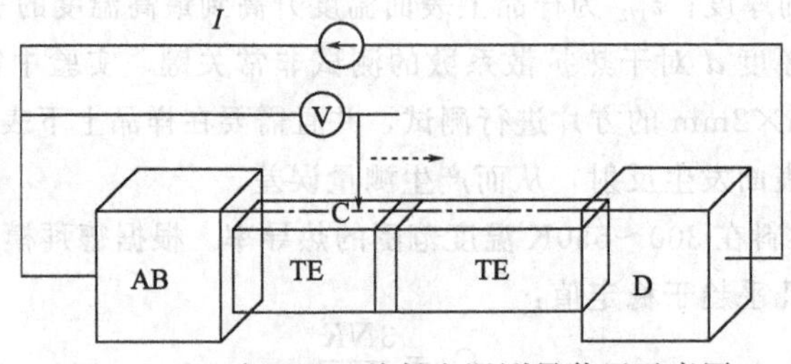

图 3-4-12　实际界面接触电阻测量装置示意图

具体步骤如下：

① 打开 PSM 总电源，确认 Keithley 源表、位移控制器的电源打开。

② 按一下位移器的“＞＞”按钮，将位移台控制切换到 PC 控制。

③ 在所有仪表电源打开后再打开电脑机箱电源。

④ 手动打开相机电源，弹出相机镜头。

⑤ 启动 PSM 程序，第一个弹出窗口直接点击确定，然后选择或新建一个文件夹存储数据文件，第二个弹出窗口，不做任何更改，也直接点击确定（保持 COM3，115200）。

⑥ 启动测量程序。

⑦ 按一下位移器的“＜＜”按钮，切换到 Joystick 控制，将探针移动到样品区域的上方。

⑧ 缓慢控制探针接触样品表面，若刚刚碰上位移台 Z 方向控制灯左边红灯亮起，表明样品电接触良好，位移台的 Z 方向电控限位运行正常。

⑨ 再按一下“＞＞”按钮，将位移台切换到 PC 控制。

⑩ 在 Parameter 标签页，左右移动并点击一下 Velocity Z 的滑块，以确保探针 Z 速度被 PC 读取，确保探针安全）。

⑪ 在 Photo 标签页，点击对样品拍一张照片。

⑫ 选择（4，O，R）来定义样品测量区域的形状。

⑬ 在图片上点击鼠标左键两下，分别选择样品测量左右区域，点击右键两下，分别选择样品测量上下区域，回车，图片自动出现测量区域的网格图（尽量不要选择样品边缘，避免误差导致探针超出样品范围，一直下降损坏探针；如需测量边缘，一定要进行相机校准）。

⑭ 在 Parameter 页，定义 x，y 方向测量步长。

⑮ 在 Seebeck 测量页或 Potential 测量页，点击?按钮进行预测。

⑯ 根据预测结果，调节 Indent、Seebeck Measurement、Potential Measurement 的参数。

⑰ 选择（S、P、SP）来定义测量模式。

⑱ 点击开始按钮，测试即可进行，一般选择 SP 模式，进行接触电阻和 Seebeck 系数的同时测量。

⑲ 点击 STOP 按钮暂停或终止试验。若选择 Cancel，探针会在进行完点击按钮前最后一步测量后，终止测量。

⑳ 测量结束后，长时间不用的情况下，请先关闭计算机，再关闭系统总电源。

6. 热电微器件的制作组装

完成 4.7mm×4.9mm 尺寸微型热电器件的组装与焊接，包括基板点胶、模具组装、摆模与焊接，其流程如图 3-4-13 所示。

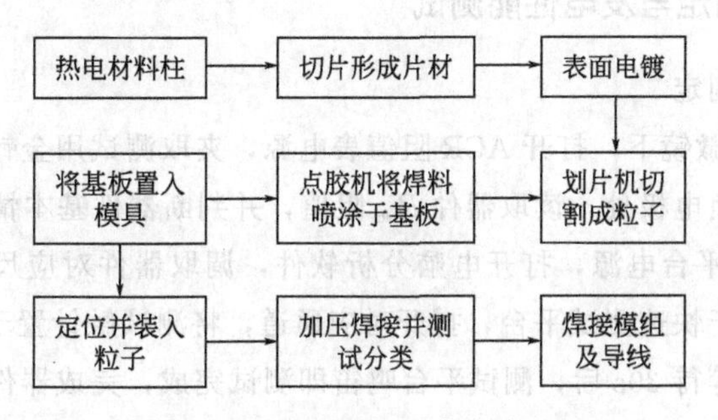

图 3-4-13 微型热电器件制备流程

（1）基板点胶

① 打开自动点胶机总电源，确认锡膏针管正确安装，与气泵连接正常；

② 戴手套拿取或用平头镊子夹取基板侧面，放入自动点胶机固定位置；

③ 调用对应基板程序，开始点胶；

④ 点胶过程结束后用镊子取下基板备用，准备器件的组装。

（2）模具组装及摆模

① 取模具底座置于显微镜下的硅胶板；

② 按照定位销位置放入 0.15mm 下层定位铁片；

③ 将点胶后的下基板放入定位铁片框格；

④ 按照定位销位置放入网格铁片，调整网格位置，将锡膏点与网格对应，然后利用夹具固定其相对位置；

⑤ 调整显微镜放大倍数，用尖头镊子取 p、n 型热电材料粒子放入对应位置进行摆模，

完成微型热电器件Ⅱ型串联。

（3）脱模及器件焊接

① 按住网格铁片，将夹具缓慢取下。

② 按照定位销位置放入多片 0.15mm 上层定位铁片。

③ 打开真空吸管，用手指堵住吸管中部出风口，将点好胶的上基板背面置于真空吸管口，缓慢翻转至上基板锡膏面向下，用真空吸嘴吸住器件上基板进行对位，松开手指即完成器件上基板的定位放入。

④ 在模具中心位置放入一片阻挡层（防止加压时划损器件），将模具组装完成后，固定在焊接板上，用水平仪保持焊接板水平放置，随后用砝码对器件垂直方向进行加压。焊接面的水平会影响器件加压的方向，若偏离则会导致器件两边的焊接情况不同，且因是串联构架，将对器件整体性能有所影响。

⑤ 焊接过程采用真空快速热退火焊接炉进行。将热电偶涂覆导热硅脂，并伸入焊接板中心钻孔，即可测得焊接过程中的实时焊接温度，保证焊接温度曲线的准确性。关闭焊接炉腔门，打开真空泵抽真空至 10^{-3}Pa 以下，然后调取锡膏对应工艺曲线进行器件的焊接。

⑥ 焊接退火完成后，打开焊接炉腔门，用镊子取出焊接板至培养皿冷却，取下模具，至显微镜下，拆解模具，用平头镊子取出焊接后器件，进行下一步测试。

7. 器件的初步判定与发电性能测试

（1）器件的初步判定

① 将器件置于显微镜下，打开 ACR 阻值表电源，夹取测试用金针在显微镜下将针头置于微型热电器件的正负电极处，读取器件 R_{ac} 阻值，并判断器件基本情况；

② 打开快速测试平台电源，打开电脑分析软件，调取器件对应尺寸参数、粒子对数等设置文件，将器件置于快速测试平台，打开对应通道，将测试触针置于器件正负电极，绿色灯亮即为开始测试，等待 30s 后，测试平台鸣笛即测试完成，完成器件基本参数的记录。

（2）发电性能测试　发电和制冷性能测试在真空发电制冷测试平台完成，其结构由真空腔体、TEC 智能温控平台、34972A 集成电表、可控电子负载 IT8500 及双通道恒流源组成，如图 3-4-14 所示。

图 3-4-14　真空测试平台

采取铜块控温原理，借助铜块积攒热量达到所需温度。在器件上下表面用导热硅脂连接（或焊接）大小相等、表面光洁的长条状铜块，借助线切割技术在铜块中心钻直径1.5mm的圆孔，在热电偶表面涂导热硅脂，并放入铜块中心（导热硅脂完全填充），利用温控平台控制铜块温度，待温度稳定后进行发电性能的表征。

① 打开真空测试平台各仪器电源。

② 将焊接导线后的器件置于两片铜块间，采用导热硅脂或焊接连接，将热电偶涂覆导热硅脂置于铜块中心孔，用焊枪将器件导线与测试电路连接。

③ 调节TEC温控平台，控制器件热端温度恒定在33℃。TEC智能温控平台是由半导体制冷芯片进行温度调节，其最低温度达−30℃，可调节最大温度为120℃，调节精度在0.01℃范围，能较快准确地控制腔体内上下平台温差。

④ 分别设定冷端温度为32℃、30℃及23℃，利用计算机控制滑动变阻表，以自动调节外接负载阻值，依次测量得到其I_1、I_2、I_3、…，U_1、U_2、U_3、…，绘制电流-电压曲线，从而得到器件发电的开路电压和短路电流，并计算其最大功率值。

8. 器件的制冷性能测试

将热电器件置于温控平台表面，TEC器件热端和温控平台间采用高导热硅脂黏合（为获得更精确测试结果可采用焊接方式），器件冷端采用热电偶（直径尽可能小）测温，热电偶直接和冷端接触，采用导热硅脂贴合（为获得更精确测试结果，可采用焊接方式）。设置温控平台温度为300K（27℃），改变TEC器件输入电流，监测并记录热电偶温度，则可得到器件在热端27℃条件下，不同输入电流下器件的最大制冷温差（见图3-4-15）。

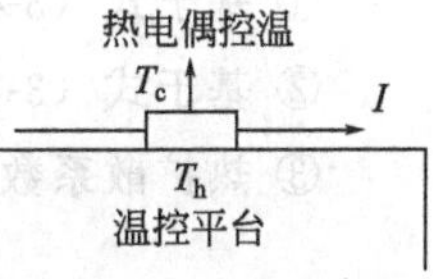

图 3-4-15　基本测试法

具体步骤如下：

① 用两片性能非常接近的TEC器件将薄膜加热器夹紧，中间夹住插有K型热电偶的铜块，结合处利用导热硅脂连接，形成三明治结构，然后置于上下温控平台之间夹紧。

② 将上下两个器件串联后与电流源1连接，薄膜加热器与电流源2连接，温控平台温度（器件热端温度）控制在300K（27℃），设置TEC器件电流为I_1，待温度稳定后，设置电流源2电流，使中心热电偶温度为300K，此时加热功率达到Q（$P=UI$，W），为热平衡状态。

③ 等待30s后记录通过薄膜加热器的电流I_1'、电压U_1'和TEC器件两端电压U_1；逐渐减小薄膜加热器电流，依次记录薄膜加热器两端电流（I_2'、I_3'、I_4'，…）、两端电压（U_2'、U_3'、U_4'、…）和TEC器件两端电压（R_2、R_3、R_4、…；U_2、U_3、U_4、…）。

④ 改变TEC器件电流I_2，重复上面的测试过程，得到不同输入电流下器件电压，薄膜加热器功率等参数，从而得到器件的制冷性能、转换效率以及阻值变化等多种关系图。

9. 数据处理

(1) Bi_2Te_3基热电材料的合成与制备

① 绝热燃烧温度计算。

a. 材料的自蔓延燃烧反应与材料化学反应过程中放热量有关，计算 Bi_2Te_3 和 Sb_2Te_3 的绝热燃烧温度；

b. 查阅热力学手册，获取化学反应的放热焓变和热容随温度的变化关系，根据热力学方程计算绝热燃烧温度。

② XRD 数据分析。

a. 通过反应物和生成物的 XRD 数据进行物相分析。

b. 收集反应合成前混合物料和反应后材料的物相组成，推测燃烧反应过程中的化学反应过程。

③ 烧结曲线记录与分析。记录材料的烧结曲线，获取致密度超过 95%的块体样品。分析样品烧结不同阶段特征。

(2) Bi_2Te_3 基热电材料电性能测量

① 计算材料的电导率和 Seebeck 系数。记录恒流源与电压表数据，计算材料的电导率和 Seebeck 系数。

② 数据分析。记录材料的电导率随温度的变化关系，分析材料的金属传导特性和半导体传导特性。

(3) Bi_2Te_3 基热电材料的热性能测试

① 基于式（3-4-13）进行密度计算。

② 基于式（3-4-15）进行热容的计算。

③ 热扩散系数的计算：

$$\kappa = C_p \rho D \tag{3-4-18}$$

材料密度和热容随温度变化比较小，可以认为基本不变，因此可以根据测得的 300～550K 温度段的热扩散系数计算得到 Bi_2Te_3 材料热导率随温度的变化规律。

(4) Bi_2Te_3 基热电材料霍尔系数测试

① 样品厚度的测量。用游标卡尺对样品的厚度 d 进行测量，精确到 0.01mm。

② Hall系数的测试并基于式（3-4-16）计算 R_H。

③ 载流子浓度 n_H 和迁移率 μ_H 的确定。

$$n_H = 1/(R_H e), \mu_H = R_H/\rho$$

式中，ρ 为材料的电阻率；e 为单位电荷。

(5) 接触电阻数据的处理

① 打开数据所在文件，其中 LFT 文件为接触电阻数据，XYX 文件为 Seebeck 数据，将文件后缀改为 txt 格式。

② 打开两个文件，将数据粘贴进 Excel 中进行分列，选择 X(mm) 数据作为横坐标，R (Ω) 为纵坐标，复制粘贴进 Origin（或 Excel）中画出散点图（图 3-4-16）。

从图 3-4-16 可以明显看到这段曲线中出现跳跃，其中有一些数据点因为仪器状态不稳定而出现跳点，可删去。最后直接可以计算出 Cu 与半导体材料 Bi_2Te_3 间的接触电阻。如图 3-4-17。

③ 为了进一步验证突跃区域为接触电阻，我们还可以作出 X 与 Seebeck 系数曲线，同上，将数据复制粘贴进 Origin 中，见图 3-4-18。

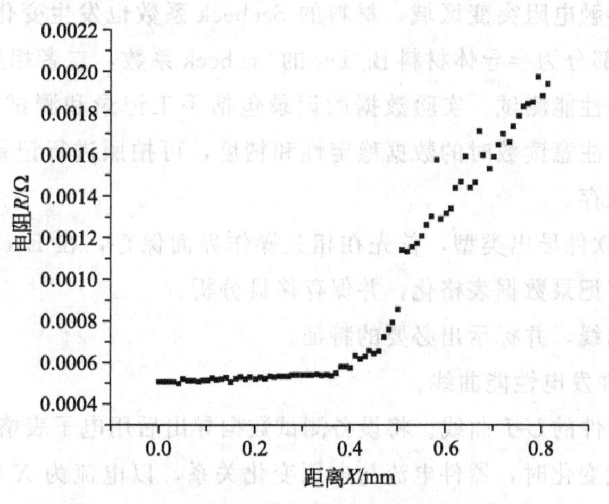

图 3-4-16　测试电阻与探针距离之间的关系

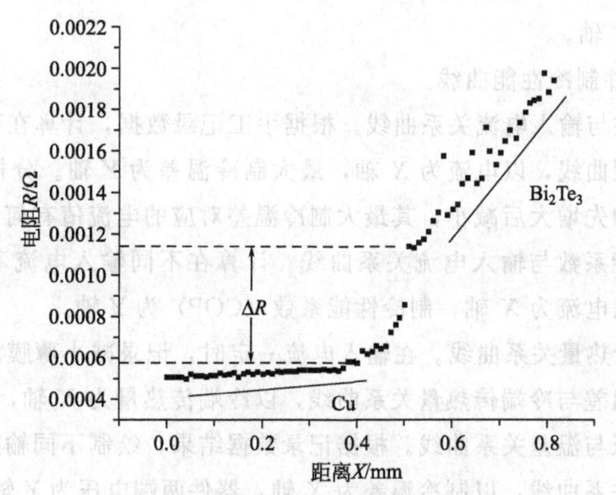

图 3-4-17　接触电阻数据分析结果

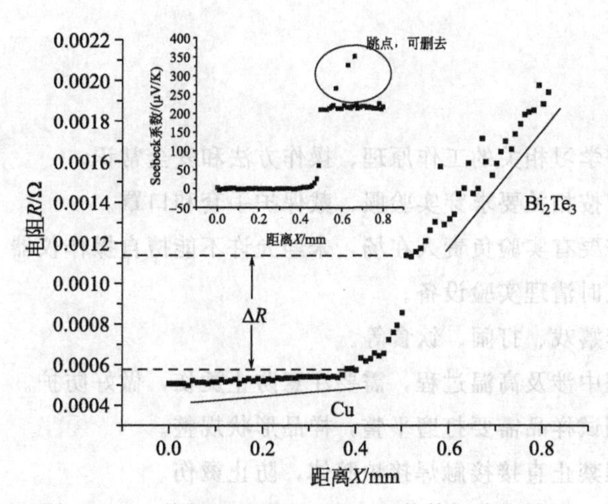

图 3-4-18　接触电阻和 Seebeck 系数数据分析结果

可以看到，在接触电阻突变区域，材料的 Seebeck 系数也发生变化，前半部分为 Cu 的 Seebeck 系数，后半部分为半导体材料 Bi_2Te_3 的 Seebeck 系数，二者相互验证数据的可靠性。

（6）热电微器件性能测试　实验数据的记录包括手工记录和测试设备/软件导出两种。对于手工记录类型，注意读数时的数据稳定性和精度，可拍照进行记录，记录后使用 Excel 软件电子文档录入保存。

对于测试设备/软件导出类型，首先在相关操作界面保存，在 Excel 软件中进行优化处理，通过数据分列将记录数据表格化，并保存拷贝分析。

数据需要作成曲线，并标示出必要的特征。

① 微型热电器件发电性能曲线。

a. 不同温差下器件的 *U-I* 曲线。将设备测试数据导出后用电子表格数据制图，不同温差下，在外接电子负载变化时，器件电流与电压变化关系，以电流为 *X* 轴，电压为 *Y* 轴。绘图过程注意数据的筛选及误差较大数据的排除。

b. 不同温差下器件的输出功率曲线。通过计算器件功率绘制输出功率曲线，以电流为 *X* 轴，输出功率为 *Y* 轴。

② 微型热电器件制冷性能曲线。

a. 最大制冷温差与输入电流关系曲线。根据手工记录数据，计算在不同输入电流下器件的制冷温差，并绘制曲线，以电流为 *X* 轴，最大制冷温差为 *Y* 轴。分析制冷温差为什么会随着输入电流的增加先增大后减小，其最大制冷温差对应的电流值有何含义。

b. 最大制冷性能系数与输入电流关系曲线。计算在不同输入电流下器件的制冷性能系数，并绘制曲线，以电流为 *X* 轴，制冷性能系数（COP）为 *Y* 轴。

c. 温差与冷端传热量关系曲线。在输入电流一定时，记录减小薄膜加热器功率时器件的制冷温差，并绘制温差与冷端传热量关系曲线，以冷端传热量为 *X* 轴，温差为 *Y* 轴。

d. 器件两端电压与温差关系曲线。根据记录数据结果，绘制不同输入电流条件下器件两端电压与制冷温差关系曲线，以制冷温差为 *X* 轴，器件两端电压为 *Y* 轴。

五、注意事项

1. 设备操作前需学习相关的工作原理、操作方法和安全常识。
2. 实验操作时需按相关要求穿实验服、戴保护手套和口罩。
3. 设备操作时需要有实验负责人在场，未经允许不能擅自操作仪器。
4. 实验完成后及时清理实验设备。
5. 实验场所严禁嬉戏、打闹、饮食等。
6. 燃烧反应过程中涉及高温过程，需要注意防止烫伤，做好防护。
7. 材料电性能测试样品需要打磨平整，样品形状规整。
8. 器件焊接过程禁止直接接触焊接炉腔体，防止烫伤。

六、思考题

1. 燃烧反应具有哪些特点？影响燃烧反应的因素有哪些？

2. 放电等离子活化烧结具有哪些特点？影响放电等离子活化烧结反应的因素有哪些？

3. 四探针与两探针测量有什么区别？测量过程会产生什么影响？

4. 影响材料的 Seebeck 系数测量精度的因素有哪些？

5. 利用阿基米德排水法测密度时应该注意哪些问题？

6. 材料的热容除了利用德拜模型近似得到以外，还可以利用哪些方法进行测试？任选一种阐述其测试原理。

7. 材料的导热性能测试方法众多，大体可分为稳态法与瞬态法两大类，请简述这两种方法的区别。

8. 影响 Hall 效应测试准确性和精度的主要因素有哪些？

9. 如何根据 Hall 测试中的相关试验参数获取材料的导电类型？

10. Hall 效应的测试方法主要有哪几类？各有何优缺点？

11. 如何通过接触电阻的测试结果计算材料的电导率？

12. 接触电阻测试的其他方法有什么？各测试方法的适用范围是什么？

13. 微型热电器件的制备过程有哪些技术难点？与实际操作相结合进行说明。

14. ACR 阻值分别显示什么数值时，器件短路、断路和正常？

15. 在微型热电器件的测试过程中存在哪些误差？导热硅脂连接和焊接有什么区别？

16. 制冷性能测试中对称热流法相较于基本测试方法有何优缺点？

七、参考文献

[1] Seebeck T J. Magnetic polarization of metals and minerals [J]. Abhandlungender Deutschen Akademie der Wissenschaftenzu Berlin，1823，265：373.

[2] Peltier J C A. Investigation of the heat developed by electric currents in homogeneous materials and at the junction of two different conductors [J]. Ann Chim Phys，1834，56：371-386.

[3] He R，Schierning G，Nielsch K. Thermoelectric devices：A review of devices，architectures，and contact optimization [J]. Advanced Materials Technologies，2017，3 (4)：1700256.

[4] 殷声. 燃烧合成 [M]. 北京：冶金工业出版社，2004.

[5] 郑刚. 燃烧合成快速制备碲化铋基材料及其热电性能研究 [D]. 武汉：武汉理工大学，2017.

[6] 陈立东，刘睿恒，史迅. 热电材料与器件 [M]. 北京：科学出版社，2018.

[7] 张建中. 温差电技术 [M]. 天津：天津科学技术出版社，2013.

硅太阳能电池 *I-V* 特性测试分析

一、实验目的

1. 学习并掌握太阳能电池的工作原理；
2. 学习并掌握太阳能电池基本特性；
3. 掌握硅光电池 *I-V* 特性测试方法。

二、实验原理

1. 太阳能电池的结构

晶体硅电池是以单晶硅或多晶硅为材料制成的太阳能电池。晶体硅电池的结构是一个具有 P-N 结的光电器件，单晶硅太阳能电池片的结构主要包括：正面梳状电极、减反射膜、N 型层、P-N 结、P 型层、背面电极等，如图 3-5-1 所示。太阳能电池一般制成 P^+/N 型结构或 N^+/P 型结构，其中第一个符号，即 P^+ 和 N^+ 表示太阳能电池正面光照半导体材料的导电类型；第二个符号，即 N 和 P 表示太阳能电池背面衬底半导体材料的导电类型。

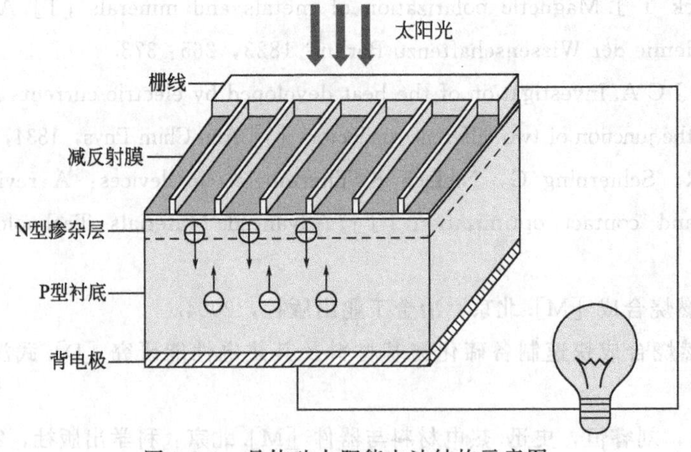

图 3-5-1　晶体硅太阳能电池结构示意图

2. 太阳能电池的工作原理

太阳能电池是一种利用光伏效应将太阳能转换为电能的半导体器件。当太阳光照射到太阳能电池上并被吸收时，其中能量大于禁带宽度 E_g 的光子能把价带中电子激发到导带上去，形成自由电子，价带中留下带正电的空穴，即电子-空穴对，通常称它们为光生载流子。自由电子和空穴在不停的运动中扩散到P-N结的空间电荷区，被该区的内建电场分离，电子被抽到电池的N型一侧，空穴被抽到电池的P型一侧，从而在电池上下两面（两极）分别形成了正负电荷积累，产生“光生电压”，即光伏效应。若在电池两侧引出电极并接上负载，负载中就有“光生电流”通过，得到可利用的电能，这就是太阳能电池的工作原理。

3. 太阳能电池的电性能参数

在没有光照时，太阳能电池可视为一个理想二极管。通常把无光照情况下太阳能电池的电流电压特性叫作暗特性。其电流电压关系为肖克莱方程：

$$I=I_0\left[\exp\left(\frac{qV}{nk_B T}\right)-1\right] \tag{3-5-1}$$

式中，I_0 为无光照时二极管的反向饱和电流；n 是二极管理想因子，是表示P-N结特性的参数，通常在1～2之间，理想情况下 $n=1$；V 为P-N结的外加偏压；k_B 为玻尔兹曼常数（1.38×10^{-23}J/K或0.86×10^{-4}eV/K）；q 为电子的电荷量（1.6×10^{-19}C）；T 为热力学温度。

实际太阳能电池存在寄生的串联电阻 R_s 和并联电阻 R_{sh}，R_s 和 R_{sh} 均为太阳能电池本身固有电阻，相当于太阳能电池的内阻。不考虑寄生电阻时，理想太阳能电池是由1个理想二极管 I_D 和1个恒流源 I_{ph} 相并联的电路，如图3-5-2所示。通过负载（外电路）的电流为：

$$I=I_{ph}-I_D=I_{ph}-I_0\left[\exp\left(\frac{qV}{nk_B T}\right)-1\right] \tag{3-5-2}$$

实际太阳能电池等效电路，它是由1个理想二极管 I_D、1个恒流源 I_{ph} 与1个并联电阻 R_{sh} 相并联，再与1个串联电阻 R_s 相串联的电路，如图3-5-3所示。

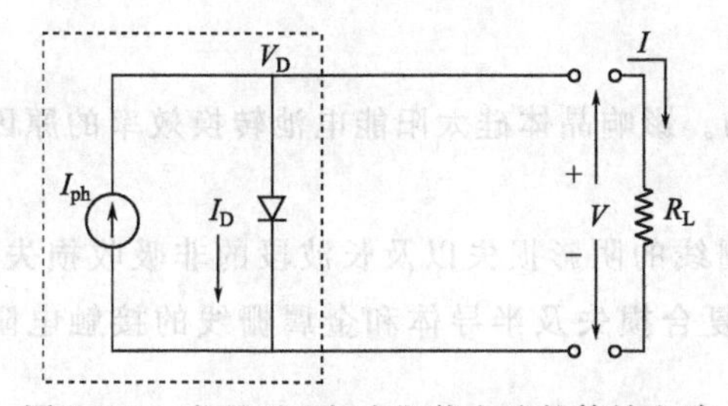

图 3-5-2 光照下理想太阳能电池的等效电路

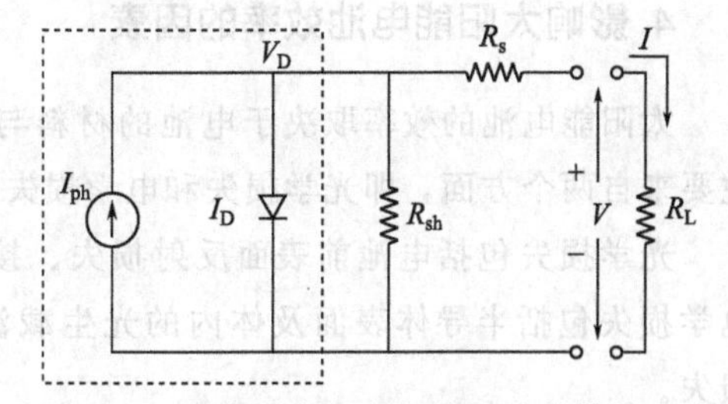

图 3-5-3 光照下实际太阳能电池的等效电路

这时负载上的电流-电压关系为：

$$I=I_{ph}-I_D-I_{sh}=I_{ph}-I_0\left\{\exp\left[\frac{q(V+IR_s)}{nk_B T}\right]-1\right\}-\frac{V+IR_s}{R_{sh}} \tag{3-5-3}$$

在理想情况下，并联电阻 $R_{sh}\to\infty$，串联电阻 $R_s\to0$，这时太阳能电池输出的电流 I 可以表示为：

$$I=I_{ph}-I_D=I_{ph}-I_0\left[\exp\left(\frac{qV}{nk_BT}\right)-1\right] \tag{3-5-4}$$

当太阳能电池的输出端短路时，$V=0$（$V_D=0$），由式（3-5-3）可得到短路电流 $I_{sc}=I_{ph}$。即太阳能电池的短路电流等于光生电流，与入射光的强度成正比。

当太阳能电池的输出端开路时，$I=0$，由式（3-5-2）和式（3-5-3）可得到开路电压 V_{oc}。

$$V_{oc}=\frac{nk_BT}{q}\ln\left(1+\frac{I_{ph}}{I_0}\right) \tag{3-5-5}$$

当太阳能电池接上负载 R_L 时，可得到负载的伏-安特性曲线。负载 R_L 可以从零到无穷大。当负载 R_L 使太阳能电池的功率输出为最大时，它对应的最大功率 P_m 为

$$P_m=I_mV_m \tag{3-5-6}$$

式中，I_m，V_m 为最佳工作电流和最佳工作电压。

太阳能电池最大输出功率 P_m 与 V_{oc} 与 I_{sc} 的乘积之比定义为填充因子 FF，则

$$FF=\frac{P_m}{V_{oc}I_{sc}}=\frac{V_mI_m}{V_{oc}I_{sc}} \tag{3-5-7}$$

式中，I_{sc} 为短路电流；V_{oc} 为开路电压；I_m 为最佳工作电流；V_m 为最佳工作电压。从 I-V 特性曲线上看，FF 是 I-V 曲线下最大矩形 $I_m\times V_m$ 在矩形 $I_{sc}\times V_{oc}$ 中所占面积。FF 是输出特性曲线“方形”程度的量度，对具有适当效率的电池来说，其值在 0.7～0.85 范围内。

FF 为太阳能电池的重要表征参数，FF 愈大则输出的功率愈高。FF 取决于入射光强、材料的禁带宽度、二极管理想因子、串联电阻和并联电阻等。

太阳能电池的转换效率 η 定义为太阳能电池的最大输出功率与照射到太阳能电池的总辐射能 P_{in} 之比，即

$$\eta=\frac{P_m}{P_{in}}\times100\%=\frac{V_{oc}I_{sc}}{P_{in}}FF\times100\% \tag{3-5-8}$$

其中，I_mV_m 在 I-V 关系中构成一个矩形，叫作最大功率矩形。

4. 影响太阳能电池效率的因素

太阳能电池的效率取决于电池的材料与结构。影响晶体硅太阳能电池转换效率的原因主要来自两个方面，即光学损失和电学损失。

光学损失包括电池前表面反射损失、接触栅线的阴影损失以及长波段的非吸收损失。电学损失包括半导体表面及体内的光生载流子复合损失及半导体和金属栅线的接触电阻损失。

三、实验材料及设备

实验设备：硅太阳能电池综合实验仪，主要包括太阳光模拟器，吉时利（Keithley）2440 型数字源表，单晶硅（c-Si）标准电池。

实验耗材：10mm×20mm 单晶硅太阳能电池片，电烙铁，焊锡丝，焊锡膏，涂锡带，导线等。

四、实验步骤

(1) 按图 3-5-4 接线，以匹配负载作为太阳能电池的负载。在一定光照强度下（将滑动支架固定在某一个高度），实验时先将匹配负载旋钮逆时针旋转到底，通过顺时针旋转匹配负载，记录太阳能电池的输出电压 V 和电流 I，并计算输出功率 $P_O=VI$，填于表 3-5-1 中。

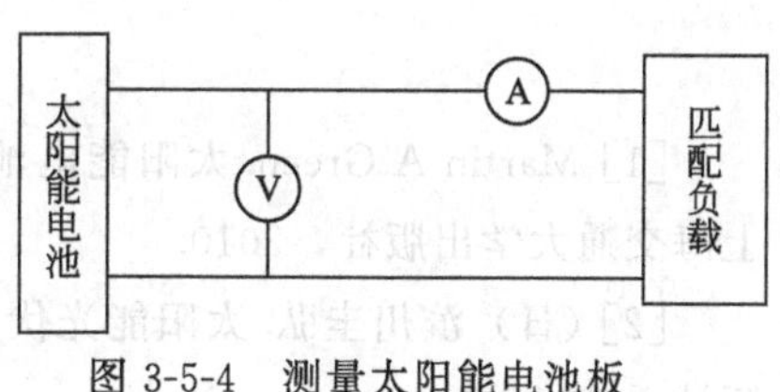

图 3-5-4　测量太阳能电池板输出伏安特性原理图

表 3-5-1　太阳能电池板输出伏安特性

输出电压 V/V									
输出电流 I/mA									
输出功率 P_O/mW									

(2) 按"LAMP OFF"关灯，待氙灯风扇停止，关闭模拟器电源开关，关闭总电源开关。

(3) 实验记录与数据处理

① 根据记录的 V、I 和计算出的一系列 P_O 值，绘制太阳能电池片的输出伏安特性曲线，找出太阳能电池的短路电流密度 J_{sc}、开路电压 V_{oc}；

② 以输出电压为横坐标，输出功率为纵坐标，作太阳能电池输出功率与输出电压关系曲线。找出最大输出功率点，记录下最大功率点对应的输出电压和电流。

五、注意事项

1. 实验按图 3-5-4 进行搭建实物。打开氙灯电源开关，需预热 30min。

2. 电路连接完成后，应检查线路无误后再打开光源和电源开关。

3. 实验结束 LAMP OFF 后，要待氙灯风扇停止散热（5～10min），再关闭模拟器电源开关。

六、思考题

1. 太阳能电池的工作原理是什么？

2. 太阳能电池等效电路及各元件的含义是什么？

3. 太阳能电池效率影响因素及提高太阳能电池效率的方法有哪些？

4. 分析在不同光照条件下和不同温度条件下太阳能电池的 *I-V* 特性；分析在不同条件下太阳能电池的开路电压、短路电流、最大输出功率等参数的变化情况和规律。

七、参考文献

[1] Martin A Green. 太阳能电池工作原理、技术和系统应用 [M]. 狄大卫，译. 上海：上海交通大学出版社，2010.

[2]（日）滨川圭弘. 太阳能光伏电池及其应用 [M]. 张红梅，崔晓华，译. 北京：科学出版社，2008.

[3] 翁敏航. 太阳能电池原理：材料、制造、检测技术 [M]. 北京：科学出版社，2013.

实验六

大气多污染物的脱硝综合分析

一、实验目的

1. 了解选择性催化还原（SCR）技术原理；
2. 掌握钒钛催化剂 SCR 反应机理；
3. 熟悉红外烟气分析仪的使用方法。

二、实验原理

1. 选择性催化还原（SCR）脱硝技术

氮氧化物是主要的大气污染物之一，其排放造成的酸雨、雾霾等二次污染使世界多国面临严重的环境污染。我国政府高度重视氮氧化物的排放控制，制定了一系列约束指标。然而单纯的燃烧过程中控制已经不能满足现阶段的控制要求。要进一步降低排放，必须采用燃烧后控制技术，燃烧后控制技术也称为烟气脱硝技术。

烟气脱硝技术主要包括湿法和干法两大类。湿法包括直接吸收法、氧化吸收法和还原吸收法等，干法则主要包括各类催化脱除法、等离子体脱除法等。干法烟气脱硝技术具有过程简单、脱除效率高等特点，是国际上研究最多和应用最广的技术。目前得到大量工业应用的干法脱硝技术主要是选择性非催化还原法（SNCR）和选择性催化还原法（SCR）两种。SNCR 和 SCR 技术均是使用化学还原剂将烟气中的 NO_x 还原，生成无害的氮气和水。以 NH_3 为还原剂的 SCR 脱硝技术（图 3-6-1）是目前烟气脱除技术中最为成熟、高效的技术。

准 SCR 反应过程如式（3-6-1）所示。但当烟气中存在 NO_2 时，会迅速提高 NH_3 还原 NO 的反应速率，并且脱硝效率随着 NO_2/NO 比例增加而升高，此反应被称为快速 SCR [式（3-6-2）]，它的反应速率至少是标准 SCR 反应速率的十倍。

$$4NO+4NH_3+O_2 \longrightarrow 4N_2+6H_2O \tag{3-6-1}$$

$$NO+NO_2+2NH_3 \longrightarrow 2N_2+3H_2O \tag{3-6-2}$$

在实际中，还原剂 NH_3 还会发生副反应，导致催化剂活性的下降以及产生 N_2O 等新的

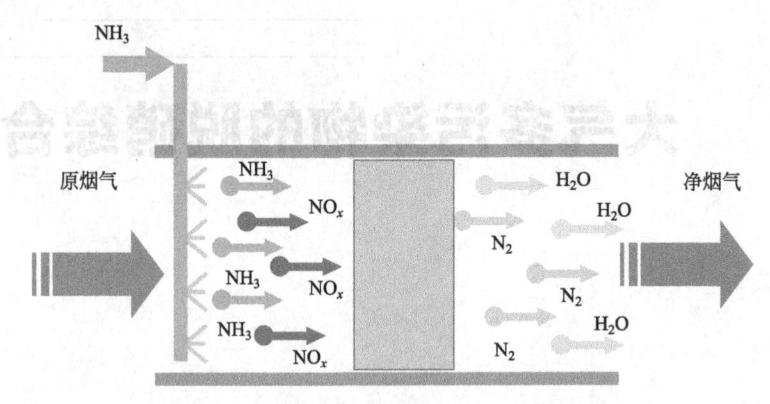

图 3-6-1　以 NH_3 为还原剂的 SCR 工艺流程图

污染。SO_2 和 H_2O 作为燃煤烟气的主要成分之一，会在催化剂表面发生如下的不利反应：

$$2SO_2 + O_2 \longrightarrow 2SO_3 \tag{3-6-3}$$

$$NH_3 + SO_3 + H_2O \longrightarrow NH_4HSO_4 \tag{3-6-4}$$

$$2NH_3 + SO_3 + H_2O \longrightarrow (NH_4)_2SO_4 \tag{3-6-5}$$

$$SO_3 + H_2O \longrightarrow H_2SO_4 \tag{3-6-6}$$

当温度较低时，铵盐会在催化剂表面附着并积聚，造成催化剂失活。此外，硫酸氢铵和硫酸铵会在 SCR 下游设备上附着，造成设备腐蚀和阻力增大等危害。

2. 脱硝催化剂类型

在整个 SCR 工艺中，催化剂是系统中最核心的部分，其活性、选择性以及抗中毒能力都直接关系到 SCR 脱硝工艺的效率、可靠性以及投资运行成本。脱硝催化剂从外型结构上主要分为蜂窝式、波纹板式和平板式（图 3-6-2）。蜂窝式催化剂一般为均质催化剂。它将载体和活性物质等混合物通过一种陶瓷挤出设备整体挤压成型，是目前使用最为广泛的 SCR 催化剂类型。波纹板式催化剂的制造工艺一般以用玻璃纤维加强的 TiO_2 为基材，将活性成分浸渍到载体的表面，以达到提高催化剂活性、降低 SO_2 氧化率的目的。平板式催化剂以不锈钢金属板压成的金属网为基材，将载体和活性物质的混合物黏附在不锈钢网上，经过压制、煅烧后，将催化剂板组装成催化剂模块。从活性组分类型上又大致可以分为：贵金属催化剂、金属氧化物催化剂及分子筛催化剂。

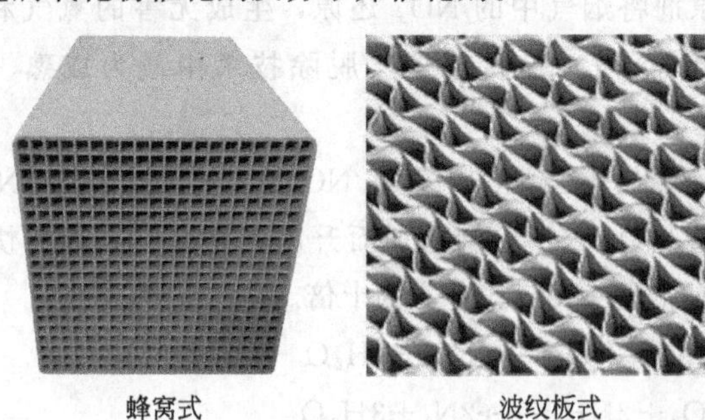

蜂窝式　　波纹板式　　平板式

图 3-6-2　脱硝催化剂类型

3. 钒钛催化剂 SCR 脱硝机理

对于 SCR 反应，不同催化剂表面上存在的活性位点不同，相应的反应机理也存在差异。V_2O_5/TiO_2 是目前工业上应用最广的烟气脱硝 SCR 催化剂，此类催化剂活性高、抗硫性好，但工作温度高于 350℃。在商业 V_2O_5/TiO_2 催化剂中，活性组分 V_2O_5 本身具有 Lewis 酸性位点，吸附水后可以转化为 Brønsted 酸性位点（如图 3-6-3 所示）。因此 V_2O_5/TiO_2 催化剂上 NH_3 主要以两种吸附态的形式存在，即吸附在 Lewis 酸性位点上形成配位态 NH_3 分子以及吸附在 Brønsted 酸性位点上形成 NH_4^+（图 3-6-4）。

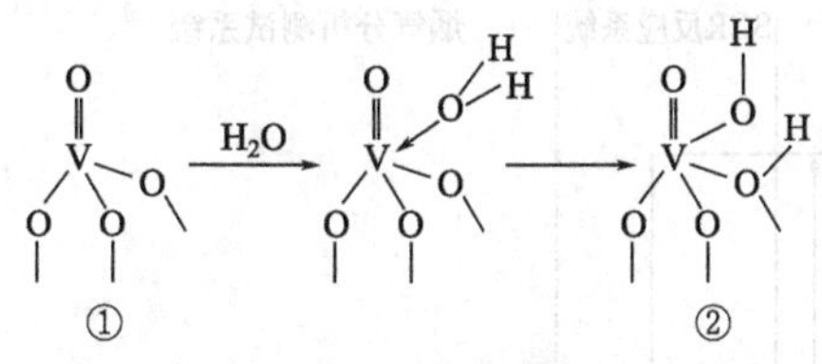

图 3-6-3　钒从 Lewis 酸性位点①转化为 Brønsted 酸性位点②示意图

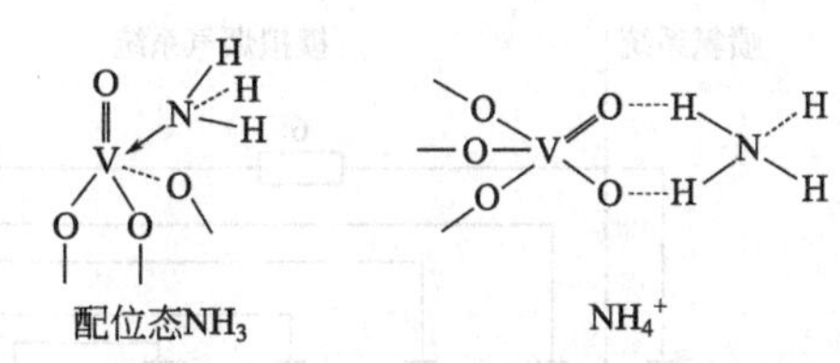

图 3-6-4　V_2O_5/TiO_2 催化剂氨吸附的结构示意图

对于 V_2O_5/TiO_2 催化剂上的 SCR 反应，根据 NH_3 的吸附位点不同，基本得到 Brønsted 酸机理和 Lewis 酸机理。

① Brønsted 酸机理认为 NH_3 首先吸附于 V—OH 的 Brønsted 酸性位点上形成 NH_4^+，然后经邻近的氧化位点 V^{5+}═O 形成—NH_3^+ 中间物种，同时 V^{5+}═O 被还原为 V^{4+}—OH。—NH_3^+ 与气相 NO 发生反应生成—NH_3^+NO，然后生成 H_2O 及 N_2。

② Lewis 酸机理认为还原剂 NH_3 吸附于催化剂的 Lewis 酸性位点，经过脱氢活化生成 NH_2（ads），同时活性位点被还原。NH_2(ads) 与气相 NO 发生反应生成 NH_2NO，之后分解成 N_2 以及 H_2O，最后被还原的活性位点与 O_2 发生作用进行重氧化反应。

4. 脱硝工艺性能指标

包括体现催化剂活性的脱硝效率、SO_2/SO_3 转化率、NH_3 逃逸率、压降等综合性能指标。

(1) 脱硝效率　指进入反应器前后烟气中 NO_x 的质量浓度差除以反应器进口前的 NO_x 浓度，直接反映了催化剂对 NO_x 的脱除效率。

(2) SO_2/SO_3 转化率　指烟气中 SO_2 转化成 SO_3 的比例。SO_2/SO_3 转化率越高，催化剂活性越好，所需要的催化剂量越少，但 SO_2/SO_3 转化率过高会导致空气预热器堵灰及后续设备腐蚀，而且会造成催化剂中毒。因此，一般要求转化率小于 1%。

(3) NH_3 逃逸率　催化剂反应器出口烟气中 NH_3 的体积分数，反映了未参加反应的 NH_3。如果该值高，一是增加生产成本，造成 NH_3 二次污染；二是 NH_3 与烟气中的 SO_3 反应生成 NH_4HSO_4、$(NH_4)_2SO_4$ 等物质，腐蚀下游设备，并增大系统阻力。

(4) 压降　指烟气经过催化剂层后的压力损失。整个脱硝系统的压降是由催化剂压降以及反应器及烟道等压降组成，这个压降应该越小越好，否则会直接影响锅炉主机和引风机的安全运行。在催化剂设计中合理选择催化剂孔径和结构形式，是降低催化剂本身压降的主要手段。

三、实验材料及设备

实验耗材包括催化剂（如钒钛催化剂）、石英砂、石英管和 N_2、O_2 标准气体，NO/N_2、NH_3/N_2、SO_2/N_2 混合气体等。

烟气脱硝实验系统由烟气模拟系统、氨喷射系统、催化反应系统、烟气分析测试系统四部分组成，实验系统流程如图 3-6-5 所示。

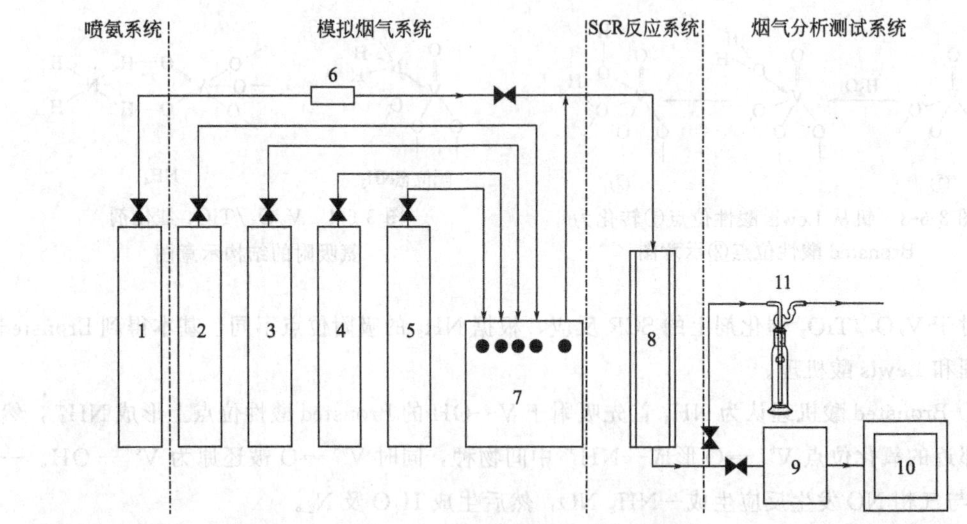

图 3-6-5 烟气脱硝实验系统流程图

1—氨气/氮；2—一氧化氮/氮；3—二氧化硫/氮；4—高纯氧；5—高纯氮；6—水蒸气发生器；7—混气系统；8—立式管式炉；9—烟气预处理系统；10—红外烟气综合分析仪；11—尾气处理装置

1. 烟气模拟系统

燃煤烟气主要包括 N_2、O_2、NO_x、SO_2、H_2O 等成分。考虑到烟气中 NO_x 主要以 NO 和 NO_2 的形式存在，其中 NO 占 NO_x 总量的 90%～95%，因此本实验用 NO 代替 NO_x。各模拟烟气成分（除 H_2O 外）由钢瓶气来配制，各气体的流量由四路质量流量计控制系统（GSL-4Z-LCD）控制。为了避免 SO_2 与 NH_3、O_2 反应生成（亚）硫酸铵盐，SO_2 直接由 SCR 反应器入口加入，流量由质子流量控制器控制。模拟烟气条件：NO 500ppm，O_2 3%，SO_2 200ppm。

2. 氨喷射系统

还原剂 NH_3 由钢瓶气供给，钢瓶气为浓度 2% 的标准气体，采用高纯氮对气体进行稀释，通过混气系统调节气体流速，控制 NH_3 浓度为 500ppm。

3. 催化反应系统

SCR 反应器采用立式管式炉（OTF-1200X）加热。OTF-1200X 单真空管式高温炉集控制系统与炉膛为一体。炉衬使用真空成型高纯氧化铝聚轻材料，采用高温合金电阻丝为加热元件。石英玻璃管横穿于炉体中间，炉管两端用不锈钢法兰密封，催化剂在管中加热，加热元件与炉管平行，均匀地分布在炉管外，有效保证了温场的均匀性。测温采用性能稳定、长寿命的“K”型热电偶。根据实验需要（100～300℃），设计相关的升温程序。使用方法如下：

（1）打开 LOCK 开关，仪表点亮，输入控温程序曲线。

（2）按下绿色 Turn-on 按键，听见“嘭”的一声，主继电器吸合。

（3）按住仪表上键 2s，SV 显示“Run”，进入仪表自动控制状态。

（4）程序运行结束后，仪表处于“Stop”的基本状态，按下红色 Turn-off 按键使主继电器断开。

（5）关闭 LOCK 开关切断控制电源。

（6）关闭总电源，工作结束。

4. 烟气分析测试系统

操作视频

模拟烟气及反应后气体成分的分析工作可采用崂应 3026 型红外烟气综合分析仪（图 3-6-6）进行。

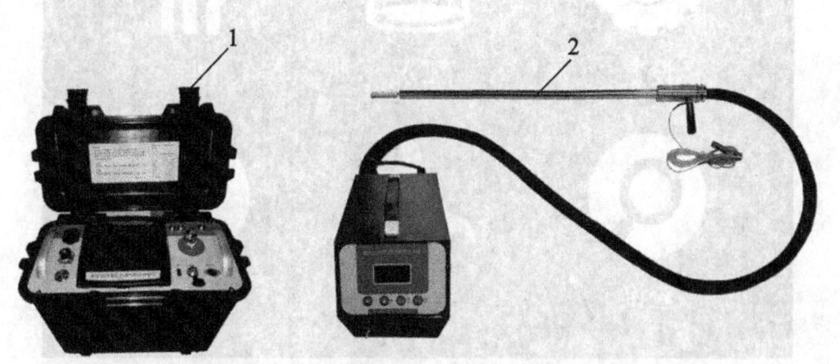

图 3-6-6　烟气分析仪测量连接示意图
1—分析仪主机；2—崂应 1030 型烟气预处理系统

3026 型红外烟气综合分析仪抽取含有特定气体的烟气，进行除尘、脱水处理后通过红外分析气室。应用非分散红外吸收法，气体吸收的光学能量与气体浓度成对应关系，所以通过测量吸收的能量可以计算出气体的瞬时浓度，并优化减小水汽干扰。同时根据检测到的烟气排放等参数，计算出气体的排放量，可同时测量 O_2、NO、CO_2、SO_2 的浓度。使用方法如下：

（1）开机　确认连接正常后，打开电源开关，显示屏亮，分析仪开始自检，并显示商标、型号、仪器编号、版本号及机内温度等信息，同时进行预热 5min 倒计时（图 3-6-7）。预热结束后自动进入主菜单，显示如图 3-6-8 所示。中间部分为六大主菜单区，左上角显示当前机内温度，右上角显示当前系统时间，底部为常用功能按键区。

（2）烟气校准　开机预热 40min 后，在主菜单状态，点击“烟气”菜单，显示如图 3-6-9 所示。用聚四氟管连接分析仪主机面板上的烟气接嘴与烟气预处理系统的气路接嘴，并将烟气预处理系统置于环境空气中。点击“烟气校准”菜单，进入烟气校准界面，显示如图 3-6-10 所示。选择“自动校准”，仪器抽气 5min 后自动校准并结束。

图 3-6-7 开机显示界面

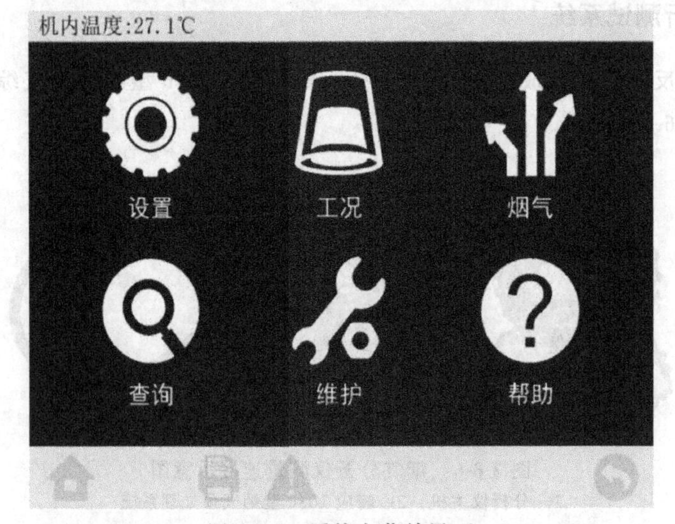

图 3-6-8 系统主菜单界面

图 3-6-9 烟气主界面

烟气 > 烟气校准
流量 0.0 L/min
预测
0
请连接烟气预处理系统，
并将取样器置于环境空气
中！（建议使用自动校准）
自动校准
手动校准

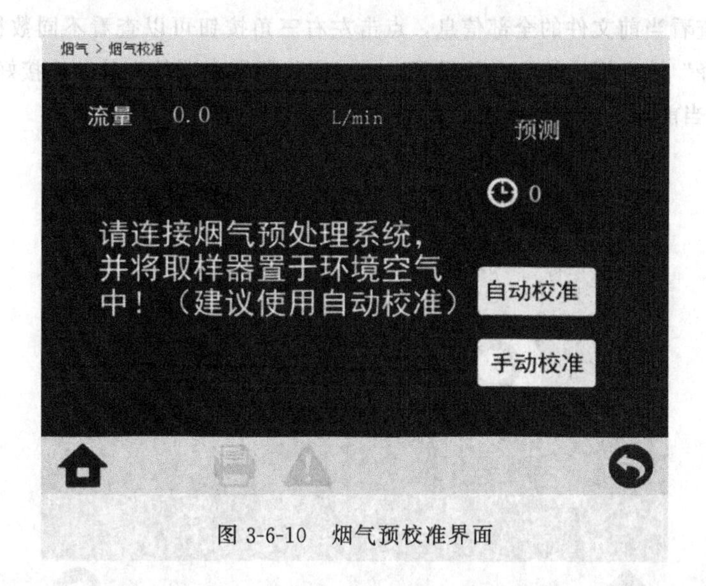

图 3-6-10 烟气预校准界面

(3) 烟气测量　将烟气预处理系统伸入被测烟道中，密封测量孔与烟气预处理系统的缝隙，确保不漏气。点击“烟气测量”按钮，进入烟气测量界面，显示如图 3-6-11 所示。

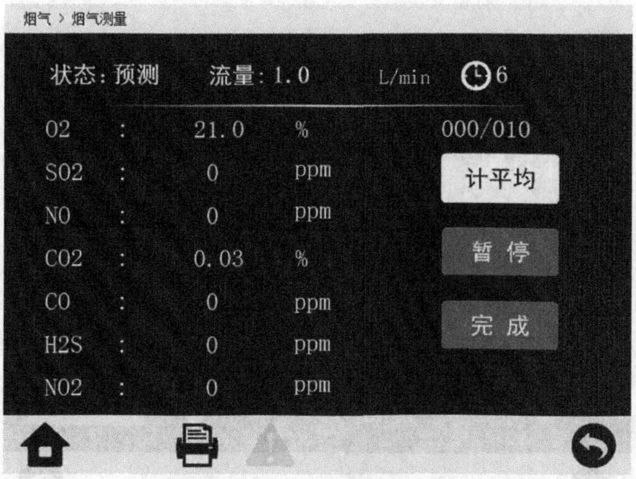

烟气 > 烟气测量
状态：预测 流量：1.0 L/min 6
O2 : 21.0 %
000/010
SO2 : 0 ppm
计平均
NO : 0 ppm
CO2 : 0.03 %
暂 停
CO : 0 ppm
H2S : 0 ppm
完 成
NO2 : 0 ppm

图 3-6-11 烟气测量界面

进入烟气测量界面后系统处于预测状态，此时观察显示的气体浓度值，待数值基本稳定后，点击“计平均”按钮，进行平均值计算，仪器进入测量状态。点击“mg/m^3”可以切换“mg/m^3”和“ppm”。

测量数据稳定后，点击“完成”按钮结束测量。测量结束后提示采样数据是否保存。选择后仪器自动进入清洗状态。将烟气预处理系统从烟道中取出，等到有害气体浓度接近 0，氧气含量接近 21%后，点击右下角按钮结束清洗，返回上级界面。

(4) 数据查询　在主菜单状态，点击“查询”菜单，显示如图 3-6-12 所示，包括工况查询和数据查询两项。进入数据查询菜单，可查看历次烟气测量数据，显示如图 3-6-13 所示。连续测量时，最后一组数据文件为当前连续测量所有数据的总平均文件。点击上下三角按钮可以翻页查看当前文件的全部信息，点击左右三角按钮可以查看不同数据文件。另外，点击“文件选择”输入框，输入文件号可以快速定位所需查看的文件。连接好打印机，点击“打印”按钮，当前显示的测量数据将根据打印设置的选项打印输出。

图 3-6-12　查询主界面

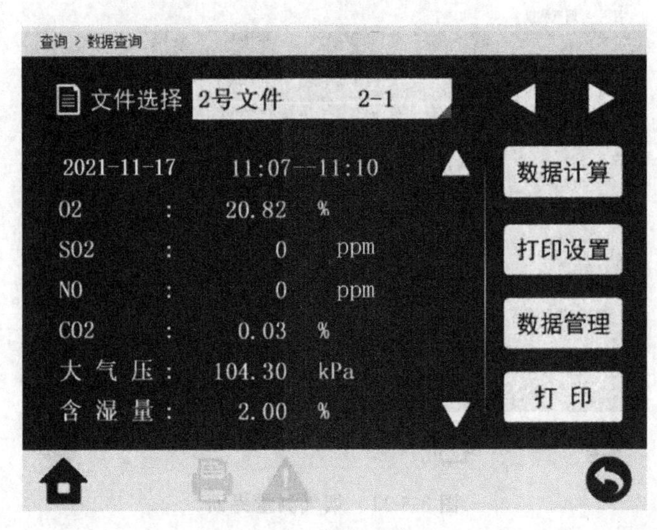

图 3-6-13　数据查询界面

四、实验步骤

本实验项目包括测试钒钛催化剂的脱硝效率和测试钒钛脱硝催化剂的抗硫性。

1. 装填催化剂

将 2g 催化剂与石英砂混合均匀后放入石英管中，催化剂的上下两端用石英棉标定位置并固定催化剂床层，将装好的石英管放置在立式管式炉内。

2. 气密性检查

只打开 N_2 钢瓶的阀门和烟气分析仪，通入气体达到实验设定的总气量，此时整个管路内都充满 N_2，若烟气分析仪面板上 O_2 显示为0，则证明气密性良好。

3. 配气

本实验所用 NO、NH_3、O_2 标准气体浓度较高，需要用 N_2 载气将其稀释为实验设定的浓度，各气体流量由四路质量流量计控制系统（GSL-4Z-LCD）控制，使 NO 为 500ppm，NH_3/NO（摩尔比）为1∶1，O_2 为3%，SO_2 流量由质子流量计控制为200ppm。保持流速为1000mL/min，空速为30000h^{-1}。

4. SCR 脱硝实验

反应温度100～300℃，温度由智能温控仪控制，实验开始后每个温度点均稳定30min，使 NO 和 NH_3 能够吸附充分，排除内外扩散的影响。

5. NO 转化率分析与计算

采用崂应3026型红外烟气分析仪测定每个温度条件下进、出口 NO 浓度，脱硝效率由式（3-6-7）计算。

$$\text{NO conversion}(\%)=\frac{c_{\text{NO}}^{\text{in}}-c_{\text{NO}}^{\text{out}}}{c_{\text{NO}}^{\text{in}}}\times 100 \tag{3-6-7}$$

式中，NO conversion（%）为 NO 的转化率；$c_{\text{NO}}^{\text{in}}$ 为 NO 的起始浓度；$c_{\text{NO}}^{\text{out}}$ 为 NO 的出口浓度。

五、注意事项

1. 实验过程中打开门窗和排风扇，保证室内空气流通。
2. 使用高压气瓶时，先开气瓶出口阀，再用减压阀将压力调整到需要的压力，开启气门时应站在气压表的一侧，切勿将气瓶总阀对准头或身体，以防阀门或气压表冲出伤人。

六、思考题

1. 反应温度对催化剂脱硝性能的影响规律是什么？
2. SO_2 对催化剂烟气脱硝性能有哪些影响？

七、参考文献

[1] 李肇全. 工业脱硫脱硝技术 [M]. 北京：化学工业出版社，2014.

[2] 内蒙古电力科学研究院. SCR 烟气脱硝技术及工程应用 [M]. 北京：中国电力出版社，2014.

[3] 曲瑞陽. 新型宽温度窗口催化剂选择性催化还原 NO_x 的机理研究 [D]. 杭州：浙江大学，2017.

[4] Chen C M，Cao Y，Liu S T，et al. Review on the latest developments in modified vanadium-titanium-based SCR catalysts [J]. Chinese Journal of Catalysis，2018，39 (8)：1347-1365.

实验七

介电性能综合分析

一、实验目的

1. 了解介质陶瓷的极化目的与极化机理；

2. 了解介质陶瓷的各种性能测试原理，掌握其性能测试方法；

3. 掌握铁电性能测试结果的数据分析方法。

二、实验原理

1. 压电陶瓷

压电陶瓷是实现机械能（包括声能）与电能之间转换的重要功能材料，其应用已遍及人类日常生活及生产的各个角落，在电、磁、声、光、热、湿、气、力等功能转换器件中发挥着重要的作用，尤其在信息的检测、转换、处理和储存等信息技术领域占有极其重要的地位。

（1）压电效应　压电效应是 J. Curie 和 P. Curie 兄弟于 1880 年在 α 石英晶体上首先发现的。铁电体的发现要晚得多，直至 1920 年，Valasek 发现酒石酸钾钠（$NaKC_4H_4O_6 \cdot 4H_2O$）的极化可以在施加外电场的情况下反向。对于某些介电晶体（无对称中心的异极晶体），当其受到拉应力、压应力或切应力的作用时，除了产生相应的应变外，还在晶体中诱发出介电极化，导致晶体的两端表面出现符号相反的束缚电荷，其电荷密度与外力成正比。这种在没有外电场作用的情况下，由机械应力的作用而使电介质晶体产生极化并形成晶体表面电荷的现象称为压电效应。晶体的压电效应可用图 3-7-1 的示意图来加以解释。

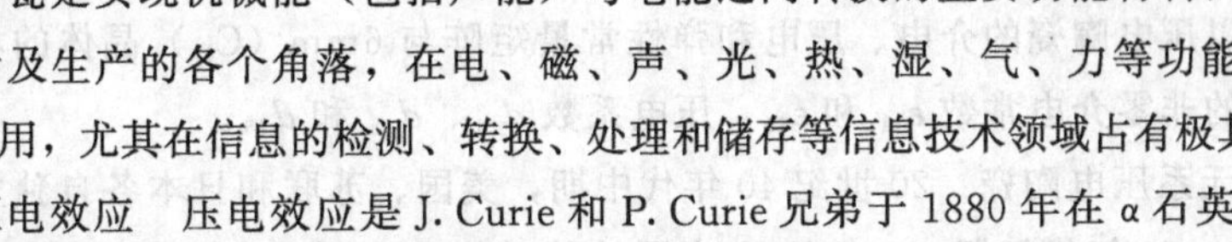

(a)　(b)　(c)

图 3-7-1　压电晶体产生压电效应的机理

图 3-7-1（a）表示出压电晶体中的质点在某方向上的投影。在晶体不受外力作用时，其正、负电荷中心重合，整个晶体的总电矩为零，因而晶体表面不带电荷。但是当沿某一方向对晶体施加机械力时，晶体就会发生形变导致正、负电荷中心不重合，也就是电矩发生了变化，从而引起晶体表面的荷电现象。图 3-7-1（b）是晶体受到压缩时的荷电情况；图 3-7-1（c）则是晶体受到拉伸时的荷电情况。在这两种机械力的情况下，晶体表面带电的符号相反。

压电效应是一种机电耦合效应，可将机械能转换为电能，这种效应称为正压电效应。1881 年，G. Lippmann 根据热力学原理借助能量守恒和电量守恒定律，预见到了逆压电效应的存在，即在压电晶体上加一电场时，晶体不仅要产生极化，还要产生应变和应力。在几个月后由居里兄弟证实，并给出了数值相等的石英晶体正、逆压电效应的压电常数。也就是说，如果将一块压电晶体置于外电场中，由于电场的作用，会引起晶体内部正负电荷中心的位移，这一极化位移又会导致晶体发生形变，这就是逆压电效应。这两种效应统称为压电效应，具有压电效应的材料称为压电材料。1894 年，Voigt 指出，在 32 种点群的晶体中，仅有 20 种非中心对称点群的晶体可能具有压电效应，而每种点群晶体不为零的压电常数最多 18 个。

压电效应反映了晶体弹性与介电性之间的耦合。体现力学量与电学量相互作用的系数，必定与相应量的状态有关，如介电常数与力学状态有关，弹性常数与电学状态有关。从描述系统状态与热力学特征函数入手，分析各物理量之间的关系，建立了压电方程组。根据其力学边界条件是自由还是夹持和电学边界条件是开路还是短路，可得到四类压电方程，由此可计算出一系列的力学、电学常数。

随着压电晶体对称性提高，独立的压电常数数目减少。压电陶瓷的剩余极化方向是其特殊极性方向，与之垂直的平面是各向同性的，因此压电陶瓷的对称性可用∞mm 表示，剩余极化所在轴是无穷重旋转轴。就对介电、压电和弹性常量的限制来说，无穷重旋转轴等效于六重旋转轴，所以压电陶瓷的介电、压电和弹性常量矩阵与 6mm（C_{6v}）晶体的相同。压电陶瓷中存在独立的非零介电常数 ε_{11} 和 ε_{33}，压电系数 d_{31}、d_{33} 和 d_{15}。

（2）PZT 二元系压电陶瓷　20 世纪 40 年代中期，美国、苏联和日本各自独立制备出了 $BaTiO_3$ 压电陶瓷，50 年代初期，B. Jaffe 公布了锆钛酸铅二元系压电陶瓷（即 PZT）。发现 PZT 以来，压电陶瓷得到了迅速的发展，在不少应用领域已取代了单晶压电材料，成为研究和应用都极为广泛的新型电子陶瓷材料。如果把 $BaTiO_3$ 作为单元系压电陶瓷的代表，二元系压电陶瓷的代表就是 PZT。正因为 PZT 良好的压电性，它一出现就在压电应用方面逐步取代了 $BaTiO_3$ 的地位，它使许多在 $BaTiO_3$ 时代不能制作的器件成为可能，并派生出一系列新的压电陶瓷材料，同时各种三元系、四元系压电陶瓷陆续出现。

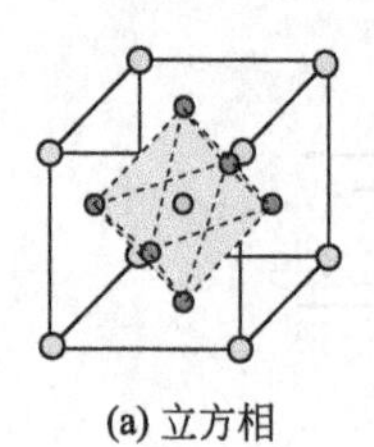
(a) 立方相

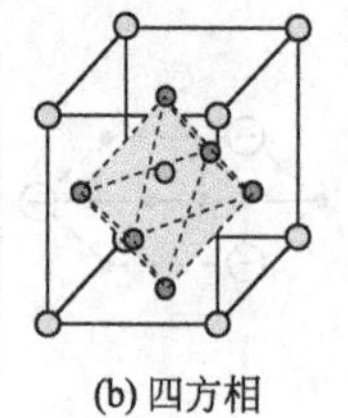
(b) 四方相

图 3-7-2　PZT 晶体结构

PZT 压电陶瓷的晶体结构为钙钛矿型 ABO_3 结构（图 3-7-2），高温为各向同性的中心对称结构，为稳定的立方顺电相，常温为稳定的四方铁电相。由于陶瓷的各向同性，必须通过极化使电畴沿某一方向取向才具有压电性，极化过程中由于晶格畸变使正、负离子沿外加电场位移，导致电偶极子沿外电场方向重新排列，撤去电场后，PZT 陶瓷仍具有沿电场方向的剩余极化，表现为单轴各向异性。

PZT陶瓷具有居里点高，机电耦合系数 K_p 和机械品质因数 Q_m 大，温度稳定性和耐久性好，形状可以任意选择，便于大量生产等特点，而且可以通过改变成分在较宽的范围内调整性能，以满足不同的需要。因此自它问世以后，很快成为了应用最为广泛的压电材料。目前美国主要使用Vernitron公司的PZT-4和PZT-8两种二元系PZT硬性压电陶瓷。其性能列于表3-7-1。

(3) 三元系及多元系PZT基压电陶瓷　20世纪60年代，为了寻求新的高性能压电陶瓷材料以适应不同的应用场合，人们以 $Pb(Zr_xTi_{1-x})O_3$ 为基础进行掺杂改性处理，在PZT陶瓷的基础上引入第三、第四组元合成三元系和四元系压电陶瓷材料，由于将二元系PZT的三方、四方相界点扩展为线或面，因而得到比PZT更为优异的压电陶瓷材料组成。

1965年，日本Panasonic公司首先开发了PCM压电陶瓷系列：PCM-5［$Pb(Mg_{1/3}Nb_{2/3})TiZrO_3$］陶瓷、PCM80［$Pb(Zn_{1/3}Nb_{2/3})(Sn_{1/3}Nb_{2/3})TiZrO_3+MnO_2$］陶瓷和PCM-88［$PbSr(Zn_{1/3}Nb_{2/3})(Sn_{1/3}Nb_{2/3})TiZrO_3+MnO_2$］陶瓷，其性能比PZT更优越，其性能列于表3-7-1。随后，日本SANYO公司又开发了SPM压电陶瓷 $Pb(Co_{1/3}Nb_{2/3})O_3$-$PbZrO_3$-$PbTiO_3$ 系列等，使得压电材料广泛地应用于各类型的水声、超声、电声换能器和基于压电等效电路的振荡器、滤波器和传波器。近年来，随着水声通信技术的发展，高性能压电陶瓷成为了水声换能器中重要的发射与接收材料，在PZT陶瓷的基础上通过组元取代和元素掺杂制备具有高压电、介电性能及低损耗的多元系陶瓷，具有广阔的理论研究和实际应用价值。

表3-7-1　Vernitron公司的PZT-4、PZT-8和Panasonic公司的PCM陶瓷材料性能

项目	PZT-4	PZT-8	PCM-5	PCM-80	PCM-88
$\varepsilon_{33}^T/\varepsilon_0$	1300	1000	1950	1200	1950
$\varepsilon_{11}^T/\varepsilon_0$	1475	1290			
机电耦合系数 K_p	0.58	0.51	0.65	0.58	0.56
K_{31}	0.33	0.30	0.38	0.35	0.32
K_{33}	0.70	0.64	0.7	0.69	0.69
K_{15}	0.71	0.55			
d_{31}/(pC/N)	−122	−97	−186	−122	−150
d_{33}/(pC/N)	285	225	423	273	351
密度 ρ/(g/cm³)	7.6	7.6			
机械品质因数 Q_m	500	1000	70	2000	610
居里点 T_c/℃	328	300	325	283	266

从表中可以看出，日本Panasonic公司的PCM系列压电陶瓷的性能调节范围要明显大于美国用的PZT-4和PZT-8二元系压电陶瓷的性能。

与单晶相比，压电陶瓷可利用陶瓷工艺制成，不仅制备工艺简单易行，而且具有非水溶性，物理、化学特性稳定，形状可塑性好的优点，还可按不同需要选择适当的极化轴。此外，通过对其组成的调节，其特性可按使用目的变化、改善等。

(4) 压电材料的应用　一般说来，压电陶瓷的应用可以分为压电振子和压电换能器两大类。前者主要是利用振子本身的谐振特性，要求介电、压电、弹性等性能稳定，机械品质因数高；后者主要是直接利用正、逆压电效应进行能量的互换，要求品质因数和机电耦合系数高。当然对任何具体的应用，都应同时兼顾所使用的压电陶瓷的力学性能、介电性能、铁电性能以及热性能等各种材料特性，经济合理使用材料。压电陶瓷可广泛应用于电源、信号源、信号转换、发射与接收、信号处理、传感、计测、存储与显示等方面。其应用包括以下几个方面：

① 水声技术中的应用——水声换能器。由于电磁波在水中传播时衰减大，雷达和无线电设备无法有效完成观察、通信和探测任务，但借助声波在水中的传播可达到上述目的。水声换能器利用压电陶瓷正、逆压电效应发射、接收声波完成水下观察、通信、探测工作。目前，用压电陶瓷制成的水听器接收灵敏度已达到比人耳还灵敏得多的水平。目前已应用于海洋地质调查、海洋地貌探测、编制海图、航道疏通及港务工程、海底电缆及管道敷设工程、导航、海事救捞工程、指导海业生产（鱼群探测）以及海底和水中目标物探测及识别等方面。在现代化军舰和远洋航船上早就装备了这种称为“声纳”的电子设备。

② 超声技术中的应用——超声波探测。主要有医疗诊断技术，如“超声心动仪”等诊断设备。此外还有超声波测距计、超声波液面计、车辆计数器、电视机遥控器等。

③ 高压发生装置上的应用。主要有各种高压发生器，如压电点火器、煤气灶点火器、打火机、压电开关和小型电源等。此外还有用于小功率仪表上的压电变压器等。

④ 滤波器上的应用。主要包括各种电子设备中的谐振器、滤波器。

⑤ 电声设备上的应用。主要是各种电声器件如拾音器、扬声器、送受话器、蜂鸣器、声级校准器及电子校表仪等。

⑥ 其他方面的应用。除上述应用外，压电陶瓷还具有较为广泛的其他应用，包括各种检测仪表和控制系统中的传感器（如压电陀螺）以及广泛应用于对讲计算机、对讲钟表、对讲自动售货机、电子翻译机、高保真立体音频系统、高功率手提音频装置等的压电厚膜声合成器件等。

2. 介电陶瓷的掺杂改性

PZT 改性可分为两个方面，一方面是 PZT 本身 Zr/Ti 比的调整，另一方面是在 PZT 中微量掺杂，二者都是调整组成而达到改进性能的目的。从掺杂对 PZT 性能的影响可将掺杂物大致分为三类：

第一类掺杂物是高价离子起主要作用的施主添加物，如 La_2O_3、Nd_2O_3、Nb_2O_5、Ta_2O_5、Bi_2O_3、Sb_2O_3、ThO_3、WO_3 等。这些添加物中的 Nb^{5+}、La^{3+}、W^{6+}、Bi^{3+} 等进入 PZT 固溶体晶格中分别置换 Pb^{2+} 或 $(Zr, Ti)^{4+}$，由于施主添加物中这些离子带有较多正电荷，根据电价平衡原理，将在晶格中形成一定量的正离子缺位（主要是 A 位），由此导致晶格内畴壁容易移动，结果使矫顽场降低。同时又因为 PZT 是 P 型导电，即“空穴”为载流子，Nb^{5+} 这种施主杂质的添加补偿了 P 型载流子，从而使电阻率提高 10^2～10^3 倍。由于第一类添加物使陶瓷极化容易，因而相应提高了压电性能，而且使极化过程中产生的内部应变在极化后迅速消散，从而减小弛豫时间变化。但是空位的存在增大了陶瓷内部的弹性波衰减，引起机械品质因数 Q_m 和电气品质因数 Q_e 的降低，因而含有第一类添加物的 Pb(Zr,

$Ti)O_3$ 压电陶瓷常称为“软性”压电陶瓷。其性能变化如下：介电常数增大、介电损耗增大、弹性柔顺系数增加、机械品质因数 Q_m 和电气品质因数 Q_e 降低、矫顽场降低并显现矩形电滞回线、体电阻率大幅增加、材料老化减弱。

第二类掺杂物是低价离子起主要作用的受主添加物，如 Cr_2O_3、Fe_2O_3、CoO、MnO_2 等。这些添加物的作用与高价离子施主添加物作用相反，受主置换后形成负离子（氧位）缺位。当 PZT 晶格中存在氧缺位时，晶胞收缩，抑制畴壁运动，降低离子扩散速度，而且矫顽场增加，从而使极化变得困难，压电性能降低。因此，有这类添加物存在的 $Pb(Zr, Ti)O_3$ 压电陶瓷称为“硬性”压电陶瓷。其性能变化如下：介电常数减小、介电损耗减小、弹性柔顺系数变小、机械品质因数 Q_m 和电气品质因数 Q_e 增加、矫顽场增加并使极化及去极化变难。“硬性”添加物还有一个明显的作用，就是在烧成时阻止晶粒长大。因为“硬性”添加在 PZT 中固溶量很小，一部分进入固溶体中，多余的部分聚集在晶界，使得晶粒长大受阻。这样可以使气孔有可能沿晶界充分排除，从而得到较高的致密度。

第三类掺杂物是化合价变化的离子添加物，这类添加物是以含 Cr 和 U 等离子为代表的氧化物，如 Cr_2O_3、U_2O_3 等。它们在 $Pb(Zr, Ti)O_3$ 固溶体晶格中显现了一种以上的化合价，因此能部分起到产生 A 缺位的施主杂质的作用，部分起到产生氧缺位的受主杂质的作用，它们本身似乎能在两者作用之间自动补偿，并使材料性能发生如下变化：老化速率降低、体电阻率稍有降低、Q_m 和 Q_e 稍有下降、介电损耗稍有上升，温度稳定性得到较大改善。

钙钛矿是地球上最多的矿物，许多具有钙钛矿结构的人造晶体（包括多晶体陶瓷）具有自发极化并能在外电场作用下沿外电场方向重新定向，因而是铁电体或压电体，并已被广泛应用于电子技术、光学技术等领域。典型的钙钛矿结构化合物的化学式是 ABO_3，A 离子的半径总是比 B 离子的大，A 位于立方相的 8 个角点上，而 B 则位于体心或立方体的 8 个角点上，O 位于 6 个面心或 12 个棱。从热力学角度看，钙钛矿结构的稳定性取决于两个因素：

（1）阳离子半径应在适当的范围内，可由容度因子 t 来描述：

$$t=\frac{r_A+r_O}{2\sqrt{r_B+r_O}} \tag{3-7-1}$$

式中，r_A，r_B，r_O 分别为 A、B、O 位的平均离子半径。t 值越大，钙钛矿结构越稳定。对 A 位离子配位数为 12 的钙钛矿结构，$0.88 \leqslant t \leqslant 1.09$。

（2）阳离子与阴离子之间要形成很强的离子键，根据 Pauling 公式，平均电负性差可决定阴阳离子之间的离子性：

$$\Delta x=\frac{x_{A-O}+x_{B-O}}{2} \tag{3-7-2}$$

式中，x_{A-O}，x_{B-O} 为 A、B 离子与氧离子的电负性差。

1987 年，Halliyal 等对一系列钙钛矿结构化合物的容度因子和电负性进行统计计算，发现铅系钙钛矿结构化合物电负性和容差因子普遍比钡、锶为基的钙钛矿结构小。从热力学角度来看，铅系 ABO_3 化合物较难形成稳定的钙钛矿结构，因而难以合成单一的钙钛矿相。Jang 等从动力学角度出发，归纳了铅系复合钙钛矿结构化合物合成过程中形成焦绿石相的主要原因，包括部分氧化物反应活性差、组分分布不均匀和 PbO 易挥发。

最近有研究认为 $Pb(B_1B_2)O_3$ 中 B 位离子 1∶1 有序微区的存在可能是焦绿石相容易出现的一个原因。焦绿石相的存在将严重恶化弛豫铁电体的介电性能，因而如何合成出纯钙钛矿相的弛豫铁电体材料，就成了制备高性能弛豫铁电材料的关键所在。

研究表明，适当的热处理有助于减少甚至消除焦绿石相，达到改善材料性能的目的。

3. 电介质的极化

在电介质材料中，起主要作用的是被束缚的电荷，在电场作用下，正负电荷可以逆向移动，但它们并不能挣脱彼此的束缚而形成电流，只能产生微观尺度的相对位移，称为极化。

从微观机制上分析，电介质的极化可以由三种方式产生，即电子位移极化、离子位移极化和固有电偶极矩的取向极化，极化的结果均导致介质中产生电偶极子。

电子的位移极化是指电介质在外电场作用下，构成它的原子、离子中的电子云将发生畸变，使电子云与原子核发生相对位移，因而产生了电偶极矩 $\mu_e=\alpha_e E$，其中 μ_e 为感应电矩，E 为有效电场，α_e 为电子位移极化率。

球状原子与非球状分子的极化率 α_e 的表达式不同，对于球状原子

$$\alpha_e = 4\pi\varepsilon_0 R^3 \tag{3-7-3}$$

式中，R 为电子轨道半径；ε_0 为真空介电系数。

电子的位移极化表示由于外电场的影响，电子将有一定的概率吸收能量并在相应的能级之间跃迁，主要来自价电子。通常负离子的电子位移极化远大于正离子，过渡金属元素由于 3d 电子的存在也会产生大的电子位移极化。因此选取半径较大、价电子数较多的金属元素进行 A、B 位取代或在大电场作用下均可得到大的电子位移极化。电子位移极化率一般为 10^{-40} $F\cdot m^2$ 数量级，电子位移极化的响应时间 $10^{-14}\sim10^{-16}$s，在可见光频段。

离子位移极化是指在外电场作用下，离子性电介质中的正负离子产生了相对位移，从而电介质产生了宏观电偶极矩。由于正负离子之间的相互作用，它们围绕质心谐振，离子位移极化率：

$$\alpha_a=\frac{(R_1+R_2)^3}{n-1} \tag{3-7-4}$$

式中，R_1，R_2 为正负离子的半径。

因此可以通过计算正负离子之间的相互作用而推算体系的离子位移极化。有极分子的离子位移极化率和离子半径的立方应具有相同的数量级，亦即在数量级上接近离子的电子极化率 α_e。离子位移极化的响应时间 $10^{-12}\sim10^{-13}$s，处在微波频段。

固有电偶极矩的取向极化是指若组成电介质的分子是极性分子，由于其正负电荷中心不重合而产生的固有的电偶极矩，在外电场作用下，由于正负电荷受电场力作用，取向无序的电偶极矩有指向外电场方向的趋势，极化率 α_d：

$$\alpha_d=\frac{\mu^2}{3k_B T} \tag{3-7-5}$$

式中，k_B 为玻尔兹曼常数；T 为温度。极化率一般为 10^{-38} $F\cdot m^2$ 数量级。

分子的总极化率可以认为是各种机制极化率的总和，即 $\alpha=\alpha_e+\alpha_a+\alpha_d$。

4. 准静态法测试压电常数 d_{33}

压电常数是压电陶瓷最重要的物理参数，它取决于不同的力学和电学边界约束条件。压电常数有四种不同的表达方式，其中用得最广泛的是压电常数 d。压电效应是一种线性的机电耦合效应，压电常数是一个力学的二阶对称张量和一个电学一阶张量联系在一起，因此是一个三阶张量，共有 $3^3=27$ 个分量。但是由于力学张量的对称性，其中只有 18 个是独立的，因此可以用矩阵方式表示。对于压电陶瓷，由于其对称性，18 个压电常数分量中只有 5 个非零分量，其中 $d_{31}=d_{32}$，d_{33}，$d_{15}=d_{24}$，因此独立的压电常数只有 3 个。压电常数除与材料本身的性质有关外，通常还与压电陶瓷极化处理的条件有关。

设样品在纵向力 F_3 的作用下，静态电容为 C，由于充有电荷 Q，因而在样品两极产生电压 $V=\dfrac{Q}{C}$，故

$$d_{33}=\frac{Q}{F_3}=\frac{CV}{F_3} \tag{3-7-6}$$

5. 居里温度测试

晶体的铁电性通常只存在于一定的温度范围，在铁电相时具有自发极化，随着温度的升高自发极化减弱，当达到某一临界温度 T_c 时自发极化消失，铁电体变为顺电体。铁电体与顺电体之间的转变通常简称为铁电相变，这个转变温度 T_c 称为居里温度。

热力学描写相变的方法主要是选择系统的特征函数，假定特征函数对极化的依赖关系，寻找使特征函数取极小值的极化和相应的温度。使极化为零的温度即为相变温度，相变时两相的特征函数相等，如果一级倒数连续，二级倒数不连续，则相变是二级的。因为极化是所选特征函数的一级倒数，所以二级相变时极化连续，由零变化到无穷小的非零值或者相反，一级相变时极化不连续，降温和升温过程中分别从零跃变到有限值或反之。在相变温度 T_c，介电系数反常，当 $T>T_c$ 时，沿铁电相自发极化方向的低频相对介电系数 $\varepsilon_r(0)$（通常指 1kHz 时的介电系数，也叫静态介电系数）与温度的关系为：

$$\varepsilon_r(0)=\varepsilon_r(\infty)+\frac{C}{T-T_0} \tag{3-7-7}$$

式中，C 是居里常量；T_0 是居里-外斯温度；$\varepsilon_r(\infty)$ 是光频相对介电系数。

对于二级相变铁电体，$T_0=T_c$；对于一级相变铁电体，$T_0<T_c$。

光频相对介电系数 $\varepsilon_r(\infty)$ 通常比 $\varepsilon_r(0)$ 小得多，且与温度基本无关，通常可以忽略，于是：

$$\varepsilon_r(0)=\frac{C}{T-T_0} \tag{3-7-8}$$

式（3-7-7）、式（3-7-8）表示的关系叫居里-外斯定律。根据居里-外斯定律，在相变温度附近，低频相对介电系数 $\varepsilon_r(0)$ 呈现极大值。在铁电相变温度上下较窄的温度范围内，静态介电系数的倒数与温度呈直线关系（居里-外斯定律）。不管是一级相变或二级相变，$\varepsilon_r(0)$ 极大值出现的温度均相应于居里温度 T_c，将相变温度以上 $\varepsilon_r(0)$ 的倒数对 T 的直线外推给出居里-外斯温度 T_0。$\Delta T=T_c-T_0$ 是相变级别的一个重要标志，$\Delta T=0$ 表示相变是二级的，$\Delta T\neq 0$ 表示相变是一级的。

很多成分较复杂的铁电体呈弥散性铁电相变，表现为相变不是发生于一个温度点，而是发生于一个温度范围，因而介电系数温度特性不显示尖锐的峰。此外，介电系数呈现极大值的温度随测量频率的升高而升高，介电系数虚部呈现峰值的温度低于实部呈现峰值的温度，而且测量频率越高，峰位差别就越大。因此，介电系数与温度的关系不符合居里-外斯定律，可表示为：

$$\frac{1}{\varepsilon_r} \propto (T - T_m)^{\alpha} \tag{3-7-9}$$

式中，α 为弥散性指数，$1 \leqslant \alpha \leqslant 2$，衡量了相变弥散的程度；$T_m$ 为介电系数实部呈峰值的温度。

6. 介质材料的损耗频率曲线测试

介质损耗是包括压电陶瓷在内的任何电介质的重要品质指标之一。在交变电场下，电介质所积蓄的电荷有两种分量：一种为有功部分（同相），由电导过程所引起；另一种为无功部分（异相），是由介质弛豫过程所引起。I_R 为同相分量，I_C 为异相分量，I_C 与总电流 I 的夹角为 δ，其正切值为：

$$\tan\delta = \frac{I_R}{I_C} = \frac{1}{\omega CR} \tag{3-7-10}$$

式中，ω 为交变电场的角频率；R 为损耗电阻；C 为介质电容。

由式（3-7-10）可见，I_R 大时 $\tan\delta$ 也大，I_R 小时 $\tan\delta$ 也小。通常用 $\tan\delta$ 表示电介质的介质损耗，称为介质损耗角正切值或损耗因子。

处于静电场中的介质损耗来源于介质中的电导过程。处于交变电场中的介质损耗，来源于电导过程和极化弛豫过程。对于铁电压电体来说，常温下电导损耗都很小，主要是极化弛豫所引起的介质损耗。此外，铁电和压电陶瓷的介质损耗还与畴壁运动过程有关，但情况比较复杂。

7. 介质材料的阻抗频率曲线测试

交流阻抗法是常用的一种电化学测试技术，该方法具有频率范围广、对体系扰动小的特点，是研究电极过程动力学、电极表面现象以及测定固体电解质的重要工具。其基本特点是把被研究对象用一系列电阻和电容的串联和并联的等效电路来表示，在直流极化的基础上叠加各种不同频率的小振幅交流电压信号，再根据其幅值响应来分析被研究对象的特性。

阻抗是个矢量，$Z = R + jX$。

其中，R 为阻抗实部；j 为虚数；X 为阻抗虚部。

在正弦交流电路中，对于纯电阻电路，$Z = R$；纯电容时 $Z_C = jX_C = j/(\omega C)$，其中 X_C 称为容抗［$X_C = 1/(\omega C)$，C 为电容器的电容量］，ω 是角频率，$\omega = 2\pi f$（f 是频率）；纯电感时 $Z_L = jX_L = j\omega L$，式中 X_L 为感抗，L 为最大电感量。

阻抗的幅模 $|Z| = \sqrt{R^2 + X^2}$。元件串联组合时，总阻抗为各部分阻抗的复数和。

当电流通过电极时，在电极上发生四个基本的电极过程：电化学反应、反应物和产物的扩散、溶液中离子的电迁移和电极界面双电层的充放电。这些过程都会对电流产生一定的阻抗。电化学反应表现为电化学反应电阻 R_r，性质为一纯电阻。反应物和产物的扩散表现为浓度极化阻抗 Z_c，由电阻和电容串联而成。双电层充放电表现为电容 C_d。离子在溶液中的迁移表现为电阻 R_e。交流阻抗法（EIS）就是控制电极交流电位或电流按小幅度正弦规律变化，然后测量电极的交流阻抗，进而计算电极过程动力学参数。

实验时可根据实验条件的不同，把电解池简化为不同的等效电路。所谓电解池的等效电路，就是由电阻和电容组成的电路，在这个电路上加上与电解池相同的交流电压信号，通过此电路的交流电流与通过电解池的交流电流具有完全相同的振幅和相位角。

阻抗谱可以用多种形式表示，每种方式都有典型的特征。根据实验的需要和具体的体系，可以选择不同的图谱进行数据解析。阻抗谱中涉及的参数有阻抗幅模、阻抗实部、阻抗虚部、相位移、频率等变量。下面介绍两种形式最常用的阻抗谱。

（1）Nyquist 图：电极的交流阻抗由实部 Z' 和虚部 Z'' 组成。

$Z=Z'+jZ''$，以虚部 Z'' 对实部 Z' 作图。对纯电阻，表现为 Z' 轴上的一点，该点到原点的距离为电阻值的大小。对纯电容体系，表现为与 Z'' 轴重合的一条直线。

（2）Bode 图：用阻抗幅模的对数和相角对相同的横坐标频率的对数的图。对于纯电阻，表现为一条水平直线，相角为 0°，且不随测量频率变化。对于纯电容，表现为斜率为 −1 的直线。

在每个测量的频率点的原始数据中，都包含施加信号电压（或电流）对测得的信号电流（或电压）的相位移及阻抗的幅模值。从这些数据中可以计算出化学响应的实部与虚部，同时还可以计算出导纳和电容的实部与虚部。它主要用于电解质溶液电导、电极-溶液界面双电层电容的测量，可以获得界面状态、电解质的动态性质和电极过程动力学的全面信息。

8. 介质材料的介电频率谱测试

由于各种极化机制随外电场变化的速度不同，我们可以通过研究介电频谱来研究材料中存在的极化机制。频率较低时，三种极化机制均起作用，随外电场频率增大，固有电偶极矩的取向迟缓而不能跟上电场的变化。频率再高，离子的位移也不能跟上电场的变化，此时电子位移极化起主要作用。我们可以通过测试介质材料的介电系数随频率的变化，得到介质材料中存在的极化机制。介电频谱是介质材料性能表征的重要指标，可以给出有关极化机制和晶格振动等重要信息。由响应频率可以确定原子（离子）之间以及原子核与电子之间的相互作用（弹性恢复力）及弛豫型极化的弛豫时间等。

三、实验材料及设备

1. 实验材料

压电陶瓷片、银浆、砂纸、排笔（刷银）等。

2. 实验设备

超声清洗机、烘箱、马弗炉、击穿装置（极化陶瓷样品）、油浴锅（提高极化温度和改变极化环境）、准静态 d_{33} 测试仪、精密控制高温炉、TH2816LRC 电桥、HP4294 阻抗分析仪、HP4291B 阻抗分析仪。

四、实验步骤

1. 上电极

压电陶瓷上电极的方法有多种，如真空镀金、烧银等。鉴于成本考虑，我们采用烧银的方法来给样品上电极。银浆可用工业用银导电浆料。采用丝网印刷的方法将其均匀涂在样品的上下两个表面上，然后烘干。接着就可进行烧银。烧银的升温制度为：以 100℃/h 的速率由室温升至 500℃，保温 0.5h。

2. 介电陶瓷的极化

极化就是指构成质点的正负电荷沿电场方向在有限的范围内做短程移动，导致正负电中心不重合，极化的结果均导致介质中产生电偶极子。压电陶瓷必须经过极化后才有压电性。极化过程是压电陶瓷片的电畴在直流电场作用下定向排列的过程，它使材料最终具有压电性。极化方法是：使瓷片浸入 100～150℃的油浴中，施加 1～4kV/mm 的电场，然后保压 15min。

2671 万能击穿装置的使用方法如下（$U=12\text{kV}$，$I=1\mu\text{A}\sim100\text{mA}$）：

（1）将被测样品安装在测试夹具上，接通恒温油浴电源，设定极化装置所需温度，达到设定温度时，恒温 15min；

（2）接通 2671 万能击穿装置电源，电源指示灯亮，预热 15min；

（3）旋转面板上螺钉，电流、电压为 0；

（4）设定允许漏电电流及所需加载的电压挡；

（5）加载电压，电压指示灯亮，旋转电压旋钮到所需电压，保压 15～30min；

（6）到保压时间后，轻轻按下电压旋钮，听到一声鸣响后，仪器自动卸压；

（7）当漏电流超过设定值时，蜂鸣器鸣叫，仪器自动卸压。

3. 准静态法测试压电系数 d_{33}

ZJ-3A 型 d_{33} 准静态测试仪的测量原理是将一个低频（几赫兹到几百赫兹）振动的应力同时施加到待测的压电样品和已知压电系数的标准样品上，将两个样品的压电电荷分别收集并做比较，经过电路处理，使待测样品的 d_{33} 值直接由数字管显示出来，同时表示出样品的极性。

（1）接通 ZJ-3A 型 d_{33} 准静态测试仪电源，按下电源开关。

（2）标准振动应力的选择：

ZJ-3A 型 d_{33} 准静态测试仪有两种标准振动应力可供选择。测量时，根据压电振子压电应变系数所在的范围，选择合适的标准振动应力。

① 将应力选择“×1”挡，表示标准振动应力为 250N，对应的压电应变系数的范围为

$|d_{33}|>100pC/N$；

② 若将应力选择“×0.1”挡，表示标准振动应力为25.0N，对应的压电应变系数的范围为 $|d_{33}|<100pC/N$。

(3) 仪器校核：

① 将“力-测量”转换开关置于“力”挡，调节应力旋纽，使液晶显示屏上的数字为“250”或“25.0”；将“力-测量”转换开关置于“测量”挡，调节校准旋纽，使液晶显示屏上的读数为“000”或“00.0”。

②将“力-测量”转换开关置于“力”挡，将标准试样置于测量夹具上，调节应力旋纽，使液晶显示屏上的数字为“250”或“25.0”；将“力-测量”转换开关置于“测量”挡，此时液晶显示屏上的读数应该为“000”或“00.0”，若读数不为零，则调节校准旋纽，使读数为零。

③将“力-测量”转换开关置于“力”挡，同时应力选择“×1”挡，将标准的PZT压电陶瓷试样置于夹具上，调节应力旋纽，使液晶显示屏上的数字为“250”，然后将“力-测量”转换开关置于“测量”挡，此时液晶显示屏上的读数应该为“300”左右；若读数相差太大，仪器有可能失效，需要查明原因及检修。

(4) 压电应变系数测定：

① 仪器校准后，将标准振动应力打到所需的应力挡（“×1”或“×0.1”）；

②“力-测量”转换开关置于“力”挡，将待测试样置于夹具上，调节应力旋纽，使液晶显示屏上的数字为“250”或“25.0”；

③ 将“力-测量”转换开关置于“测量”挡，此时液晶显示屏上的读数即为压电振子在这一点上的压电应变系数 d_{33}；

④ 重复步骤①～③，测定压电振子其他点上的压电应变系数 d_{33}；

⑤ 取各点 d_{33} 的平均值作为压电振子压电应变系数。

⑥ 测定其他压电振子的压电应变系数时，只需重复上面的②～⑤步即可。

需要注意的是，压电振子的压电系数是有符号区别的，即有“+”和“−”之分。若测量时，只需知道压电系数的绝对值，则无论符号的“+”和“−”都不影响性能的测试。但有些时候，符号的“+”和“−”非常重要，这时，应该分清压电系数符号“+”和“−”与极化方向的关系。为了不至于混淆，建议在测定振子的压电系数时，沿极化方向，使压电振子极化时的正极向上将振子置于夹具上来进行测量。

(5) 测量完毕后，关闭设备电源，将实验台整理干净。

4. 居里温度测试

(1) 连接设备：将精密控制高温炉与TH2816LRC电桥或HP4294阻抗分析仪连接到一起；

(2) 放置样品：将待测样品放入高温炉，调节使其处于炉温稳定的中部；

(3) 预热TH2816LRC电桥或HP4294阻抗分析仪；

(4) 设置升降温曲线，保证取样温度点保温时间不少于2min，最高温度高于居里温度100℃以上，降温的最终温度低于居里温度100℃以上；

(5) 测试设定温度下的电容 C；

(6) 实验结束关掉所有设备的电源，等炉温降至室温再取出样品；

(7) 处理数据，绘制 C-T 及 $\frac{1}{C}$-T 曲线，获得居里温度。

5. 损耗频率曲线、阻抗频率、介电频率谱测试

(1) 打开电源，进行系统补偿，可依次进行 open、short、load 和 low-loss 补偿，保存补偿数据到内存中；

(2) 将夹具 HP16453A 接到测试台上进行夹具补偿 [同 (1)]；

(3) 设置测试通道；

(4) 设置激励：先设置扫描频率，开始频率设置为 1kHz，截止频率设置为 1MHz；

(5) 设置每个通道的测试参数，点击 Meas 选择需要测试的参数 C_p-d；

(6) 设置显示方式，点击 Scale，选择 Auto Scale All 来自动调节显示数据；

(7) 打开 Marker 功能，通过旋转旋钮可以读取数据；

(8) 保存数据到电脑，可拷贝数据，也可拷贝图形；

(9) 取下样品，卸下夹具，关掉电源。

6. 数据处理

(1) 数据记录方法。实验数据的记录包括手工记录和测试设备/软件导出两种。对于手工记录类型，注意读数时数据的稳定性和精度，记录后使用 Excel 录入保存。对于测试设备/软件导出类型，首先在相关操作界面保存，如可选 csv 格式，再在 Excel 软件中打开另存为 xls 文件；或者选择 ASCII 格式保存为 txt 文件，在记事本中打开后复制相关数据粘贴到新建的 Excel 表格中，通过数据分列将记录数据表格化，再保存为 xls 文件。

数据需要作成曲线图，并标识出必要的特征，也可使用 Origin 软件作图。

(2) 数据处理和讨论

① 数据图表处理。

a. 极化电压与性能关系曲线。记录陶瓷片压电与介电性能随极化电压的变化情况，并逐步提高电压，直至击穿。以极化电压为 X 轴，压电常数、介电常数和介电损耗为 Y 轴绘制极化电压曲线，同时判断最佳极化电压与击穿电压。

b. 变温介电谱。记录各温度点下介电性能数据，存档后制图，以测试温度为 X 轴，以不同频率下（至少选三个特殊频率）的介电常数和介电损耗为 Y 轴绘制曲线，需标识出相变温度等特征点，并分析、判断材料的相变特征。如图 3-7-3 所示，220℃为相转变温度，此温度为介电常数变化的极大值点。

c. 介电频谱图。将设备测试数据导出后制图，以频率为 X 轴，介电常数、介电损耗与阻抗为 Y 轴，标出特征点，判断极化特点并分析出机电耦合系数与机械品质因数等参数。从阻抗分析仪上读取谐振频率 f_r 和反谐振频率 f_a，可得带宽 $\Delta f = f_a - f_r$。

基于此可以计算出机电耦合系数 K_p 和相对介电常数 ε_r：

$$K_p = \sqrt{\frac{\pi}{2} \times \frac{f_r}{f_a} \tan\left(\frac{\pi}{2} \times \frac{\Delta f}{f_a}\right)} \tag{3-7-11}$$

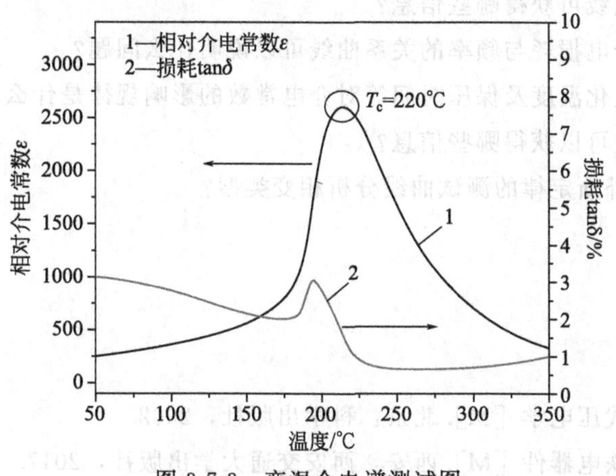

图 3-7-3　变温介电谱测试图

$$\varepsilon_r = \frac{C_p d}{\varepsilon_0 \pi r^2} \tag{3-7-12}$$

式中，C_p 为 1kHz 下的电容；d 为陶瓷厚度；r 为陶瓷半径；ε_0 为真空介电常数。

② 数据分析与讨论。在实验报告中描述各图表的特征规律，并进行分析。

五、注意事项

1. 所有设备的使用均应按照操作规程执行，设备运行过程中应有专人看管并不得擅自离开。

2. 材料极化过程中，因为使用高压，在开机前一定要检查接线是否正常、安全，地线是否接好，测试夹具一定要全部没入油浴，以保证操作安全进行。

3. 材料极化过程中，当材料被击穿时，蜂鸣器鸣叫，仪器自动卸压，但蜂鸣器叫时并不代表材料已被击穿，有时是假击穿。

4. 严格按操作规程操作使用仪器，不得随便触摸仪器和高压线。

5. 对于 HP4294 和 HP4291B：

（1）必须要进行补偿，补偿时注意一定要拧紧；

（2）要求试样 $d \geqslant 15$mm，$\phi < 3$mm，试样要牢牢夹在夹具中；

（3）终止扫描频率不得大于 1MHz 或 1GHz；

（4）确保结果保存到内存中，需按 Backup Memory 键。

六、思考题

1. 压电系数的物理意义是什么？介电损耗的意义又是什么？

2. 压电材料对损耗的要求是什么？

3. 从阻抗频率曲线可获得哪些信息？

4. 介电常数、介电损耗与频率的关系曲线可以说明什么问题？

5. 极化电压、极化温度及保压时间等对介电常数的影响规律是什么？

6. 从电滞回线上可以获得哪些信息？

7. 如何由居里-外斯定律的测试曲线分析相变类型？

七、参考文献

[1] 张福学. 现代压电学 [M]. 北京：科学出版社，2002.

[2] 内野研二. 铁电器件 [M]. 西安：西安交通大学出版社，2017.

[3] 刘展晴. 钛酸铜镧基巨介电材料的结构与电学性 [M]. 北京：科学出版社，2018.

[4] Li F X，Wang Q Z，Miao H C. Giant actuation strain nearly 0.6% in a periodically orthogonal poled lead titanate zirconate ceramic via reversible domain switching [J]. Journal of Applied Physics，2017，122 (7)：1-6.

[5] 吴捷. 准同型相界处 $BiFeO_3$ 基高温压电陶瓷结构和性能调控研究 [D]. 合肥：中国科学技术大学，2021.

压电材料与其发电性能测试

一、实验目的

1. 熟悉压电能量采集装置的结构和组装方法；
2. 掌握压电能量采集装置的电性能测试方法；
3. 了解激励振动条件对压电能量采集装置电学性能的影响及原理。

二、实验原理

1. 压电效应与能源收集

1880 年，法国物理学家居里兄弟发现，把重物放在石英晶体上，晶体某些表面会产生电荷，电荷量与压力成比例，这一现象被称为压电效应。随即，居里兄弟又发现了逆压电效应，即在外电场作用下压电体会产生形变。压电材料具有压电效应，可以因机械变形产生电场，也可以因电场作用产生机械变形，这种固有的机电耦合效应使得压电材料在换能器、传感器、驱动器和能量采集等领域得到了广泛的应用。目前，压电材料主要有压电单晶、压电陶瓷、压电聚合物以及压电复合材料等几大类。

利用压电材料的压电效应可以将环境中的振动、噪声、波浪等机械能转化为电能。这种从环境中俘取能量的新型环保能量采集技术成为国内外研究学者探究的热点。压电能量采集器，也称压电俘能器，具有高顺应性，通常作为悬臂梁制造，并放置在振动结构上，可以为微电子元件供电。

2. 压电能量采集器的工作原理

压电能量采集器主要由压电材料悬臂梁结构、固定台和能量采集电路等部件组成，如图 3-8-1 所示。

悬臂梁结构主要是将激振器振动产生的机械能转移到压电层，使压电端发生形变而产生电荷。能量采集电路主要是将压电端产生的不稳定的交流电转换成稳定的直流电，以便给电容器充电并储存备用。

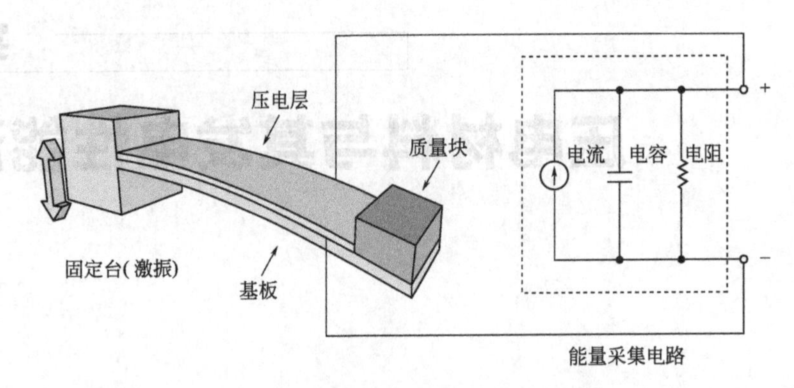

图 3-8-1　压电能量采集装置组成示意图

压电层是压电能量采集装置的核心部件，它是机械能转换成电能的媒介，其能量采集原理可由正压电效应解释。正压电效应的机理是：具有压电性的晶体受到外力作用发生形变时，晶胞中正负离子的相对位移使正负电荷中心不再重合，导致晶体发生宏观极化，压电材料形变时两端面会出现异号电荷。利用压电材料的这个特性可实现机械振动和交流电的互相转换，实现将环境中废弃的机械能转换成可以用的电能，可以为无线传感器节点等低功耗元器件提供电源。

三、实验材料及设备

实验材料及工具：压电纤维复合材料（MFC）、压电悬臂梁结构、质量块、能量采集电路模块、电烙铁、焊锡、导线、环氧胶、扳手、示波器探头。

实验设备：HEV-50 高能激振器和 HEAS-50 功率放大器内阻测试仪（图 3-8-2），UT-3304 信号采集器和 UT4108 电荷放大器（图 3-8-3）及配套计算机。

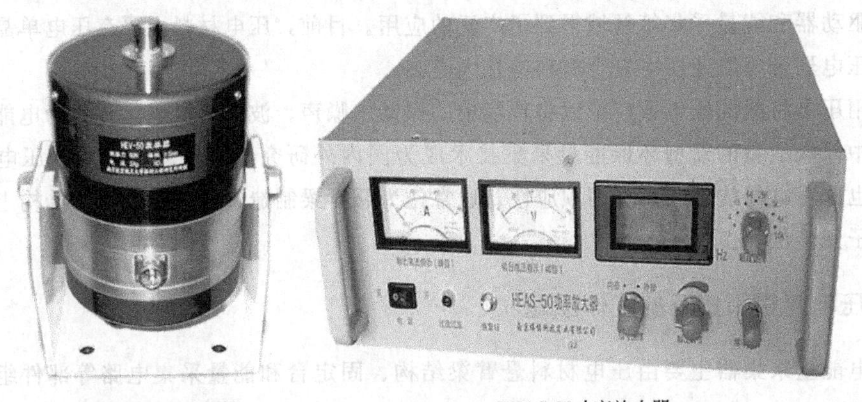

图 3-8-2　高能激振台和功率放大器

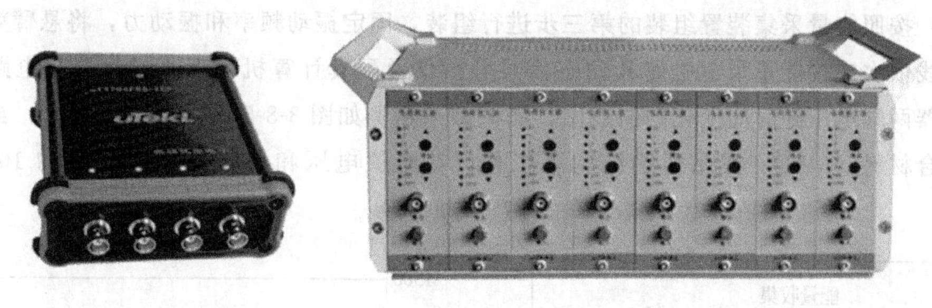

图 3-8-3　信号采集器和电荷放大器

四、实验步骤

1. 能量采集装置组装

能量采集装置组装示意图见图 3-8-4，具体操作步骤如下：

(1) 将压电悬臂梁结构的一端固定于激振器上，正负极分别引出导线；

(2) 将悬臂梁中引出的导线依次连接信号放大器和信号采集器，将信号采集器与计算机相连以读取输出的电信号；

(3) 将悬臂梁中引出的导线依次连接能量采集电路和信号采集器，并读取充电电容器的终端电压信号。

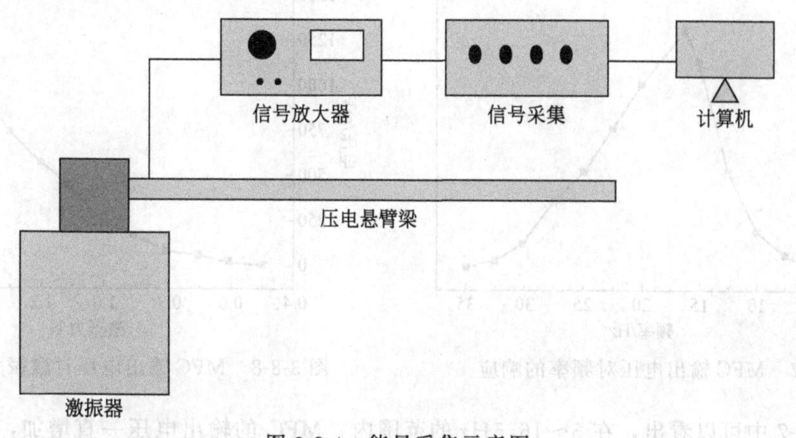

图 3-8-4　能量采集示意图

2. 电性能测试

(1) 按照能量采集装置组装的第二步进行组装，通过功率放大器调节激振器的振动力和振幅，从显示器中观察不同激励振动环境下输出电压随时间变化的曲线图（示例见图 3-8-5），并获得相关数据，由图 3-8-5 可以看出能量采集开始后，输出电压变大，最大输出电压可达 18V。

（2）按照能量采集装置组装的第三步进行组装，固定振动频率和振动力，将悬臂梁中引出的导线依次连接能量采集电路和动态信号分析仪及配套计算机，观察能量采集电路中超级电容器两端电压随时间变化的曲线图，测试结果示例如图 3-8-6 所示。可以看出，当压电纤维复合材料（MFC）在悬臂梁结构下工作时，峰值电压和谷值电压为对称的 1000mV 左右。

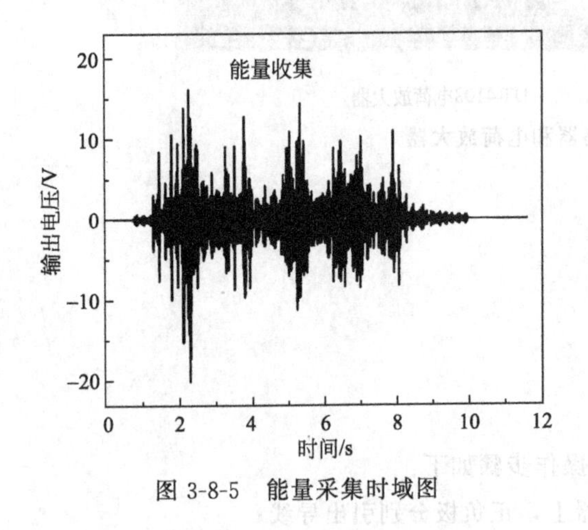

图 3-8-5　能量采集时域图

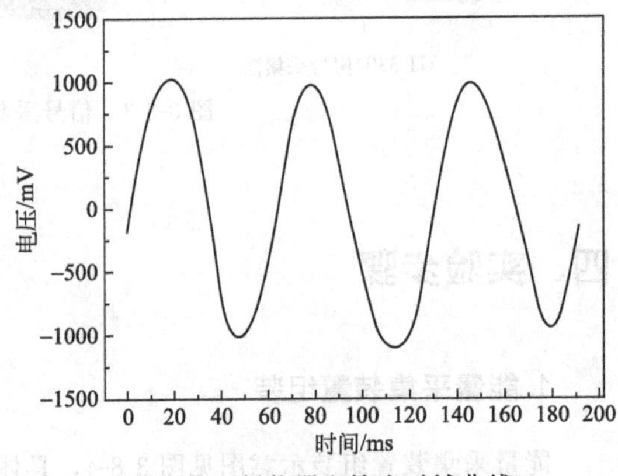

图 3-8-6　俘能器电输出时域曲线

（3）按照能量采集装置组装的第三步进行组装，改变振动频率和振动力，观察不同激励振动条件下超级电容器两端电压变化的曲线图，典型测试结果如图 3-8-7、图 3-8-8 所示，从而确定不同激励振动条件下的能量采集效率。

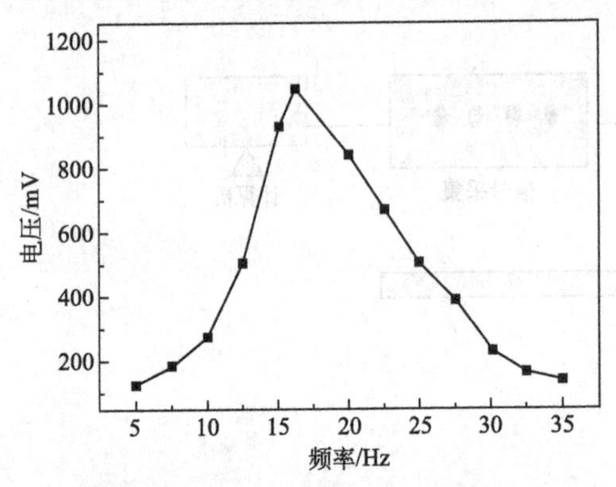

图 3-8-7　MFC 输出电压对频率的响应

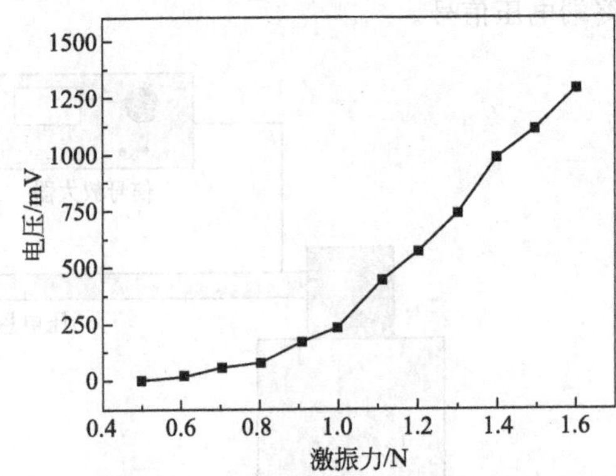

图 3-8-8　MFC 输出电压对激振力的响应

图 3-8-7 中可以看出，在 5～16.5Hz 的范围内，MFC 的输出电压一直增加，在 16.5Hz 处，达到极大值 1050mV；在 16.5～35Hz 范围内，输出电压随着频率的增加而降低。图中的自变量频率为激振器对 MFC 施加的激振频率，MFC 器件本身存在固有频率，当激振频率与 MFC 固有频率相近时就会发生“共振”效应。通过实验能观察到，当激振频率调节到 16.5Hz 时，振幅被明显放大且振动声响也突然变大，并伴随着高的输出电压。因此，MFC 俘能器只在特定的频率下才能获取高的电输出，所以在实际的应用中需要考量器件的谐振频率，让器件在谐振频率下工作，可以最大限度提高电输出性能。激振力是激振源另一个重要参数，MFC 作为俘能器的能量驱动就是激振力。测试时，将激振力大小范围控制在

0.5～1.6N，因为激振力过大会使MFC破损失效。由图3-8-8可知，激振力从0.5～1.6N的范围内，输出电压从10mV增加到1350mV，实验中可以观察到MFC的振幅不断增加。激振频率和激振力都对MFC电输出性能有很大影响。从本质上来说，在谐振频率处振动或者提高激振力发生振动都是通过扩大振幅的方式提高了输出电压。

五、注意事项

1.导线应从悬臂梁固定端引出，而且接线时确保没有短路和断路的情况出现。

2.连接信号采集器后必须进行校准，确保数据的准确性。

3.通过功率放大器调节激振器的振动力和频率时必须微调，防止激振力或频率过高损坏样品和设备。

4.测试过程中，不要用手或其他物体靠近悬臂梁机构，以免产生信号干扰或影响悬臂梁的振动。

5.测试完毕，依次关闭激振器和信号采集器及电荷放大器。

六、思考题

1.压电悬臂梁结构的组装需要注意哪些问题？

2.激振力、振动频率与终端输出电压之间存在什么样的关系？

3.影响压电能量采集效率的因素有哪些？

七、参考文献

[1] 栾桂冬，张金铎，王仁乾. 压电换能器和换能器阵［M］. 北京：北京大学出版社，2005.

[2] Bowen C R，Kim H A，Weaver P M，et al. Piezoelectric and ferroelectric materials and structures for energy harvesting applications［J］. Energy & Environmental Science，2013，7 (1)：25-44.

[3] Erturk A，Inman D J. 压电能量收集［M］. 舒海生，赵丹，史肖娜，译. 北京：国防工业出版社，2015.

[4] 刘迎春. $BaTiO_3$ 基陶瓷的高压电性及高效能量收集特性［D］. 哈尔滨：哈尔滨工业大学，2018.

[5] Chandrasekaran S，Bowen C，Roscow J，et al. Micro-scale to nano-scale generators for energy harvesting：Self powered piezoelectric，triboelectric and hybrid devices［J］. Physics Reports，2019，792：1-33.

实验九

铁电材料的电滞回线测试分析

一、实验目的

1. 了解铁电材料的铁电性能；

2. 熟悉电滞回线的测量方法和基本原理；

3. 掌握测量数据的分析方法。

二、实验原理

1. 铁电体

铁电体是指可以产生自发极化并且自发极化可以随外电场的变化而发生转向的电介质材料。铁电体具有压电性，但并不是具有压电效应的点群结构都可以产生自发极化强度，因为很多晶体的压电效应都是在某个特定方向产生的，说明该晶体的点群结构只在某个特定方向上非中心对称。

铁电体存在自发极化，且自发极化有两个或多个可能的取向，在电场作用下，其取向可以改变，故自发极化是铁电体物理学研究的核心问题。极化是一种极性矢量，自发极化的出现在晶体中造成了一个特殊方向。每个晶胞中原子的构型使正负电荷中心沿某一方向发生相对位移，形成电偶极矩。整个晶体在该方向上呈现极性，一端为正，一端为负。因此，这个方向与晶体的其他任何方向都不是对称等效的，称为特殊极性方向。

2. 电滞回线

对于在整体上呈现自发极化的铁电体，意味着在其正负端分别有一层正的和负的束缚电荷。束缚电荷产生的电场在晶体内部与极化方向相反，称为退极化场，使静电能升高。在受机械约束时，伴随着自发极化的应变还将使应变能增加。所以均匀极化的状态是不稳定的，晶体将分成若干个小区域，每个小区域内部的电偶极子沿同一方向，但各个小区域中电偶极子方向不同，这些小区域称为电畴或畴，畴的边界叫畴壁。畴的出现使晶体的静电能和应变能降低，但畴壁的存在引入了畴壁能。总自由能取极小值的条件决定了电畴的稳定构型。

测量电滞回线可以获得铁电材料的剩余极化强度和矫顽场。电滞回线就是极化强度 P 和外电场 E 间关系构成的回线（见图 3-9-1）。铁电体的极化随电场的变化而变化，但电场较强时，极化与电场之间呈非线性关系。

在电场作用下新畴成核生长，畴壁移动，导致极化转向。在电场很弱时，极化线性地依赖于电场（OA 段），此时可逆的畴壁移动占主导地位。当电场增强时，新畴成核，畴壁运动成为不可逆，极化随电场的增加比线性段快。当电场达到相应于 B 点值时，铁电体成为单畴结构，极化趋于饱和。电场进一步增强时，由于感应极化的增加，总极化仍然有所增大（BC 段）。如果趋于饱和后电场减小，极化将循 CBD 段曲线减小，以致当电场达到零时（D 点），铁电体仍保留在宏观极化状态，线段 OD 表示的极化称为剩余极化强度 P_r。将线段 CB 外推与极化轴相交于 E′，则线段 OE' 为饱和自发极化强度 P_s。如果电场反向，极化将沿 DFG 曲线减小并改变方向，直到电场等于某一值时，极化又将趋于饱和。OF 所代表的电场是使极化等于零的电场，称为矫顽场强 E_c。电场在正负饱和值之间循环一周，极化与电场的关系如曲线 $CBDFGHC$ 所示，此曲线称为电滞回线。

铁电体的极化强度 P 与电场强度 E 的关系类似于铁磁材料的磁化特性，称为电滞现象。如图 3-9-1 所示，电场强度不断增大，最后使晶体成为单个的电畴，晶体的极化强度达到饱和，即 C 点以后的恒定值 P_s 也称为饱和极化强度，实际上，P_s 的大小就是每个电畴所固有的自发极化强度，是针对每个电畴而言的。如果电场从 C 状态降低，晶体的极化强度也随之减小，直到零电场时仍存在剩余极化强度 P_r，这个 P_r 是对整个晶体而言的。如加以反向电场使达到 E_c，P_r 才全部消除。反向电场继续增大极化强度开始反向，最终也将达到反向饱和。如果矫顽场强大于晶体的击穿场强，那么在电畴极化到反向之前晶体已被电击穿，这种晶体便不存在铁电性。

电滞回线是铁电体的主要特征之一，人们往往根据它来判断物质是否为铁电体。但是，有的情况下非铁电体也可能显示出“电滞回线”。例如，SiC、ZnO 等损耗较大的非铁电体，由于电导而产生附加位移，有时会显示出假电滞回线。因此，铁电体的确定应综合电滞回线、C-V 特性曲线（即介电偏压特性曲线）、I-V 特性曲线、晶体结构等信息。

3. 电滞回线测量电路

测量电滞回线典型的电路是 Sawyer 和 Tower 在 1930 年提出的 Sawyer-Tower 电路，其基本思想是：极化的测量即电荷的测量，电荷的测量通过串联大电容转化成大电容的电压测量。电滞回线的测量一般采用正弦波、三角波信号，精确地测定 P_r 值应采用间歇三角波信号。

电滞回线可以用图 3-9-2 的装置显示出来。以铁电晶体作介质的电容 C_x 上的电压 V 加在示波器的水平电极板上，与 C_x 串联一个恒定电容 C_y（即普通电容），C_y 上的电压 V_y 加在示波器的垂直电极板上，很容易证明 V_y 与铁电体的极化强度 P 成正比，因而示波器显示的图像中，纵坐标反映 P 的变化，而横坐标 V_x 与加在铁电体上外电场强成正比，因而就可直接观测到 P-E 的电滞回线。

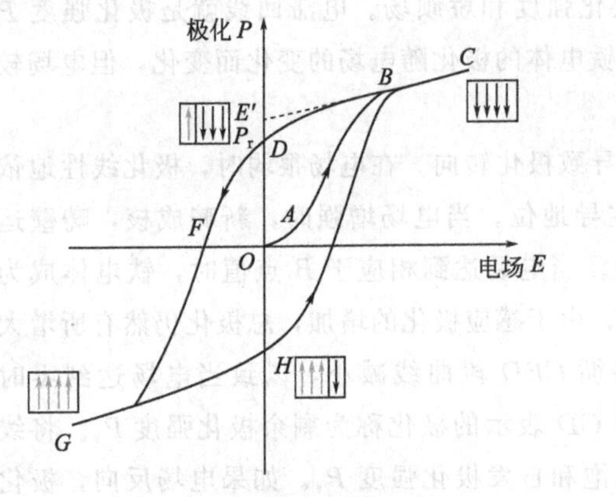

图 3-9-1　铁电体的电滞回线

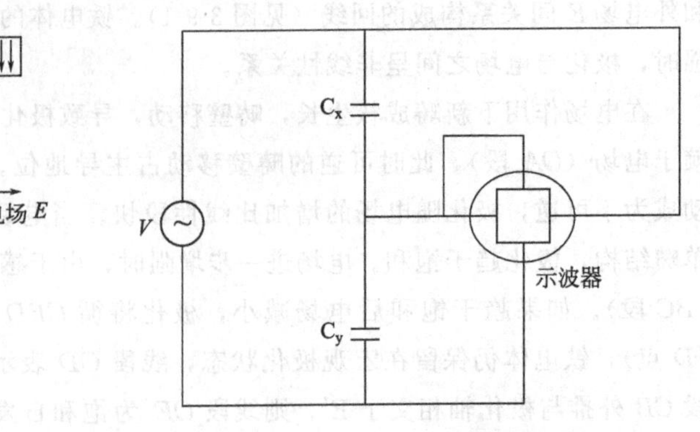

图 3-9-2　Sawyer-Tower 电路

三、实验材料及设备

实验耗材：PZT 陶瓷片、夹具。

实验设备：电滞回线测试仪（Radiant Premier Ⅱ 铁电压电材料测试系统，图 3-9-3）。

图 3-9-3　Radiant Premier Ⅱ铁电压电材料测试系统

四、实验步骤

（1）打开仪器电源，预热 15min 后，将测试样品放入夹具中。

（2）根据要求依次打开测试电脑、高压放大器和电压信号源。

（3）打开测试程序软件（如图 3-9-4 所示），选择 QuickLook，随后选择 Piezo 进入铁电测试设置界面。

（4）设置输入电压的波形形式，选择 Standard Biopolar（标准双极三角波），在 V_{max} 后面输入不同的电压（1000V、1500V、1800V、2000V），在 Piezo Period 后面输入测试周期时间（如 1000ms）。例如，可选择 2000V、正弦波，调整测试周期时间（2000ms、1000ms、500ms、200ms），观察电滞回线的变化。

（5）将测试数据导出后作图（典型示例如图 3-9-5 所示），标定试样的矫顽电压 V_C、剩余极化强度 P_r、饱和极化强度 P_{sat}。通过对不同电压、不同频率、不同波形情形的讨论，最终选定频率为 1Hz、电压大小为 2000V 的正弦波作为输入值，进而得到试样的各种参数。从图 3-9-5 可以看出矫顽电压 $V_C=570mV$，剩余极化强度 $P_r=40\mu C/cm^2$。

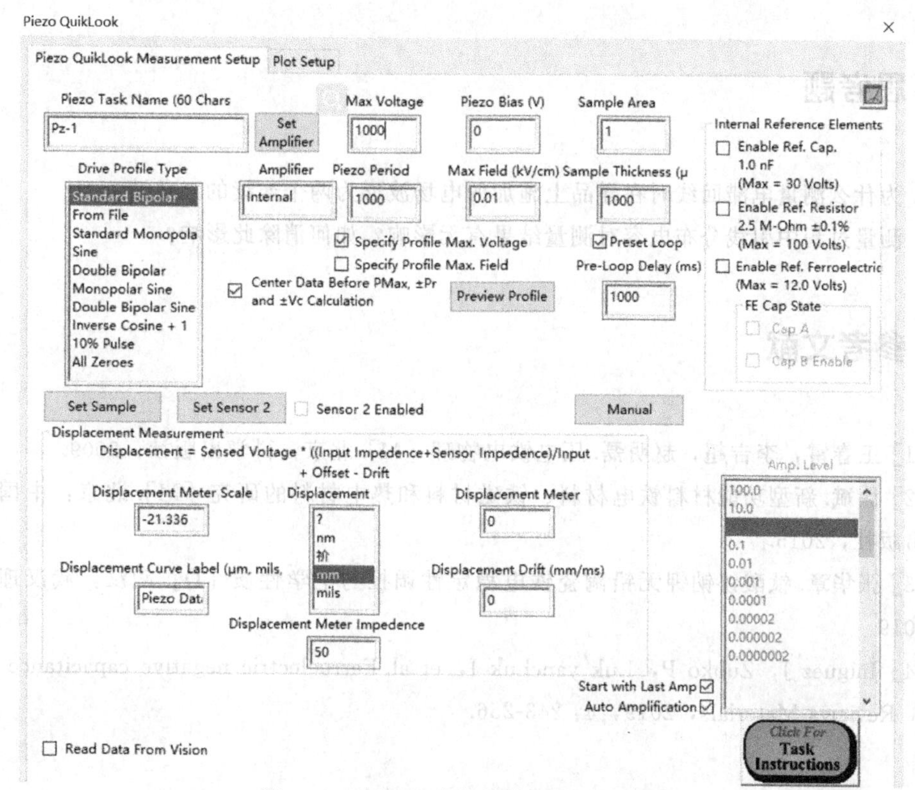

图 3-9-4　测试程序软件设置界面示意图

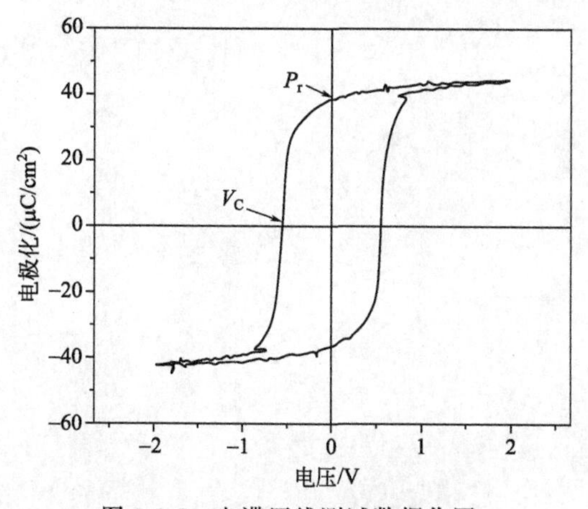

图 3-9-5　电滞回线测试数据作图

五、注意事项

1. 由于铁电电介质的极化过程具有很大的不可逆性，因此在测量时必须同向加高电压，但电压不能增加过大，若增大过多，不可直接反向退回一点进行测量。

2. 每一次测量完后必须完全放电。

六、思考题

1. 为什么测量电滞回线时在样品上施加的电场波形为两个连续的三角波？

2. 测量过程中引线分布电容对测量结果有无影响？如何消除此影响？

七、参考文献

[1] 王春雷，李吉超，赵明磊. 压电铁电物理 [M]. 北京：科学出版社，2009.

[2] 徐斌. 新型功能材料铁电材料、铁磁材料和热电材料的研究 [M]. 北京：中国水利水电出版社，2015.

[3] 张华章. 钛酸铋钠钾无铅陶瓷铁电稳定性调控与电学性质 [D]. 武汉：武汉理工大学，2019.

[4] Íñiguez J，Zubko P，Luk'yanchuk I，et al. Ferroelectric negative capacitance [J]. Nature Reviews Materials，2019，4：243-256.

实验十

氧化锌压敏电阻性能测试

一、实验目的

1. 了解压敏陶瓷和压敏器件的 *I-V* 特性及表征压敏材料的性能参数；

2. 掌握 CJ1001 压敏电阻直流参数仪测试压敏陶瓷、压敏电阻器的压敏电压（U_N），非线性指数（α）和漏电流（I_L）。

3. 比较 ZnO 压敏陶瓷材料和压敏器件的性能稳定性。

二、实验原理

1. 压敏电阻器

压敏电阻器是一种电阻值随外加电压而灵敏变化的电子元件，又称变阻器。原理是基于所用压敏陶瓷材料特殊的非线性电流-电压（*I-V*）特性。一般固定电阻器在工作电压范围内，其电阻值是恒定的，电压、电流和电阻三者间的关系服从欧姆定律，*I-V* 特性是一条直线。而压敏电阻器的电阻值在一定电压范围内是可变的。随着电压的提高，电阻值下降，小的电压增量可引起很大的电流增量，*I-V* 特性不是一条直线。

在 ZnO 压敏电阻器出现以前，SiC 一直是重要的制作压敏电阻器的材料。1968 年日本 Panasonic 公司成功研制出 ZnO 压敏电阻器，1976 年和 1979 年开发出了避雷器元件和高能电漏吸收器之后，这类电阻器被广泛地用作卫星地面接受站高压稳压用压敏变阻器、电视机视放管保护用高频压敏变阻器、录音机消噪用低压环形压敏电阻器、高压真空开关用大功率硅堆压敏电阻器等。其后美国 Bell 实验室成功开发出了 TiO_2 基压敏电阻器，日本 TAIYO YUDEN 公司也率先研制出了 $SrTiO_3$ 基电阻器，其功能相当于一只电容器和一只压敏电阻器并联的效果。

和其他压敏电阻器相比，ZnO 压敏电阻器具有非线性 *I-V* 特性高、浪涌吸收能力强、漏电流小、通流容量大等优点，是性能最好、应用最广的压敏电阻器之一。目前，以氧化锌为基的压敏材料的研制和应用已代替传统的 SiC 压敏电阻器成为氧化物电子技术中一个迅速发展的领域。

2. ZnO压敏陶瓷

本实验中ZnO压敏陶瓷是以ZnO为基体，掺杂Bi_2O_3，Sb_2O_3，Co_2O_3，MnO_2，Cr_2O_3等氧化物而成的烧结体。其中Bi_2O_3的作用主要是促进液相烧结并形成陷阱和表面态而使材料具有非线性；Co_2O_3、MnO_2和Cr_2O_3的作用一方面是为施主杂质固溶于ZnO晶粒中提供载流子，另一方面是在晶界上形成陷阱和受主态，提高势垒的高度；Sb_2O_3的主要作用是提高压敏陶瓷对电压负荷和环境（温度和湿度）影响的稳定性。TiO_2的作用是提高压敏陶瓷的晶粒长大速率。

ZnO压敏陶瓷材料的研究从最初对电子设备小型化和高可靠性的要求而展开，发展到今天已经远远超出了这个范围。ZnO压敏陶瓷的电压梯度可低至20V/mm以下，用于集成电路保护，高至250V/mm用于高压避雷器，高压至数百千伏超高压输电系统的瞬态过电压保护。ZnO压敏陶瓷实现了元件直径达120mm，2ms方波通流，冲击电流达1200A，瞬态能量吸收能力达300J/cm^{3}的高能高压元件，以及数十万千瓦大型发电机灭磁保护。也可用作对毫秒波能量密度750J/cm^{3}以上的低压高能元件，汽车用85～120℃下工作的高能元件和介电常数小于500的高频用元件以及高频至数十亿赫兹的发射天线。

此外，$SrTiO_3$系列、TiO_2系列的高介电系数电阻、电容双功能压敏陶瓷材料，由于非线性系数大、浪涌吸收耐能大、无极性、静电容量大、温度特性好，可用于微型电机电刷间火花的消除、调节器接点保护、防止杂音系统以及宽频率范围下的噪声吸收等，压敏电阻规模工业快速发展。

3. ZnO压敏电阻器的工作机理

(1) *I-V*特性　压敏电阻器的性质来源于其*I-V*特性曲线（见图3-10-1）。其*I-V*特性可分为三个区域，第一个区域为小电流区，伏安特性遵循欧姆定律，也称为预击穿区。第二个区域为击穿区，压敏电阻器最重要的特性取决于此，它是以高的非线性系数和宽的电流范围为特点。第三个区域为高电流回升区，伏安特性又呈线性，电压随电流上升较快，遵循欧姆定律，这个区域超过了高电流浪涌保护的限定条件。

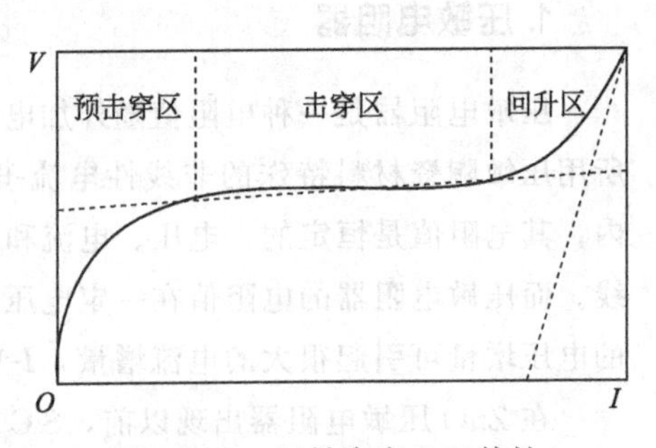

图3-10-1　压敏陶瓷*I-V*特性

(2) 导电机理　ZnO压敏陶瓷在智能材料、敏感材料、精细电子陶瓷领域是重要的晶界效应型功能材料，它的晶粒间晶界非线性包含丰富的电物理现象。ZnO压敏电阻器非线性的特性是基于陶瓷晶界两侧形成的双肖特基势垒，如图3-10-2所示。

当两个晶粒没有接触时，晶粒是N型的，晶界是中性的，晶粒的费米能级（E_{FG}）比晶界的费米能级（E_{FB}）高得多；当两晶粒接触后，晶粒表面的自由电子就会被晶界的受主态俘获，从而使原本电中性的晶粒表面由于失去电子而带正电。晶粒体内的自由电子运动到晶粒表面以满足电中性的要求时，又会继续被晶界的受主态俘获。晶界因俘获了电子而呈现负的界面电荷，并使原来的晶界费米能级增高。这一晶界受主态俘获电子的过程一直进行到二

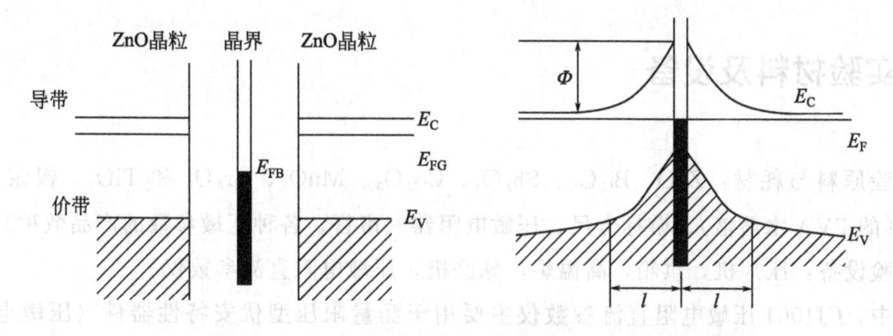

图 3-10-2 ZnO 晶粒肖特基势垒形成过程示意图

者费米能级相等才能建立平衡态，并使晶界两侧的晶粒表面形成深度为 l，几乎全部带正电的电离化施主离子组成的电子耗尽层，引起了晶粒表面能带弯曲，并在晶界两侧形成势垒，即肖特基势垒。

在压敏电阻器上施加电压时，能带发生倾斜。在中等场强、温度时，I-V 特性处于预击穿区，与温度的关系很大。在反向偏压下，向势垒右边流动的电子的来源是：左边 ZnO 晶粒导带中的电子被热激活逸出流入右边，晶界处陷落的电子被热激发逸出向右流动。

在击穿区，当外电场强度高时，晶界界面能级中堆积的电子，不需要越过势垒，而是直接穿越势垒进行导电，称隧道效应。隧道效应引起的电流很大，达到击穿的程度。

(3) 性能参数　压敏电阻器的性能参数包括非线性系数、压敏电压、漏电流、通流能力、残压比、电压温度系数、能量耐量、固有电容等。其中非线性系数、压敏电压、漏电流表示了压敏电阻器的小电流特性，通流能力、残压比则表示了其大电流特性。

① 非线性系数 α。压敏电阻器的电流和电压关系为：$I=(V/C)^{\alpha}$。为求得 α 值，可将小范围变化电压 V_1，V_2 及其所对应的电流 I_1，I_2 分别代入上式，再将两式相减，可得：$\lg(I_1/I_2)=\alpha\lg(V_1/V_2)$。

② 压敏电压 U_{1mA}。压敏电压是压敏电阻器由技术标准所规定的名义电压值，指在正常环境条件下，压敏电阻器流过规定的直流电流时的端电压。多数情况是在通过 1mA 电流时测得的，用 U_{1mA} 表示。

③ 漏电流。压敏电阻器进入击穿区之前在正常工作电压下所流过的电流，称为漏电流。对漏电流的测量一般是将 $0.75U_{1mA}$ 的电压加在压敏电阻器两端，此时流过元件的电流为漏电流。为使压敏电阻器可靠，漏电流要尽量小，一般控制在 50～100μA。

④ 通流容量。通流容量为压敏电阻器允许通过的最大电流量。对压敏电阻器施加规定波形的冲击电流后，压敏电阻器的标称压敏电阻小于或等于技术条件的规定值，这时通过的最大电流称为通流容量。

⑤ 残压比。残压比是指在通流能力实验中通过最大电流时，加在压敏电阻器两端的电压与压敏电压 U_{1mA} 的比值。它体现了压敏电阻器在大电流通过时的非线性特性。残压比越小，大电流段的非线性越好。

高性能压敏电阻器要求非线性系数大、漏电流小、通流容量大和残压比小。

三、实验材料及设备

实验原料与耗材：ZnO、Bi_2O_3、Sb_2O_3、Co_2O_3、MnO_2、Cr_2O_3 和 TiO_2，银浆，黏结剂（5%的PVA水溶液）、游标卡尺、压敏电阻器（市售，各种压敏参数的产品数种）。

实验设备：压片机，烘箱，高温炉，球磨机，压敏电阻直流参数仪。

其中，CJ1001压敏电阻直流参数仪主要用于测量限压型伏安特性器件（压敏电阻器，氧化锌避雷器，稳压管等）的压敏电压（U_N），非线性系数（α）和漏电流（I_L）。仪器具有以下功能：

（1）一次测试自动给出 U_N，α，I_L 三个参数，根据《电子设备用压敏电阻器安全要求》标准的规定：测试 U_N 的电流有0.1mA、1mA、3mA、10mA四种。测试 $U_{N0.1}$ 的电流为测试 U_N 电流的十分之一。测试 I_L 的电压有 $0.75U_N$，$0.83U_N$ 和预先任意设定的一个固定电压值。

（2）测试漏电流的时间有两种："自动"状态测量漏电流的时间由机器内的程序确定，"锁定"状态可连续测量漏电流，此功能可用于观测漏电流的稳定性。

（3）可作恒压源用：输出电压范围5～1400V，可任意设定。最大输出电流2mA。

（4）机内自带单片机计算电路，α 直接显示，精度高，测量范围宽（10.0～999）。

四、实验步骤

1. 制备ZnO压敏陶瓷片

本实验重点考察烧结温度对陶瓷压敏特性的影响，最终目的是生产出性能较好的压敏陶瓷。

烧结是ZnO压敏陶瓷制备过程中最重要的一个环节，这一环节不仅影响着成瓷的密度、致密化程度、气孔率、固相反应等，而且还决定着ZnO压敏陶瓷的电性能。ZnO压敏陶瓷片在900～1200℃温度范围内进行烧结。一般地，随烧结温度升高，晶粒都会长大，在不同温度下长大速度不同。在烧结时间相同的情况下，烧结温度越高，ZnO晶粒越大，样品成为由ZnO构成含少量空隙的较致密陶瓷体。如果温度太高，虽然晶粒尺寸很大，但晶粒内的气孔明显增多、变大。这是由于在较高的温度下，低熔点的 Bi_2O_3 为液相浸润ZnO界面，随着烧结温度的提高，富Bi液相浸润程度增加。由于液相促进物质传递，加速晶界迁移，从而使ZnO晶粒长大，但过高的烧结温度会使样品中的Bi挥发严重，使样品产生气孔。由此可见，从显微结构均匀、性能优异的角度出发，烧结温度不能过高。

制备过程如下：

（1）将掺杂的氧化物（Bi_2O_3，Sb_2O_3，Co_2O_3，MnO_2，Cr_2O_3、TiO_2）和ZnO按表3-10-1的比例称重、配料，球磨8h混合均匀。

表 3-10-1　ZnO 压敏陶瓷的化学成分

成分	ZnO	Bi_2O_3	Sb_2O_3	Co_2O_3	Cr_2O_3	MnO_2	TiO_2
含量（摩尔分数）/%	97	0.5	0.4	0.6	0.3	0.6	0.6

（2）将所得粉体加入 5%的 PVA 水溶液黏结剂，在研钵内研磨混合均匀，80℃烘干后过筛，压制成直径为 12mm、厚度为 1～2mm 的陶瓷片。压片时压力为 30kN，保压 5min。

（3）将陶瓷片放入高温炉中烧结，烧结温度分别为 900℃、1000℃、1100℃、1200℃，样品在各个温度的保温时间都为 2h，之后随炉冷却至室温。

（4）样品烧成后被加工成 1mm 厚的圆片，并烧渗银电极，准备测试。

2. 测试压敏电阻性能

（1）将仪器接入 220V，50Hz 电网，电网应有良好的接地端，若需将机壳接地，可通过后面板上安全接地接线柱相连。接通“电源”开关，预热 3min。

（2）连接外控及测笔夹具。将测试铜板接“－”端（即低电位端），将所带的测笔接“＋”端，将测试棒上的同轴插头（即测笔内微动开关的接点）与“外控”插座对接。

（3）自动测试三个参数。工作状态选择“自动”，设置测量压敏电压的“恒定电流”值和测量漏电流的电压值，并选择合适的“电压量程”和“电流量程”。将需测试的电阻片放在铜板上，用测试棒点住电极面即可启动测试程序，完成一次自动测量，无需按动面板上的“测试”按钮。若面板表显示“OUEr”，说明对应的量程选择偏小，需将量程开关调高一挡，再重新测试。测试成功就可读出压敏电压（U_N），非线性系数（α）和漏电流（I_L）。

3. 数据获取与处理

（1）压敏电阻器测试

① 采用 CJ1001 压敏电阻直流参数仪的测试夹具测试购买的压敏电阻器，点自动测试，确定合适量程，读取示数，连续测试两遍，并绘制表格记录三个性能参数。

② 查阅资料，了解压敏电阻器上产品标号的含义，如“102KD10”的含义。

③ 比较测试得出的三个性能参数是否与厂家提供的产品信息吻合，并评价产品的性能稳定性及合格率。

（2）自制 ZnO 压敏陶瓷片性能测试

① 采用 CJ1001 压敏电阻直流参数仪的测试笔和电路板测试 ZnO 压敏陶瓷片，点自动测试，确定合适量程，读取示数，连续测试三遍，并绘制表格记录三个性能参数。

② 将三次测的压敏电压求取平均值，得出压敏电压 U_N 的平均值。

③ 测试陶瓷片的厚度 d，将平均压敏电压除以厚度得到 U_N/d 的值。

④ 绘制 U_N/d 对于烧结温度（ST）的变化曲线。分析 U_N/d-ST 曲线的变化趋势，并分析产生变化趋势的原因。

⑤ 对 ZnO 压敏陶瓷片的三个性能参数随温度的变化规律进行解释，并对陶瓷片性能的稳定性进行评价。

⑥ 比较压敏电阻器、ZnO 压敏陶瓷片的性能稳定性，并分析原因。

五、思考题

1. 什么是压敏电阻？它的基本参数有哪些？

2. 试述 ZnO 压敏陶瓷的性能与组成、制备工艺等的相关性。

六、参考文献

[1] 王振林，李盛涛. 氧化锌压敏陶瓷制造及应用［M］. 北京：科学出版社，2017.
[2] 黄泽铣，等. 功能材料及其应用手册［M］. 北京：机械工业出版社，1991.